高职高专食品专业系列教材

食品仪器分析

范维江　蔡智军　主编
邓毛程　主审

化学工业出版社
·北京·

内容简介

食品仪器分析是食品类相关专业的一门重要专业核心课程。本书根据课程标准设计了电化学分析法、光学分析法、色谱分析法、质谱分析法四个模块，内容涵盖电位分析法、电位滴定法、电泳分析法、紫外-可见分光光度法、红外分光光度法、原子吸收光谱法、色谱分析基础、薄层色谱分析法、气相色谱分析法、高效液相色谱分析法以及质谱分析法共11个项目。全书基础知识必需够用，注重针对性、实用性、职业性，突出食品检测仪器实际操作、日常维护和保养，为学生从事仪器分析和食品检测等相关工作奠定坚实基础。本书配有丰富的数字资源，可以扫描二维码学习观看，电子课件可从 www.cipedu.com.cn 下载参考。

本书适合作为高职高专食品检验检测技术、食品智能加工技术、食品营养与健康、食品质量与安全等专业教学用书，也可作为相关企事业单位参考用书。

图书在版编目（CIP）数据

食品仪器分析/范维江，蔡智军主编. —北京：化学工业出版社，2022.3

高职高专食品专业系列教材

ISBN 978-7-122-40707-8

Ⅰ. ①食… Ⅱ. ①范…②蔡… Ⅲ. ①食品分析-仪器分析-高等职业教育-教材 Ⅳ. ①TS207.3

中国版本图书馆 CIP 数据核字（2022）第 024583 号

责任编辑：迟　蕾　李植峰　　　　　　　　　　文字编辑：朱雪蕊
责任校对：宋　玮　　　　　　　　　　　　　　装帧设计：王晓宇

出版发行：化学工业出版社（北京市东城区青年湖南街13号　邮政编码100011）
印　　装：大厂聚鑫印刷有限责任公司
787mm×1092mm　1/16　印张14　字数361千字　2022年8月北京第1版第1次印刷

购书咨询：010-64518888　　　　　　　　　　售后服务：010-64518899
网　　址：http://www.cip.com.cn
凡购买本书，如有缺损质量问题，本社销售中心负责调换。

定　　价：48.00元　　　　　　　　　　　　　　版权所有　违者必究

《食品仪器分析》编审人员

主　　编　范维江　蔡智军
副 主 编　王　妮　杜国辉　王文光
编　　者　范维江（山东商业职业技术学院）
　　　　　蔡智军（辽宁农业职业技术学院）
　　　　　王　妮（长春职业技术学院）
　　　　　杜国辉（山东商业职业技术学院）
　　　　　王文光（杨凌职业技术学院）
　　　　　王秀敏（日照职业技术学院）
　　　　　刘永慧（山东商业职业技术学院）
　　　　　张学娜（山东商业职业技术学院）
主　　审　邓毛程（广东轻工职业技术学院）

前　言

　　食品仪器分析是食品类相关专业的一门重要专业核心课程。本书为深入贯彻落实国务院《国家职业教育改革实施方案》(国发〔2019〕4号)、教育部《职业院校专业人才培养方案制订与实施工作的指导意见》(教职成〔2019〕13号)等文件要求，全面推进教师、教材、教法"三教"改革，创新人才培养模式，基于工作过程和岗位职业能力导向的专业课程体系构建的要求而编写的。目的是使学生对仪器分析领域有较全面的了解，基本掌握主要仪器分析原理和操作技能，其内容涵盖电化学分析法、光学分析法、色谱分析法、质谱分析法及其他相关领域，要求学生对分析方法所使用的仪器的原理、结构、功能、特点及应用对象能较深入地了解和掌握，培养根据不同的研究对象和要求选择最合适的分析方法及解决相应问题的能力。编者综合多年来食品相关专业的教学研究成果，借鉴同行专家的经验，力求书中基本概念论述准确、深度适中，反映仪器分析的新进展、新技术和新应用，以达到拓宽基础、开阔视野、加强对学生科学素养和能力的培养的目的。

　　本书针对职业教育的特色，以培养高素质技术技能型人才为根本任务，以基础知识必需、够用为原则，注重针对性、实用性、职业性，突出食品检测仪器实际操作、日常维护和保养，为学生从事仪器分析和食品检测等相关工作奠定坚实基础。

　　本书主编为范维江(山东商业职业技术学院)和蔡智军(辽宁农业职业技术学院)，副主编为王妮(长春职业技术学院)、杜国辉(山东商业职业技术学院)和王文光(杨凌职业技术学院)，王秀敏(日照职业技术学院)、刘永慧(山东商业职业技术学院)、张学娜(山东商业职业技术学院)参加了编写工作，全书由范维江统稿。

　　全书参考了大量的相关书籍和文献，在这里向原著作者表示衷心的感谢！由于编者水平有限，书中难免有疏漏和不当之处，敬请各位专家和读者批评指正，不吝赐教。

编者
2022 年 1 月

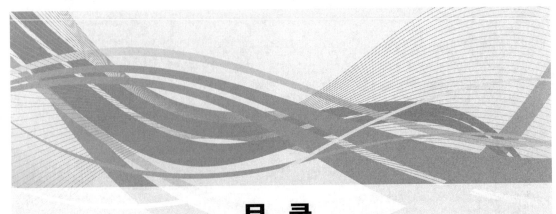

目 录

绪论 …… 1
  一、仪器分析的基本概念 …… 1
  二、仪器分析的分类 …… 1
  三、仪器分析的特点 …… 2
  四、仪器分析的发展趋势 …… 2
  习题 …… 3

模块一 电化学分析法 …… 4
  项目一 电位分析法 …… 5
    一、电位分析法的基本原理 …… 5
    二、酸度计的结构 …… 6
    三、酸度计的操作方法和注意事项 …… 11
    四、酸度计的维护及保养 …… 13
    技能训练　直接电位法测定溶液的pH …… 14
    习题 …… 15

  项目二 电位滴定法 …… 16
    一、电位滴定法的基本原理 …… 16
    二、电位滴定仪的结构 …… 17
    三、电位滴定仪的操作方法和注意事项 …… 17
    四、电位滴定仪的维护及保养 …… 19
    技能训练一　啤酒总酸的测定 …… 21
    技能训练二　罐头中氯化钠的测定 …… 22
    习题 …… 24

  项目三 电泳分析法 …… 25
    一、电泳分析法的基本原理 …… 25
    二、电泳分析法的分类及应用 …… 25
    三、常用的电泳分析法 …… 26
    四、电泳仪的操作方法和注意事项 …… 29
    技能训练一　琼脂糖凝胶电泳 …… 30
    技能训练二　聚丙烯酰胺凝胶电泳分离蛋白质 …… 32

习题 ………………………………………………………………………… 34
模块二　光学分析法 ………………………………………………………… 35
项目一　紫外-可见分光光度法 ………………………………………… 36
　　一、基本原理 …………………………………………………………… 36
　　二、紫外-可见分光光度计的结构和分类 ……………………………… 41
　　三、紫外-可见分光光度计的操作方法和注意事项 …………………… 44
　　四、紫外-可见分光光度计的应用 ……………………………………… 47
　　五、紫外-可见分光光度计的维护和保养 ……………………………… 49
　技能训练一　邻二氮菲分光光度法测定微量铁 ………………………… 50
　技能训练二　水产品中甲醛的测定 ……………………………………… 53
　　习题 ……………………………………………………………………… 55
项目二　红外分光光度法 ………………………………………………… 58
　　一、红外分光光度法的基本原理 ……………………………………… 58
　　二、红外分光光度计的结构 …………………………………………… 67
　　三、红外分光光度计的操作方法和注意事项 ………………………… 71
　　四、红外分光光度计的应用 …………………………………………… 73
　　五、红外分光光度计的维护及保养 …………………………………… 76
　技能训练一　KBr压片法测定固体样品的红外光谱 …………………… 79
　技能训练二　KBr压片法测定乙酰胺的结构 …………………………… 81
　　习题 ……………………………………………………………………… 82
项目三　原子吸收光谱法 ………………………………………………… 84
　　一、原子吸收分光光度仪原理 ………………………………………… 84
　　二、原子吸收分光光度仪结构 ………………………………………… 85
　　三、原子吸收分光光度仪操作 ………………………………………… 89
　　四、原子吸收分析测定条件的优化 …………………………………… 102
　　五、干扰及其消除 ……………………………………………………… 111
　　六、原子吸收分析仪日常维护及常见故障排除 ……………………… 113
　技能训练一　火焰原子吸收法测定水样中的铜 ………………………… 116
　技能训练二　石墨炉原子吸收法测定茶叶中的铅 ……………………… 118
　　习题 ……………………………………………………………………… 120
模块三　色谱分析法 …………………………………………………………… 122
项目一　色谱分析基础 …………………………………………………… 123
　　一、色谱法的分类 ……………………………………………………… 123
　　二、色谱法的流出曲线和相关术语 …………………………………… 124
　　三、色谱分析的基本原理 ……………………………………………… 126
　　四、定性和定量分析 …………………………………………………… 131
　　习题 ……………………………………………………………………… 133
项目二　薄层色谱分析法 ………………………………………………… 135
　　一、薄层色谱分析法的基本原理 ……………………………………… 135
　　二、薄层色谱分析法的操作方法和注意事项 ………………………… 135
　　三、薄层色谱分析法的应用 …………………………………………… 138
　技能训练一　薄层色谱制备 ……………………………………………… 138
　技能训练二　薄层色谱法提取与分离天然色素 ………………………… 140

习题 ·· 142

项目三 制备色谱法 ·· 143
 一、制备色谱法的基本原理及分类 ·· 143
 二、制备色谱法的操作方法和注意事项 ······································ 147
 三、制备色谱法的应用 ·· 152
 技能训练一 天然产物中多糖的分离、纯化 ······························· 153
 技能训练二 亲和色谱分离、纯化蛋白质 ··································· 154
 习题 ·· 155

项目四 气相色谱分析法 ·· 156
 一、气相色谱分析法的基本原理 ·· 156
 二、气相色谱仪的结构 ·· 157
 三、气相色谱仪的操作方法和注意事项 ···································· 165
 四、气相色谱仪的应用 ·· 166
 五、气相色谱仪的维护和保养 ·· 167
 技能训练一 蔬菜、水果中有机磷农药残留的测定 ····················· 170
 技能训练二 蜜饯中环己基氨基磺酸钠（甜蜜素）的测定 ·········· 171
 技能训练三 食用油中抗氧化剂的测定 ···································· 173
 习题 ·· 174

项目五 高效液相色谱分析法 ·· 175
 一、高效液相色谱分析法的基本原理 ·· 175
 二、高效液相色谱仪的结构 ··· 181
 三、高效液相色谱仪的使用方法和注意事项 ····························· 185
 四、高效液相色谱的应用 ·· 186
 五、高效液相色谱仪的维护与保养 ··· 188
 技能训练 食品中苯甲酸、山梨酸含量的测定 ··························· 190
 习题 ·· 191

模块四 质谱分析法 ·· 193
 一、质谱分析法的基本原理 ··· 194
 二、质谱仪的结构 ·· 195
 三、质谱仪的操作方法和注意事项 ··· 203
 四、质谱仪的应用及联用技术 ·· 204
 五、质谱仪的维护及保养 ·· 207
 技能训练一 蔬菜水果中甲拌磷的测定 ···································· 208
 技能训练二 畜禽肉中瘦肉精的检测 ·· 211
 习题 ·· 213

参考文献 ·· 215

绪 论

 课程思政

食品安全是一项关系国计民生的"民心工程",直接关系到广大人民群众的身体健康和生命安全,关系到经济发展和社会稳定。强调食品安全的重要性,可明确食品专业人员所担负的使命,确保广大人民群众"舌尖上的安全",引导学生关注民生,增强自身使命担当意识。

分析化学是表征与测量的科学,也是研究分析方法的科学,可向人们提供物质的结构、化学组成、含量等信息。分析化学分为化学分析和仪器分析两大部分。化学分析是指利用化学反应及化学计量关系来确定被测物质含量的一类分析方法,是经典的非仪器分析方法。随着科学技术的发展,分析化学在方法和实验技术方面都发生了深刻的变化,特别是新的仪器分析方法的不断出现,应用日益广泛,从而使得仪器分析在分析化学中所占比重不断增长,成为分析化学的重要组成部分。

一、仪器分析的基本概念

仪器分析是以测定物质的某些物理或化学性质来获得物质的化学组成、成分含量和化学结构等信息的一类方法。仪器分析自问世以来,不断丰富分析化学的内涵并使分析化学发生了一系列根本性的变化。仪器分析利用各种学科的基本原理,采用电学、光学、精密仪器制造、真空、计算机等先进技术探知物质化学特性。仪器分析是体现学科交叉、科学与技术高度结合的一个综合性极强的科技分支,掌握仪器分析的实验技术已经成为分析工作者必备条件。仪器分析的发展极为迅速,应用前景极为广阔。

二、仪器分析的分类

仪器分析的方法种类繁多并在不断发展中,各种方法具有相对独立的原理、特点及应用范围而自成体系。根据各种方法的主要特征和作用,仪器分析通常分为电化学分析法、光学分析法、色谱分析法、质谱分析法等(表0-1-1)。

表 0-1-1　仪器分析方法的分类及用途

仪器分析种类	被测物理性质	分析方法	对应的仪器名称
电化学分析法	电位	电位分析法 电位滴定法	电位计 电位滴定仪
	电流-电压	电泳分析法	电泳仪
光学分析法	辐射的吸收	紫外-可见分光光度法 红外光谱分析法 原子吸收光谱分析法	紫外-可见分光光度计 红外光谱仪 原子吸收光谱仪
色谱分析法	两相间的分配	薄层色谱分析法 气相色谱分析法 高效液相色谱分析法	薄层板及定量测定仪 气相色谱仪 高效液相色谱仪
质谱分析法	质荷比	质谱分析法	质谱仪

三、仪器分析的特点

仪器分析法与经典化学分析法相比较，有如下特点。

1. 灵敏度高

仪器分析法的检出限相当低，通常为百万分之一（10^{-6}）级，有些方法可达十亿分之一（10^{-9}）级，甚至还可达到万亿分之一（10^{-12}）级。因此，仪器分析法特别适用于微量和痕量成分的测定，这对于物质中微量组分及纯物质的分析等具有重要和特殊的意义。

2. 选择性好

一般来讲，仪器分析法的选择性比化学分析法要好。某些仪器分析法消除背景干扰能力强，可不需预处理，只要选择适当的条件，即可对混合物中的某一组分或多个组分进行分析测定。因此，仪器分析法适用于复杂组分试样或生物组织试样的分析。

3. 分析速度快

由于电子技术、计算机技术和激光技术的应用，分析结果可在很短的时间内获得。例如，发射光谱法可在 2～3min 同时测定 20～30 种元素。傅里叶变换红外光谱法可在 1～2s 内完成一个化合物的红外谱图测定；气相色谱法可在 5～20min 完成一个多组分复杂有机混合物中各组分的定量分析。

4. 应用范围广

仪器分析是分析化学的重要组成部分，是一门新兴的学科，近年来得到了深入快速的发展，已广泛用于食品、石油化工、有机合成、生理生化、医药卫生乃至空间探索等领域。

5. 相对误差较大

通常仪器分析法相对误差为 3%～5%，因此，不适合常量及高含量组分的分析。

6. 设备复杂昂贵

操作者需要有较广泛的基础理论知识和较高的科学素养，还要有一定的工作经验、仪器操作技巧及维护保养知识等，才能灵活运用各种大型精密分析仪器，发挥其功能。

四、仪器分析的发展趋势

随着科学技术及社会经济的发展，分析化学有了飞跃性发展，使其经典的定义、基础、原理、方法、技术及仪器等方面，均发生了根本的变化。仪器分析也超出了化学的概念，将数学、物理学、电子学、计算机科学等现代科学技术紧密地结合起来，而发展成为一门多学科的综合性科学。其发展趋势表现在以下几个方面。

1．一机多用或多机联用

充分发挥各种分析方法的优点，从而提高分析的效能，成为分析复杂样品的有力工具。如气相色谱-质谱联用（GC-MS）、红外光谱-质谱联用（GC-IR）、高效液相色谱-质谱联用（HPLC-MS）等仪器，已实现了联机并应用于分析测试。

2．创建新的分析方法

学科相互交叉、渗透，利用物质一切可以利用的性质，建立表征测量的新方法、新技术，从而开拓新的领域。如电感耦合等离子体发射光谱法、光声波谱法及毛细管电泳分析法等。

3．无损检测及遥测

如今，许多的物理和化学分析方法都已经发展为无损检测，这对于生产流程控制、自动分析和难于取样的（生命过程等）分析都极为重要。遥测技术应用较多的是激光雷达、激光散射、共振荧光及傅里叶变换红外光谱等。

4．提高准确性

仪器分析法用于高含量组分的分析，仍具有一定的局限性，其准确性不是很高。目前不能以仪器分析法来替代化学分析法，一般在进行仪器分析测试之前，需采用化学方法对试样进行预处理。如萃取分离、富集纯化、排除干扰等。同时，仪器分析法在定性、定量时，需要标准物进行对照，而一般标准物均需用化学分析法进行标定。因此，化学分析与现代仪器分析是相互不可代替的，是互为补充的。

总之，仪器分析趋向于小型化、简单化、智能化，向精度高、分析速度快、分辨能力强、用途广等方面迅速发展。仪器分析不断汲取数学、物理、计算机科学及生物学中的新思想、新概念、新方法和新技术，改进和完善现有的仪器分析方法，并建立一批新的仪器分析方法。

习题

1．仪器分析的概念是什么？
2．简述仪器分析法的特点。
3．化学分析与仪器分析有何区别？又有哪些共同点？
4．采用仪器分析进行定量分析时为什么要进行校正？
5．仪器分析主要有哪些类别？
6．简述仪器分析的发展趋势。

模块一

电化学分析法

课程思政

1. 培养学生分析问题、解决问题以及团结协作的能力。

2. 鼓励学生多次练习实验实训的规范操作，养成熟能生巧、精益求精的工匠精神。

3. 培养学生良好职业道德、精湛职业技能、规范职业行为、严谨职业作风组成的优秀的职业素养。

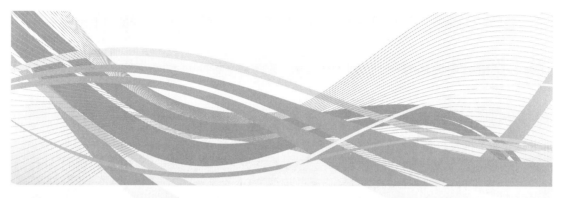

项目一 电位分析法

一、电位分析法的基本原理

电位分析法是以测量原电池的电动势为基础，根据电动势与溶液中某种离子的活度（或浓度）之间的定量关系（能斯特方程式）来测定物质活度（或浓度）的一种电化学分析法。它是以待测试液作为化学电池的电解质溶液，于其中插入两支电极：一支是测定电极，随试液中待测离子的活度（或浓度）的变化而变化，用以指示待测离子活度（或浓度）的指示电极（常作负极）；另一支是在一定温度下，电极电位基本稳定不变，不随试液中待测离子的活度（或浓度）的变化而变化的参比电极（常作正极）。通过测量该电池的电动势来确定待测物质的含量。

电位分析法根据其原理不同可分为直接电位法和电位滴定法两大类。直接电位法通过直接测量电池电动势，根据能斯特方程，计算出待测物质的含量。电位滴定法通过测量滴定过程中电池电动势的突变确定滴定终点，再由滴定终点时所消耗的标准溶液的体积和浓度求出待测物质的含量。

对于氧化还原体系：

$$Ox + ne^- = Red$$

$$E = E^{\ominus}_{Ox/Red} + \frac{RT}{nF} \ln \frac{\alpha_{Ox}}{\alpha_{Red}} \tag{1-1-1}$$

公式中，$E^{\ominus}$ 是标准电极电位，R 是摩尔气体常数 [8.31451J/(mol·K)]，T 是热力学温度，K [20℃相当于 (273.15+20) 293.15K]，F 是法拉第常数（96485.34C/mol），n 是在电极反应中传递电子的数量，α_{Ox} 和 α_{Red} 为氧化态 Ox 和还原态 Red 的活度。

对于金属电极（还原态为金属，活度定为1）：

$$E = E^{\ominus}_{M^{n+}/M} + \frac{RT}{nF} \ln \alpha_{M^{n+}} \tag{1-1-2}$$

公式中，$\alpha_{M^{n+}}$ 为金属离子 M^{n+} 的活度。

由公式(1-1-2)可知，测定电位电极，就能够知道离子的活度（或一定条件下确定离子的浓度），这是电位分析法的依据。

电位分析法具有如下特点：选择性好，对组成复杂的试样往往不需分离就可直接测定；灵敏度高，直接电位法的检出限一般为 $10^{-8} \sim 10^{-5}$ mol/L，特别适用于微量组分的测定。电位分析法所用仪器设备简单、操作方便、分析快速、测定范围宽、不破坏试样，易于实现分析自动化，因此应用范围很广。尤其是离子选择性电极分析法，目前已广泛应用于农、林、渔、牧、地质、冶金、医疗卫生、环境保护等各个领域，并已成为重要的测试手段。

二、酸度计的结构

1. 酸度计的基本组成和工作过程

(1) 酸度计的基本组成 酸度计又称pH计，是一种常用的仪器设备，主要用来精密测量液体介质的酸碱度值，配上相应的离子选择电极也可以测量离子电极电位（mV）值，广泛应用于工业、农业、科研、环保等领域。该仪器也是食品厂、饮用水厂办质量标准（QS）、危害分析及关键控制点（HACCP）认证中的必备检验设备。

酸度计结构主要由电极和电计两大部分组成：电极包括指示电极（玻璃电极）、参比电极；电计包括电流计等。

(2) 酸度计工作过程 pH是溶液中氢离子活度的一种标度，也就是通常意义上溶液酸碱程度的衡量标准。pH越趋向于0表示溶液酸性越强，反之，越趋向于14表示溶液碱性越强，在常温下，pH7的溶液为中性溶液。pH＝－lg[H$^+$]，表示溶液中氢离子活度的负对数。

在中性溶液中，氢离子（H$^+$）和氢氧根离子（OH$^-$）的浓度都是10^{-7} mol/L。如有过量的氢离子，则溶液呈酸性。酸是能使水溶液中的氢离子游离的物质。同样，如果H$^+$不足，并使OH$^-$游离，那么溶液就呈碱性。

酸度计是利用化学中原电池的原理工作的。原电池的两个电极间的电动势不仅与电极的自身属性有关，还与溶液中的氢离子浓度有关，因此电动势和H$^+$浓度有一个对应关系。酸度计的测量原理遵循能斯特方程，通过测量电位来计算H$^+$的浓度。

$$E = E_0 + \frac{RT}{nF} \ln(\alpha Me) \quad (1-1-3)$$

式中，E为电位，E_0为电极的标准电压，R为气体常数[8.31451J/(mol·K)]，T为热力学温度，F为法拉第常数，n为被测离子的化合价（银＝1，氢＝1），$\ln(\alpha Me)$为离子活度αMe的对数。

利用酸度计测量溶液的pH时，都采用比较法。首先用指示电极、参比电极和pH标准缓冲溶液组成电池，其电动势输入电计，对仪器进行"校准"，然后换以被测溶液和同一对电极组成的电池，电池电动势也输入到电计中，经比较，电计显示值即被测溶液的pH。原理如图1-1-1所示。前置放大器将复合电极输入信号转换成低阻信号，然后输入到pH-t（pH-温度）混合电路进行运算。测温电路有两个功能，一是指示被测溶液的温度，二是通过切换开关，调节面板温度旋钮起到手动温度测量。pH-t混合电路是对复合电极所得到信号和测温传感器所得到的温度信号进行运算，既能自动温度补偿，又能手动温度补偿。自动温度补偿是将仪器后侧的"选择开关"置于自动，把仪器的"pH-t-mV"置于"t"，显示的数字即为测温传感器测得的温度，同时仪器将温度信号送入pH-t混合电路进行运算，从而起到pH自动补偿的目的。手动温度补偿是拔去温度传感器，将仪器后侧的"选择开关"置

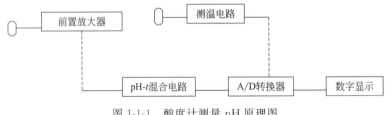

图1-1-1 酸度计测量pH原理图

于手动。把仪器的"pH-t-mV"置于"t",调节温度调节旋钮,使数字显示值与温度计显示数值相同,仪器将该温度信号送入"pH-t"混合电路进行运算,从而起到pH温度补偿的目的。手动温度补偿时,通过数字显示调节温度从而避免主观误差降低准确性。A/D 转换是将模拟信号转换成数字信号,然后由数字显示所测量的pH。

2. 酸度计基本部件和作用

(1) 电极部分　电极的主要作用是将被测溶液的酸碱性等信号转化为电位值,电极的电位随溶液中H^+浓度的变化而变化。在实际测量时,电极浸入待测溶液中,将溶液中的H^+浓度转换成mV级电压信号,送入电计。酸度计配置指示电极和参比电极,见图1-1-2。指示电极是电极电位随被测离子浓度而变化的电极,通常为玻璃电极。参比电极是指在测定过程中电极电位保持恒定的电极,一般为甘汞电极或银-氯化银电极。现在广泛使用的是两种电极合一的复合电极。H^+浓度变化所引起的指示电极电动势的变化,造成了其与参比电极之间电势的差别。

① 参比电极。对溶液中H^+活度无响应,具有已知和恒定的电极电位的电极。参比电极有硫酸亚汞电极、甘汞电极和银-氯化银电极等几种。银-氯化银电极是目前pH计中最常用的参比电极。参比电极的基本功能是维持一个恒定的电位,作为测量各种偏离电位的对照。

甘汞电极有两个玻璃套管:内套管封接一根铂丝,铂丝插入纯汞中,纯汞下装有甘汞与汞的糊状物(Hg_2Cl_2-Hg);外套管装有足够高度的饱和氯化钾溶液,电极下端与待测溶液接触处是熔接陶瓷芯或玻璃砂芯等多孔性物质。

② 玻璃电极。

a. 玻璃电极结构　玻璃电极是测定溶液pH的一种常用指示电极。其结构如图1-1-3所示。电极的下端是一个由特殊玻璃制成的球形玻璃薄膜,膜的厚度为0.08~0.1mm,这种玻璃薄膜只有H^+能够进出。玻璃球内装有0.1mol/L盐酸溶液作内参比溶液,在内参比溶液中插入银-氯化银作内参比电极。要求电极的引出线和连接导线高度绝缘,同时用金属屏蔽线与测量仪器连接,以消除周围交流电场有静电感应的影响。

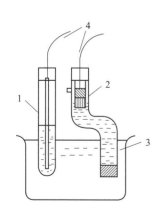
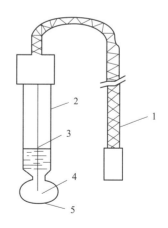

图1-1-2　测定溶液pH的电极系统
1—玻璃电极;2—参比电极;
3—溶液;4—连接酸度计

图1-1-3　pH玻璃电极的基本结构
1—导线;2—玻璃管;3—内参比电极;
4—内参比溶液;5—玻璃薄膜

b. 玻璃电极的定量分析依据　玻璃电极中内参比电极电位是恒定的,与被测溶液的pH无关。

玻璃电极作为指示电极，当玻璃电极浸入被测溶液时，形成一层很薄的水化层（溶胀的硅酸层），其中 Si 和 O 构成玻璃膜的骨架，带负电荷，与之相对应的离子为碱金属离子 M^{n+}。当玻璃膜与水溶液接触时，其中 M^{n+}（Na^+）与溶液中的 H^+ 发生交换，由于硅酸结构与 H^+ 结合的强度远大于与 M^{n+} 结合的强度（约 10^{14} 倍），因此膜表面的点位几乎全部为 H^+ 所占据。与此同时，玻璃膜内表面与内部溶液接触，同样形成水化层，但如果玻璃膜处于内部溶液（氢离子活度为 $\alpha_{H^+,内}$）和待测溶液（氢离子活度为 $\alpha_{H^+,试}$）之间 pH 不同，此时在玻璃膜内外产生一个电位差 $\Delta E_膜$，成为膜电位，形成示意图见图 1-1-4。

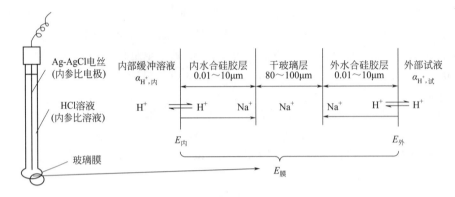

图 1-1-4 玻璃膜电极膜电位的形成示意图

若膜的内、外侧水化层与溶液间的界面电位分别为 $E_内$ 和 $E_试$，膜两边溶液的 H^+ 活度为 $\alpha_{H^+,内}$ 和 $\alpha_{H^+,试}$，而 $\alpha'_{H^+,内}$ 和 $\alpha'_{H^+,试}$ 是接触此两溶液的每一水化层的 H^+ 活度，则膜电位应为：

$$\Delta E_膜 = E_试 - E_内 \tag{1-1-4}$$

根据热力学，界面电位与 H^+ 活度应符合下述关系：

$$E_试 = K_外 + \frac{RT}{F}\ln\frac{\alpha_{H^+,试}}{\alpha'_{H^+,试}} \tag{1-1-5}$$

$$E_内 = K_内 + \frac{RT}{F}\ln\frac{\alpha_{H^+,内}}{\alpha'_{H^+,内}} \tag{1-1-6}$$

式(1-1-4) 中的膜电位还应包含扩散电位，此电位将分布在膜两侧的水化层内。如果玻璃膜两侧的水化层完全对称，则内部形成的两个扩散电位将相等且符号相反，因此可以不予考虑。而试液处于均匀搅拌条件下，可以认为试液相内 $\alpha_{H^+,试}$ 是均匀的，不必考虑活度不均匀造成的扩散电位。式(1-1-5) 和式(1-1-6) 中的 $K_外$ 和 $K_内$ 是玻璃膜电极本身性质决定的常数。

根据上面的假设，$K_外 = K_内$，$\alpha'_{H^+,内} = \alpha'_{H^+,试}$，则可以将公式(1-1-5) 和公式(1-1-6) 代入公式(1-1-4)，可得

$$\Delta E_膜 = E_试 - E_内 = \frac{RT}{F}\ln\frac{\alpha_{H^+,试}}{\alpha'_{H^+,内}} \tag{1-1-7}$$

由于 $\alpha_{H^+,内}$ 为一常数，所以公式(1-1-7) 可写作：

$$\Delta E_膜 = K + \frac{2.303RT}{F}\lg\alpha_{H^+,试} \tag{1-1-8}$$

上面公式说明，在一定温度下玻璃电极的膜电位与溶液的 pH 呈线性关系。

与玻璃电极类似，各种离子选择性电极的膜电位在一定条件下遵循能斯特方程，对阳离

子有响应的电极，膜电位为

$$\Delta E_{膜} = K + \frac{2.303RT}{nF} \lg \alpha_{阳离子} \tag{1-1-9}$$

对阴离子有响应的电极，膜电位为

$$\Delta E_{膜} = K - \frac{2.303RT}{nF} \lg \alpha_{阴离子} \tag{1-1-10}$$

不同的电极，K 值是不一样的，它与感应膜、内部溶液等有关。公式(1-1-9)和公式(1-1-10)说明，在一定条件下膜电位与溶液中待测离子的活度的对数呈线性关系，这是离子选择性电极法测定离子活度的依据。

c. 玻璃电极的主要性能参数　作为离子选择性电极重要的一类，玻璃电极应该符合离子选择性电极的性能参数。

理想的离子选择性电极应该是只对某种特定离子有响应，但真实的离子选择性电极除能对待测离子作出线性响应外，对某些共存离子也有不同程度的响应，从而对待测离子的测定产生干扰。因此，考虑到干扰离子的存在，公式(1-1-9)和公式(1-1-10)应修正为

$$\Delta E_{膜} = K \pm \frac{2.303RT}{n_i F} \lg[\alpha_i + \sum_j K_{ij}(\alpha_j)^{n_i/n_j}] \tag{1-1-11}$$

公式中，i 为待测离子，j 为干扰离子；n_i 和 n_j 分别为 i 离子和 j 离子的电荷数；α_i 和 α_j 分别为 i 离子和 j 离子的活度。对阳离子响应的电极，K 后取"＋"号；对阴离子响应的电极，K 后取"－"号。K_{ij} 称为选择性系数，其意义为相同实验条件下，产生相同电位的待测离子活度 α_i 和干扰离子活度 α_j 的比值，即

$$K_{ij} = \frac{\alpha_i}{(\alpha_j)^{n_i/n_j}} \tag{1-1-12}$$

如果 $n_i = n_j = 1$，$K_{ij} = 0.01$，则 α_j 为 α_i 的 100 倍时，j 离子提供的电位才等于 i 离子提供的电位，即该电极对 i 离子的敏感程度是 j 离子的 100 倍。显然，K_{ij} 越小越好。选择性系数越小，说明离子 j 对离子 i 的干扰越小，也就是说该电极对 i 离子的选择性越好，因此，选择性系数 K_{ij} 是表示电极选择性好坏的性能指标。

选择性系数 K_{ij} 可以估计干扰离子对待测离子测定造成的误差大小，其相对误差为

$$相对误差 = K_{ij} \times \frac{(\alpha_j)^{n_i/n_j}}{\alpha_i} \tag{1-1-13}$$

离子选择性电极的电位与待测离子的活度的对数值只在一定的范围内呈线性关系，该范围称作线性范围，通常为 $10^{-6} \sim 10^{-1}$ mol/L。

根据国际纯粹与应用化学联合会（IUPAC）的推荐，在一个离子选择性电极所得到的 E-$\lg\alpha_i$ 曲线中，将两直线部分外延，其交点所对应的待测离子活度即为该电极对待测离子的检测下限。如图 1-1-5 所示。

离子选择性电极的响应时间是指离子选择性电极和参比电极一起从接触试液开始到电池电动势达到稳定值（波动在 1mV 以内）所需时间。响应时间与膜电位建立的速度、参比电极的稳定性以及溶液的搅拌速度有关。一般可通过搅拌溶液来缩短响应时间。

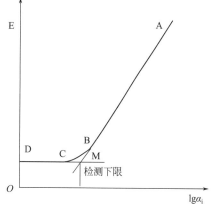

图 1-1-5　电极检测下限

③ 复合电极。目前使用最普遍的电极，复合了参比电极和玻璃电极这两种电极的功能，操作更加简易。pH复合电极的结构主要由电极球泡、内参比电极、内参比溶液、外壳、外参比电极、外参比溶液、液接界、电极帽、电极导线、插口等组成，如图1-1-6所示。

电极球泡：由具有H^+交换功能的锂玻璃熔融吹制而成，呈球形，膜厚0.1~0.2mm，电阻值<250MΩ（25℃）。

内参比电极：银-氯化银电极，主要作用是引出电极电位，要求其电位稳定，温度系数小。

内参比溶液：零电位表示pH=7，是中性磷酸盐和氯化钾的混合溶液，玻璃电极与参比电极构成电池建立零电位的pH，主要取决于内参比溶液的pH及Cl^-浓度。

电极塑壳：电极塑壳是支撑玻璃电极和液接界，盛放外参比溶液的壳体，由聚碳酸酯塑压成型。

外参比电极：银-氯化银电极，作用是提供与保持一个固定的参比电势，要求电位稳定，重现性好，温度系数小。

外参比溶液：3mol/L的氯化钾溶液（饱和溶液）或氯化钾凝胶电解质。

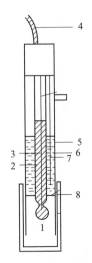

图1-1-6　复合电极的基本组成
1—电极球泡；2—内参比溶液；
3—内参比电极；4—电极导线；
5—电极塑壳；6—外参比溶液；
7—外参比电极；8—电极球泡

液接界：外参比溶液和被测溶液的连接部件，要求渗透量稳定，通常为砂芯液接界。

电极导线：低噪声金属屏蔽线，内芯与内参比电极连接，屏蔽层与外参比电极连接。

(2) 电计部分

① 电流计。电流计能在电阻极大的电路中测量出微小的电位差。电流计的功能就是将原电池的电位放大若干倍，放大了的信号通过电表显示出，电表指针偏转的程度表示其推动的信号的强度。为了方便使用，pH电流表的表盘刻有相应的pH数值；而数字式pH计则直接以数字显出pH，测定pH示意图见图1-1-7。

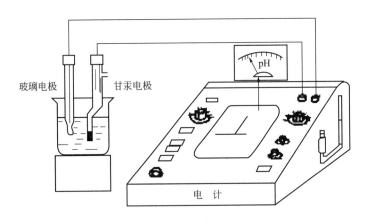

图1-1-7　酸度计测定pH示意图

② 高阻抗放大器等。由于玻璃电极内阻很高，约$5×10^8 Ω$，因此，为了确保仪器的测量精度，选择具有极高输入阻抗的线性集成运算放大器。由于溶液的pH与溶液的温度有关，电极把pH转换为mV值与被测溶液的温度有关，因此，在放大器中设置了一个温度校正补偿器。由于每支复合电极都有一个把pH转换为mV值的转换系数，而每支电极的转换

系数各不相同，所以，为了消除这个电极转换系数而引起的测量误差，设置了电极斜率调节器。当复合电极浸入pH为7的溶液内，电极有时会产生一定的电位差，即不对称电位，这个值的大小取决于玻璃电极膜材料的性质、内外参比体系、测量溶液和温度等因素。要使仪器直接读出被测溶液的pH，必须有一个稳定可调的电位去消除这个不对称电压，定位调节器就起到这个作用。

三、酸度计的操作方法和注意事项

1. 酸度计基本操作程序

(1) 开机检查及使用前准备 按仪器说明书检查仪器各部件、各部分接口是否安装正确，电极是否良好。接通总电源，开启酸度计后面板电源开关，预热30min，检查数字显示窗口是否显示正常，同时进行标定，使酸度计温度、相对湿度与值班室内的大环境达到平衡状态。

将电极梗旋入电极梗插座，调节电极夹到适当位置；将复合电极夹在电极夹上，拉下电极前端的电极套。

(2) 酸度计的参数设置 有些酸度计需要进行pH自动温度补偿和手动温度补偿，如pHS-3B型酸度计，只要将后面板转换开关置于自动位置，该仪器就进行pH自动温度补偿，此时手动温度补偿不起作用。在用智能化酸度计检定仪检定酸度计时，若要调节温度到25℃时，只能使用手动温度补偿，将后面板转换开关置于手动位置，并将仪器的"选择"开关置于"℃"，然后调节温度调节旋钮，达到标定所要的温度值——25℃。仪器同样将该温度信号送入pH-t混合电路进行运算，从而达到手动温度补偿的目的。

在测量pH时，不论是自动还是手动温度补偿，都是用蒸馏水清洗电极，再用被测溶液清洗电极，然后将电极插入被测溶液中，摇动烧杯，使溶液均匀后读出溶液的pH。

有些酸度计，如数字酸度计，需要在酸度计校正前将选择开关拨至pH挡，然后用蒸馏水清洗复合电极，用滤纸吸干后，把电极插入标准缓冲溶液中，调节"温度"调节按钮，使所指示的温度与该溶液的温度相同，并摇动烧杯使溶液均匀。

(3) 酸度计的校准 实验室常用的酸度计有老式的国产雷磁25型酸度计（最小分度0.1单位）和pHS-2型pH计（最小分度0.02单位），这类酸度计的pH以电表指针显示。新式数字式酸度计有国产的科立龙公司的KL系列，其设定温度和pH都在屏幕上以数字的形式显示。无论哪种酸度计，在使用前均需用标准缓冲液进行二重点校正。

准确规范配制好所需pH标准缓冲溶液，在小烧杯中加入pH7.0（或pH6.86）的标准缓冲液，将电极浸入，轻轻摇动烧杯，使电极所接触的溶液均匀，待读数稳定，调节定位按钮，校正酸度计，使其读数与标准缓冲液pH7.0（或pH6.86）的实际值相同；然后再将电极从溶液中取出并用蒸馏水充分淋洗，小烧杯中换成pH4.00（或pH9.18，可根据待测样品的酸碱度对应选择）的标准缓冲液，把电极浸入，重复上述步骤，待读数稳定，调节斜率按钮，使其读数与标准缓冲液pH4.00（或pH9.18）的实际值相同。这样就完成了二重点校正。校正完毕，用蒸馏水冲洗电极和烧杯。误差不应超过±0.1。

(4) pH测量 所测溶液的温度应与标准缓冲液的温度相同。测量时，先用蒸馏水冲洗电极，用滤纸轻轻吸干电极上残余的溶液，或用待测液冲洗电极。然后，将电极浸入盛有待测溶液的烧杯中，轻轻摇动烧杯，使溶液均匀，按下读数开关，即可读得待测溶液的pH，重复几次，直到数值不变。数字式酸度计在约10s内pH变化少于0.01时，表明数值已达到稳定。测量完毕，关闭电源，冲洗电极，并进行检查，玻璃电极要浸泡在蒸馏水中，而复合电极应放入装有饱和 KCl 溶液（3mol/L）的电极保护套中。

（5）进行数据记录和处理

（6）关机

2．酸度计的操作注意事项

（1）正确使用与保养电极 酸度计使用中若能够合理维护电极、按要求配制标准缓冲液和正确操作，可大大减小 pH 示值误差，从而提高化学实验、医学检验数据的可靠性。

目前实验室使用的电极都是复合电极，其优点是使用方便，不受氧化性或还原性物质的影响，且平衡速度较快。使用时，将电极加液口上所套的橡胶套和下端的橡皮套全取下，以保持电极内氯化钾溶液的液压差。

（2）标准缓冲液的配制及其保存

① pH 标准物质应保存在干燥的地方，如混合磷酸盐 pH 标准物质在空气湿度较大时就会发生潮解，一旦出现潮解，pH 标准物质即不可使用。

② 配制 pH 标准溶液应使用二次蒸馏水或者去离子水。如果是用于 0.1 级 pH 计测量，则可以用普通蒸馏水。

③ 配制 pH 标准溶液时使用较小的烧杯来稀释，以减少沾在烧杯壁上的 pH 标准液。存放 pH 标准物质的塑料袋或其他容器，除了应倒干净以外，还应用蒸馏水多次冲洗，然后将其倒入配制的 pH 标准溶液中，以保证配制的 pH 标准溶液准确无误。

④ 配制好的标准缓冲溶液一般可保存 2~3 个月，如发现有浑浊、发霉或沉淀等现象，不能继续使用。

⑤ 碱性标准溶液应装在聚乙烯瓶中密闭保存。防止二氧化碳进入标准溶液后形成碳酸，降低其 pH。

（3）酸度计的正确校准

① 酸度计因电计设计的不同而类型很多，其操作步骤各有不同，因而酸度计的操作应严格按照其使用说明书正确进行。在具体操作中，校准是重要步骤。

② 在校准前应特别注意待测溶液的温度，以便正确选择标准缓冲液，并调节电计面板上的温度补偿旋钮，使其与待测溶液的温度一致。不同的温度下，标准缓冲溶液的 pH 是不一样的，如表 1-1-1 所示。

表 1-1-1　标准缓冲溶液的 pH 值温度补偿表

温度/℃	pH 4	pH 7	pH 9
10	4.00	6.92	9.33
15	4.00	6.90	9.28
20	4.00	6.88	9.23
25	4.00	6.86	9.18
30	4.01	6.85	9.14
35	4.02	6.84	9.10
40	4.04	6.84	9.07
45	4.04	6.83	9.04
50	4.06	6.83	9.02

校准工作结束后，对使用频繁的酸度计，一般在 48h 内不需再次标定。如遇到下列情况

之一，仪器则需要重新标定：

　　a. 溶液温度与定标温度有较大的差异时；
　　b. 电极在空气中暴露过久，如半小时以上时；
　　c. 定位或斜率调节器被误动时；
　　d. 测量过酸（pH<2）或过碱（pH>12）的溶液后；
　　e. 换过电极后；
　　f. 所测溶液的 pH 不在两点定标时所选溶液的中间，且距 pH7 又较远时。

但目前很多数字酸度计采取自动温度补偿，所以不用设置仪器温度，一般采取默认温度 25℃。

四、酸度计的维护及保养

1. 酸度计的保养

(1) 复合电极的维护与保养

① 复合电极不用时，可充分浸泡于 3mol/L 氯化钾溶液中。切忌用洗涤液或其他吸水性试剂浸洗。

② 使用前，检查玻璃电极及前端的球泡。正常情况下，电极应该透明而无裂纹；球泡内要充满溶液，不能有气泡存在。

③ 测量浓度较大的溶液时，尽量缩短测量时间，用后仔细清洗，防止被测液黏附在电极上而污染电极。

④ 清洗电极后，不要用滤纸擦拭玻璃膜，而应用滤纸吸干，避免损坏玻璃薄膜，防止交叉污染，影响测量精度。

⑤ 测量中注意电极的银-氯化银内参比电极应浸入到球泡内的氯化物缓冲溶液中，避免电计显示部分出现数字乱跳现象。使用时，注意将电极轻轻甩几下。

⑥ 电极不能用于强酸、强碱或其他腐蚀性溶液的测量。

⑦ 严禁在脱水性介质如无水乙醇、重铬酸钾溶液中使用。

(2) 玻璃电极的贮存　　短期，贮存在 pH 4.00 的缓冲溶液中；长期，贮存在 pH 7.00 的缓冲溶液中。

(3) 玻璃电极的清洗　　玻璃电极的球泡受污染可能使电极响应时间加长。可用 CCl_4 或皂液揩去污物，然后浸入蒸馏水一昼夜后继续使用。污染严重时，可用 5% HF 溶液浸泡 10~20min，立即用水冲洗干净，然后浸入 0.1mol/L HCl 溶液一昼夜后继续使用。

(4) 玻璃电极老化的处理　　玻璃电极的老化与胶层结构变化有关。旧电极响应迟缓，膜电阻高，斜率低。用 HF 浸蚀掉外层胶层，能改善电极性能。若能用此法定期清除内外层胶层，则电极的寿命几乎是无限的。

(5) 参比电极的贮存　　银-氯化银电极最好的贮存液是饱和氯化钾溶液，高浓度氯化钾溶液可以防止氯化银在液接界处沉淀，并维持液接界的工作状态。此方法也适用于复合电极的贮存。

(6) 参比电极的再生　　参比电极的问题绝大多数是由液接界堵塞引起的，可用下列方法解决。

① 浸泡液接界。用 10% 饱和氯化钾溶液和 90% 蒸馏水的混合液，加热至 60~70℃，将电极浸入约 5cm，浸泡 20min 至 1h。此法可溶去电极端部的结晶。

② 氨浸泡。当液接界被氯化银堵塞时可用浓氨水浸除，具体方法是将电极洗净，内充

液放空后浸入氨水中10~20min,但不要让氨水进入电极内部;取出电极用蒸馏水洗净,重新加入内充液后继续使用。

③ 真空方法。将软管套住参比电极液接界,使用水流吸气泵,抽吸部分内充液穿过液接界,除去机械堵塞物。

④ 煮沸液接界。将Ag-AgCl参比电极的液接界浸入沸水中10~20s,注意,下一次煮沸前,应将电极冷却到室温。

⑤ 其他。当以上方法均无效时,可采用砂纸研磨的机械方法去除堵塞,但此法可能会使研磨下的砂粒塞入液接界,造成永久性堵塞。

2. 酸度计的检查

(1) 玻璃电极的一般检查方法

① 检查零电位。设置pH计在"mV"测量挡,将玻璃电极和参比电极一起插入pH 6.86的缓冲溶液中,仪器的读数应为-50~50mV。

② 检查斜率。接①,再测pH 4.00或pH 9.18的缓冲溶液的mV值,计算电极的斜率,电极的相对斜率一般应符合技术指标。

检查斜率时应注意以下几点。

a. 电极零电位值检查方法仅对等电位点为7的玻璃电极有效。若玻璃电极的等电位点不为7时,则有所不同。

b. 对于有的酸度计,标定调节能够达到要求时,上述检查结果超出范围不大时,电极仍可使用。

c. 对于有的智能酸度计,可以直接查阅仪器标定结果得到的零电位和斜率值。

(2) 参比电极的检查方法

① 内阻检查方法。采用实验室电导率仪,电导率仪电极插座一端接参比电极,另一端接一根金属丝,将参比电极和金属丝同时浸入溶液中,测得的内阻应小于10kΩ。如内阻过大,说明液接界有堵塞,应进行处理。

② 电极电位检查。取型号相同的一支好的参比电极和被测参比电极接入酸度计的输入两端,然后同时插入KCl溶液(或pH 4.00的缓冲溶液)中,测得的电位差应为-3~3mV,且电位变化应小于±1mV。否则,应该更换或再生参比电极。

③ 外观检查。Ag-AgCl丝应该呈暗棕色,若呈灰白色则说明氯化银已部分溶解。

技能训练 直接电位法测定溶液的pH

【训练目标】

1. 学会正确使用酸度计。
2. 了解标准溶液的作用和配制方法。

【仪器和试剂】

1. 仪器:酸度计、玻璃电极、饱和甘汞电极。
2. 试剂:邻苯二甲酸氢钾标准缓冲液(pH4.00)、磷酸盐标准缓冲溶液(pH6.86)、硼砂标准缓冲溶液(pH9.18)。
3. 试样:未知pH样品溶液(至少3个,pH分别在3、6、9左右为宜)。

【训练步骤】

1. 接通酸度计电源,仪器预热 30min。
2. 校准

(1) 将电极浸入邻苯二甲酸氢钾标准缓冲溶液(pH4.00)中,将[pH-mV]开关转至 pH 挡。

(2) 将清洗干净的电极浸入待测标准 pH 缓冲溶液中,按下[测量]按钮,转动定位调节旋钮,使仪器显示的 pH 稳定在该标准缓冲液的 pH。

(3) 校正完毕,松开[测量]按钮,移去标准缓冲溶液,用蒸馏水洗涤电极并用吸水纸轻轻将附在电极上的水吸尽。

3. 测定

将电极置于待测试试液中,按下[测量]按钮,读取稳定 pH,记录。松开[测量]按钮,取出电极,用蒸馏水洗涤电极并用吸水纸轻轻将附在电极上的水吸尽,继续下个样品测量。每个样品重复测量 3 次,取平均值为结果。测量完毕,清洗电极,并将玻璃电极浸泡在蒸馏水中。

【数据处理】

样品名称	第一次测量	第二次测量	第三次测量	结果
待测样品液 1				
待测样品液 2				
待测样品液 3				

 习题

1. 酸度计主要由哪几部分构成?各部分的功能是什么?
2. 电极有哪几种分类?
3. 简述酸度计的基本操作步骤。
4. 阐述如何做好酸度计的日常维护和保养。
5. 说明酸度计操作注意事项。
6. 什么是指示电极和参比电极?试举例说明。
7. 选择性系数 $K_{ij}<1$,$K_{ij}=1$,$K_{ij}>1$ 各表明什么?
8. 某 pH 的标度每改变一个 pH 单位,相当于电位的改变为 60mV,用响应斜率为 53mV/pH 的玻璃电极来测定 pH 为 5.00 的溶液,分别用 pH2.00 及 pH4.00 的标准缓冲溶液来标定,测定结果的绝对误差各为多少?由此,可得出什么结论?
9. 当下述电池中的溶液是 pH 等于 4.00 的缓冲溶液时,在 298K 时用毫伏计测得下列电池的电动势为 0.209V,玻璃电极丨$H^+(\alpha=x)$‖饱和甘汞电极,当缓冲溶液由三种未知溶液代替时,毫伏计读数如下:(a) 0.312V;(b) 0.088V;(c) −0.017V。试计算每种未知溶液的 pH。

项目二 电位滴定法

一、电位滴定法的基本原理

电位滴定法是在滴定过程中通过测量电位变化以确定滴定终点的方法，和直接电位法相比，不需要准确地测量电极电位值。因此，温度、液接界电位的影响并不重要，其准确度优于直接电位法。普通滴定法依靠指示剂颜色变化来指示滴定终点，如果待测溶液有颜色或浑浊时，终点的指示就比较困难，或者根本找不到合适的指示剂。电位滴定法靠电极电位的突跃来指示滴定终点。在滴定到达终点前后，滴液中的待测离子浓度往往连续变化 n 个数量级，引起电位的突跃，被测成分的含量通过消耗的滴定剂的量来计算。

通过使用不同的指示电极，电位滴定法可以进行酸碱滴定、氧化还原滴定、配位滴定和沉淀滴定。酸碱滴定时使用 pH 玻璃电极为指示电极。在氧化还原滴定中，可以用铂电极作指示电极。在配位滴定中，若用 EDTA 作滴定剂，可以用汞电极作指示电极。在沉淀滴定中，若用硝酸银滴定卤素离子，可以用银电极作指示电极。在滴定过程中，随着滴定剂的不断加入，电极电位（E）不断发生变化，电极电位发生突跃时，说明滴定到达终点。用微分曲线比普通滴定曲线更容易确定滴定终点。

进行电位滴定时，被测溶液中插入一个参比电极、一个指示电极组成工作电池。随着滴定剂的加入，由于发生化学反应，被测离子浓度不断变化，指示电极的电位也相应变化，在化学计量点附近发生电位的突跃。因此测量工作电池电动势的变化，可确定滴定终点。

电位滴定法确定滴定终点的方法有作图法和二级微商计算法两种。

(1) 作图法 作 E-V 曲线（一般的滴定曲线），以测得的电动势 E 对滴定的体积 V 作图得到图 1-2-1(a) 的曲线，曲线的突跃点（拐点）所对应的体积为终点的滴定体积 V_e。

作 $\Delta E/\Delta V$-V 曲线（一级微商曲线），对于滴定突跃较小或计量点前后滴定曲线不对称的，可以用 $\Delta E/\Delta V$ 对 ΔV 相应的两体积的平均值 $\left(V'_n = \dfrac{V_n + V_{n+1}}{2}\right)$ 作图，得到图 1-2-1(b) 的曲线，曲线极大值所对应的体积为 V_e。

作 $\Delta E^2/\Delta V^2$-V 曲线（二级微商曲线），以 $\Delta E^2/\Delta V^2$ 对二次体积的平均值 $\left(V''_n = \dfrac{V'_n + V'_{n+1}}{2}\right)$ 作图，得到图 1-2-1(c) 的曲线，曲线与 X 轴交点，即 $\Delta E^2/\Delta V^2 = 0$，所对应的体积为 V_e。

作 $\Delta V/\Delta E$-V 曲线，只要在计量点前后取几对数据，以 $\Delta V/\Delta E$ 对 V 作图，可得到两条

直线，如图 1-2-1(d) 所示，其交点所对应的体积为 V_e。

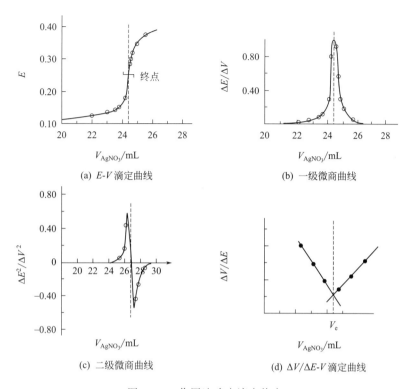

(a) E-V 滴定曲线
(b) 一级微商曲线
(c) 二级微商曲线
(d) $\Delta V/\Delta E$-V 滴定曲线

图 1-2-1　作图法确定滴定终点

(2) 二级微商计算法　从二级微商曲线可见，当 $\Delta E^2/\Delta V^2$ 的两个相邻值出现相反符号时，两个滴定体积 V_1、V_2 之间，必有 $\Delta E^2/\Delta V^2 = 0$ 的一点，该点对应的体积为 V_e。用线性内插法求得 V_e、E_e：

$$V_e = V_1 + (V_2 - V_1) \times \frac{\Delta E_1^2/\Delta V_1^2}{(\Delta E_1^2/\Delta V_1^2) + |\Delta E_2^2/\Delta V_2^2|}$$

$$E_e = E_1 + (E_2 - E_1) \times \frac{\Delta E_1^2/\Delta V_1^2}{(\Delta E_1^2/\Delta V_1^2) + |\Delta E_2^2/\Delta V_2^2|}$$

二、电位滴定仪的结构

电位滴定仪是利用电位滴定法在滴定过程中通过测量电位变化以确定滴定终点的仪器。

电位滴定仪的基本装置包括滴定管、滴定池、指示电极、参比电极、搅拌器，测电动势的仪器，如图 1-2-2 所示。

三、电位滴定仪的操作方法和注意事项

1．电位滴定仪操作方法

(1) 检查仪器连接　按仪器说明书检查仪器各部件、各接口是否安装正确。检查电源开关是否处于关

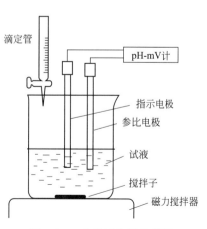

图 1-2-2　电位滴定仪示意图

闭状态。

(2) 打开电源开关　仪器安装连接好以后，插上电源线，打开电源开关，电源指示灯亮。经 15min 预热后再使用。

［设置］开关置［测量］，［pH/mV］选择开关置［mV］。

将电极插入被测溶液中，将溶液搅拌均匀后，即可读取电极电位（mV）值。

如果被测信号超出仪器的测量范围，显示屏会不亮，出现超载报警。

(3) pH 标定　仪器在进行 pH 测量之前，先要标定。一般来说，仪器在连续使用时，每天要标定一次。其步骤如下：

① ［设置］开关置［测量］，［pH/mV］选择开关置［pH］。

② 调节［温度］旋钮，使旋钮白线指向对应的溶液温度值。

③ 将［斜率］旋钮顺时针旋到底（100%）。

④ 将清洗过的电极插入 pH 为 6.86 的缓冲溶液中。

⑤ 调节［定位］旋钮，使仪器显示读数与该缓冲溶液当时温度下的 pH 相一致。

⑥ 用蒸馏水清洗电极，再插入 pH 为 4.00（或 pH 为 9.18）的标准缓冲溶液中，调节斜率旋钮使仪器显示读数与该缓冲溶液当时温度下的 pH 相一致。

⑦ 重复⑤～⑥直至不用再调节［定位］或［斜率］旋钮为止，至此，仪器完成标定。标定结束后，［定位］和［斜率］旋钮不应再动，直至下一次标定。

(4) pH 测量　经标定过的仪器即可用来测量 pH，其步骤如下：

① ［设置］开关置［测量］，［pH/mV］选择开关置［pH］。

② 用蒸馏水清洗电极头部，再用被测溶液清洗一次。

③ 用温度计测出被测溶液的温度值。

④ 调节［温度］旋钮，使旋钮白线指向对应的溶液温度值。

⑤ 将电极插入被测溶液中，搅拌溶液至均匀后，读取该溶液的 pH。

(5) 滴定前的准备工作　步骤如下。

① 安装好滴定装置，在试杯中放入搅拌棒，并将试杯放在搅拌器上。

② 电极的选择取决于滴定时的化学反应：如果是氧化还原反应，可采用铂电极、甘汞电极和钨电极；如属中和反应，可用 pH 复合电极、玻璃电极和甘汞电极；如属银盐与卤素反应，可采用银电极和特殊甘汞电极。

(6) 电位自动滴定　步骤如下。

① 终点设定，［设置］开关置［终点］，［pH/mV］开关置［mV］，［功能］开关置［自动］，调节［终点电位］旋钮，使显示屏显示所要设定的终点电位值。终点电位选定后，［终点电位］旋钮不可再动。

② 预控点设定，预控点的作用：当离开终点较远时，滴定速度很快；当到达预控点后，滴定速度很慢。设定预控点就是设定预控点到终点的距离，其步骤如下：

［设置］开关置［预控点］，调节［预控点］旋钮，使显示屏显示所要设定的预控点数值。例如，设定预控点为 100mV，仪器将在离终点 100mV 处转为慢滴。预控点选定后，［预控点］调节旋钮不可再动。

③ 终点电位和预控点电位设定好后，将［设置］开关置［测量］，打开搅拌器电源，调节转速使搅拌从慢逐渐加快至适当转速。

④ 按一下［滴定开始］按钮，仪器即开始滴定，滴定灯闪亮，滴液快速滴下，在接近终点时，滴速减慢。到达终点后，滴定灯不再闪亮，过 10s 左右，终点灯亮，滴定结束。

注意：到达终点后，不可再按［滴定开始］按钮，否则仪器将认为另一极性相反的滴定开始，而继续进行滴定。

⑤ 记录滴定管内滴液的消耗读数。

(7) 电位控制滴定　步骤如下。

［功能］开关置［控制］，其余操作同上。在到达终点后，滴定灯不再亮，但终点灯始终不亮，仪器始终处于预备滴定状态。同样，到达终点后，不可再按［滴定开始］按钮。

(8) pH 自动滴定　步骤如下。

① pH 标定。

② pH 终点设定：［设置］开关置［终点］，［功能］开关置［自动］，［pH/mV］开关置［pH］，调节［终点电位］旋钮，使显示屏显示所要设定的终点 pH。

③ 预控点设置：［设置］开关置［预控点］，调节［预控点］旋钮，使显示屏显示所要设置的预控点 pH。例如，所要设置的预控点为 pH 2，仪器将在离终点 pH 2 左右处自动从快滴转为慢滴。其余操作同电位自动滴定操作。

④ pH 控制滴定（恒 pH 滴定）：［功能］开关置［控制］，其余操作同 pH 自动滴定操作。

(9) 手动滴定　步骤如下。

① ［功能］开关置［手动］，［设置］开关置［测量］。

② 按下［滴定开始］开关，滴定灯亮，此时滴液滴下，控制按下此开关的时间，即控制滴液滴下的数量，松开此开关，则停止滴定。

2. 电位滴定仪的操作注意事项

① 仪器的输入端（电极插座）必须保持干燥、清洁。仪器不用时，将短路插头插入插座，防止灰尘及水汽进入。

② 测量时，电极的引入导线应保持静止，否则会引起测量不稳定。

③ 用缓冲溶液标定仪器时，要保证缓冲溶液的可靠性，不能配错缓冲溶液，否则将导致测量不准。

④ 取下电极套后，应避免电极的敏感玻璃泡与硬物接触，因为任何破损或玻璃膜损坏都将使电极失效。

⑤ 复合电极的外参比电极（或甘汞电极）应经常检查有无饱和氯化钾溶液，补充液可以从电极上端小孔加入。

⑥ 电极应避免长期浸在蒸馏水、蛋白质溶液和酸性氟化物溶液中。

⑦ 电极应避免与有机硅油接触。

⑧ 滴定前最好先用滴液将电磁阀橡胶管冲洗数次。

⑨ 到达终点后，不可以按［滴定开始］按钮，否则仪器又将开始滴定。

⑩ 与橡胶管发生反应的高锰酸钾等溶液，请勿使用。

四、电位滴定仪的维护及保养

1. pH 电极保养与维护

(1) pH 电极保存　单体玻璃电极：保存在蒸馏水中。复合 pH 电极：保存在电解质溶液中（通常为饱和的 KCl 溶液）。

(2) 隔膜的清洗

① 测定低氯浓度的溶液后（AgCl 沉淀物会沉积于隔膜上使隔膜变为黑色隔膜）：把电

极放在 NH_3 的溶液中过夜，用水清洗电极并更新参比电解质溶液。

② 测定含硫化物的溶液后（Ag_2S 沉积在隔膜上变为黑色隔膜）：把电极放在新鲜的微酸的 7% 的硫脲溶液中，用水清洗电极，更新参比电解质溶液。

③ 有机溶剂污染：把电极放在 80℃ 的铬硫酸溶液中约 5min，然后用水清洗，更新电解质溶液。

④ 其他：用金刚石锉刀小心地将隔膜锉短些，直至能够看到黑色环形的流出的电解质溶液。

(3) 玻璃膜的维护

① 测定非水介质后：把电极浸泡在水中。

② 测定含蛋白质的介质后：把电极浸泡在含有胃蛋白酶的盐酸溶液中 [5% 的胃蛋白酶溶于 $c(HCl)=0.1mol/L$] 几小时，完全浸泡。

③ 玻璃膜的再生：把玻璃膜浸在 10% 的 NH_4HF_2 溶液中 1min，或者浸泡在 40% 的 HF 溶液中几秒钟。然后用 HCl 溶液（H_2O：HCl＝1∶1）浸洗约 10s。用水清洗电极，在电解质溶液中可放置 24h。

2. 氧化还原电极的保养与维护

(1) 保存

① 单体：干保存。

② 复合：浸泡在饱和 KCl 溶液中，对于复合电极，如出现隔膜问题，处理方法与 pH 电极相同。

(2) 响应问题 可能是表面钝化引起，将电极浸泡在含 0.5g 氢醌的 50mL、pH4 的缓冲溶液中一段时间，然后用蒸馏水清洗。或将电极与直流电源的负极相连，以稀硫酸为电解质，在 10mA 电流下电解 3min。

(3) 电极表面沾污后 用磨蚀粉清洁，然后用蒸馏水清洗。插入式针形电极可在火焰上烤至发红，除去污物。

3. 银量法电极的维护

(1) 保存

① 单体：存放在电极盒中即可。

② 复合：浸泡在饱和 KNO_3 溶液中，切勿使用 KCl。如 KNO_3 结晶，加蒸馏水清洗更新参比液。

(2) 隔膜问题 同 pH 电极。

(3) 银表面处理 可用研磨粉清洁电极，然后用水清洗。

4. 离子选择电极的维护

(1) 晶体膜离子选择性电极 晶体膜非常坚固，但强还原性溶液会损害卤素晶体膜电极。晶体膜电极可用抛光组件进行抛光处理，抛光组件为 $3\mu m$ 的 Al_2O_3 和抛光布。氟离子电极用牙膏处理。所有离子选择电极都应保存在电极盒中，存放前，将电极上的水吸干。

(2) 聚合物膜离子选择性电极 不可用有机物溶剂或油类，这些有机物会损害电极，高含量的干扰离子也会污染电极。这时可在蒸馏水中浸泡数小时，再浸泡在溶液中。电极表面非常敏感，不可用手指或纸巾接触表面，仅用水冲洗即可。

5. 电位滴定仪的检查

① 仪器的各单元均应保持清洁干燥，并防止灰尘及腐蚀性气体侵入。

② 玻璃电极插孔的绝缘电阻不得小于 $1\times10^{12}\Omega$，使用后必须旋上防尘帽，以防外界潮

气及杂质侵入。

③ 仪器在不使用时，应将读数开关置于放开位置，并用短路片使电表短路，以保证运输时电表的安全。

④ 甘汞电极经常注意充满饱和氯化钾溶液。

⑤ 滴定前最好先用滴定剂将电磁阀和橡胶管一起冲洗数次。

⑥ 橡胶管久用易变形，弹性变差，这时可放开支头螺钉，变动橡胶管的上下位置以便于使用。

⑦ 如橡胶管已无法使用，可用备件更换，备件在更换前应放在微碱性溶液中煮数小时。

⑧ 切勿使用可与橡胶管发生反应的高锰酸钾等溶液，以免腐蚀橡胶管。

技能训练一　啤酒总酸的测定

【训练目标】

1. 学会正确使用电位滴定仪。
2. 了解电位滴定仪测定啤酒总酸含量的方法。

【仪器和试剂】

1. 仪器

自动电位滴定仪：精度±0.02，附电磁搅拌器。

恒温水浴锅：精度±0.5℃，带振荡装置。

2. 试剂

0.1mol/L 氢氧化钠标准溶液。

配制：将氢氧化钠配成饱和溶液，注入聚乙烯塑料瓶中，封闭放置至溶液清亮，使用前虹吸上清液。量取5mL氢氧化钠饱和溶液，注入1000mL不含二氧化碳的水中，摇匀。

3. 试样

啤酒。

【训练步骤】

1. 试样的准备

将恒温至15～20℃的酒样约300mL注入750mL或1L的锥形瓶中，盖塞（橡皮塞），在恒温室内轻轻摇动，开塞放气（开始有"砰砰"声），盖塞，反复操作，直至无气体逸出为止。用单层中速干滤纸（漏斗上面盖表面玻璃）过滤，取滤液约60mL于100mL烧杯中置于40℃±0.5℃振荡水浴中恒温30min，取出，冷却至室温。

2. 测定

（1）按仪器使用说明书安装和调试仪器。

（2）用标准缓冲溶液校正电位滴定仪，采用二点校准的方法，用pH 6.86、pH 9.18两种缓冲溶液校正。校正结束后，用蒸馏水冲洗电极，并用滤纸吸干附着在电极上的液滴。

（3）吸取准备好的试样50.0mL于烧杯中，插入电极，开启电磁搅拌器，用0.1mol/L氢氧化钠标准溶液滴定至pH8.2为其终点。记录消耗氢氧化钠标准溶液的体积。

【数据处理】

试样的总酸含量按下式计算：
$$X = 2 \times c \times V$$

式中　X——试样的总酸，mL/100mL；
　　　c——氢氧化钠标准溶液的浓度，mol/L；
　　　V——消耗氢氧化钠标准溶液的体积，mL；
　　　2——换算成100mL试样的系数。

结果允许误差：同一试样两次测定值之差，不得超过平均值的4%。

【注意事项】

1. 测量前正确处理好电极。
2. 测定速度不宜过快，尤其接近化学计量点处，否则体积不准。
3. 滴入滴定剂后，继续搅拌至仪器显示的电位值基本稳定，然后停止搅拌，放置至电位稳定后，再读数。

技能训练二　罐头中氯化钠的测定

【训练目标】

1. 学会正确使用电位滴定仪。
2. 了解电位滴定仪测定罐头食品中氯化钠含量的方法。

【仪器和试剂】

1. 仪器

自动电位滴定仪：精度±0.02，附电磁搅拌器。

恒温水浴锅：精度±0.5℃，带振荡装置。

2. 试剂

（1）蛋白质沉淀剂

① 试剂Ⅰ：称取106g亚铁氰化钾溶于水中，转移到1000mL容量瓶中，用水稀释至刻度。

② 试剂Ⅱ：称取220g乙酸锌溶于水中，并加入30mL冰乙酸，转移到1000mL容量瓶中，用水稀释至刻度。

（2）硝酸溶液（1:3）

（3）丙酮

（4）0.01mol/L氯化钠基准溶液

称取0.5844g基准试剂氯化钠或经500～600℃灼烧至恒重的分析纯氯化钠，精确至0.0002g，于100mL烧杯中，用少量水溶解后转移到1000mL容量瓶中，稀释至刻度，摇匀。

（5）0.02mol/L硝酸银标准滴定溶液

① 配制：称取3.40g硝酸银，精确至0.01g，于100mL烧杯中，用少量水溶解后转移到1000mL容量瓶中，用水定容，摇匀，置于暗处（或转移到棕色容量瓶中）。

② 标定（二级微商计算法）：吸取10.00mL 0.01mol/L氯化钠基准溶液于50mL烧杯中，加入0.2mL硝酸溶液及25mL丙酮。将玻璃电极和银电极浸入溶液中，开启电磁搅拌器。

先从滴定管滴入 V 毫升（所需量的 90%）硝酸银标准溶液，测量溶液电位（E）。以后每滴加 1mL 测量一次。接近终点和终点过后，每滴加 0.1mL 测量一次。继续滴定至电位改变不明显为止。记录每次滴加硝酸银标准滴定溶液的体积和电位。

③ 滴定终点的确定

a. 根据滴定记录，按硝酸银标准溶液的体积（V）和电位（E），用列表的方法算出下列数值。

硝酸银标准溶液滴定氯化钠基准溶液记录表

V/mL	E/V	ΔE①/V	ΔV②/mL	一级微商③/(V/mL)	二级微商④/(V/mL)
0.00	400	—	—	—	—
4.00	470	70	4.00	18	—
4.50	490	20	0.15	40	22
4.60	500	10	0.10	100	60
4.70	515	15	0.10	150	50
4.80	535	20	0.10	200	50
4.90	620	85	0.10	850	650
5.00	670	50	0.10	500	−350
5.10	690	20	0.10	200	−300
5.20	700	10	0.10	100	−100

① 相对应的电位变化值。
② 连续滴入硝酸银标准滴定溶液的体积增加值。
③ 单位体积硝酸银标准滴定溶液引起的电位变化值，在数值上相当于 ΔE 与 ΔV 的比值。
④ 在数值上相当于相邻的一级微商之差。

b. 当一级微商最大、二级微商等于零时，即为滴定终点，按下式计算滴定终点时硝酸银标准滴定溶液的量。

$$V = V_a + \left(\frac{a}{a-b} \times \Delta V \right)$$

式中　V——滴定终点时消耗硝酸银标准滴定溶液的体积，mL；
　　　a——二级微商为零前的二级微商值；
　　　b——二级微商为零后的二级微商值；
　　　V_a——在 a 时消耗硝酸银标准滴定溶液的体积，mL；
　　　ΔV——a 与 b 之间的体积增加值，mL。

④ 硝酸银标准滴定溶液的浓度按下式计算

$$c = \frac{c_1 \times V_1}{V}$$

式中　c——硝酸银标准滴定溶液的实际浓度，mol/L；
　　　c_1——氯化钠基准溶液的浓度，mol/L；
　　　V——滴定终点时消耗硝酸银标准滴定溶液的体积，mL；
　　　V_1——氯化钠基准溶液的体积，mL。

3. 试样

罐头。

【训练步骤】

1. 试样的制备

（1）肉禽及水产制品　称取均样约 20g（精确至 0.001g）于 250mL 锥形瓶中，加入

100mL 70℃热水，加热沸腾后保持 15min，并不断摇动。取出，冷却至室温，依次加入 4mL 试剂Ⅰ和 4mL 试剂Ⅱ。每次加入后充分摇匀，在室温静置 30min。将锥形瓶中的内容物全部转移到 200mL 容量瓶中，用水稀释至刻度，摇匀。用滤纸过滤，弃去最初部分滤液。

（2）蛋白质及淀粉含量较高的试样　称取约 10g 试样（精确至 0.001g）于烧杯中，用 80％乙醇溶液将其全部转移到 100mL 容量瓶中，稀释至刻度，充分振摇，抽提 15min。用滤纸过滤，弃去最初部分滤液。

2. 测定

取含 5～10mg 氯化钠的待测溶液，于 50mL 烧杯中，加入 0.2mL 硝酸溶液及 25mL 丙酮。以下按 0.02mol/L 硝酸银标准滴定溶液标定相同的步骤操作，求出滴定终点时消耗硝酸银标准滴定溶液的体积。

【数据处理】

试样中氯化钠的含量以质量分数表示，按下列公式计算：

$$X(\text{NaCl}) = \frac{0.05844 \times c \times V \times n}{m} \times 100$$

式中　$X(\text{NaCl})$——试样中氯化钠含量，g/100g；

　　　0.05844——1.00mL 硝酸银标准滴定溶液（$c=1.000$mol/L）相当的氯化钠的质量，g；

　　　V——滴定试样时消耗硝酸银标准滴定溶液的体积，mL；

　　　n——稀释倍数；

　　　m——试样的质量，g；

　　　c——硝酸银标准滴定溶液的实际浓度，mol/L。

计算结果精确至小数点后两位。

结果允许误差：同一样品两次测定值之差，每 100g 样品不得超过 0.2g。

【注意事项】

1. 电位滴定中的银量法是以硝酸银作标准溶液，银电极作指示电极，饱和甘汞电极或玻璃电极作参比电极来测定溶液中的 Cl^-。

2. 电极在使用前应使用细砂纸将其表面擦亮，然后浸入含有少量硝酸钠的稀硝酸溶液（1∶1）中，直到有气体放出为止，取出用水冲洗干净。

3. 除银电极外，指示电极也可选用氯电极，氯电极属于膜电极，也称离子选择性电极。

习题

1. 电位滴定仪主要由哪几部分构成？各部分的功能是什么？
2. 试比较电位滴定仪与酸度计的异同点。
3. 电位滴定仪法和化学滴定法相比较，各有什么优缺点？
4. 简述电位滴定仪法测酸度的方法。
5. 说明电位滴定仪法测定酸度的操作注意事项。
6. 阐述如何做好电位滴定仪的日常维护和保养。
7. 电位滴定仪法分析食品成分有哪些特点？主要应用在哪些方面？

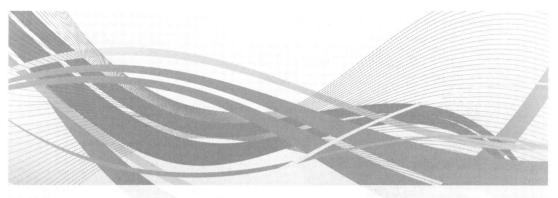

项目三　电泳分析法

1807~1809年俄国物理学家鲁斯（F. F. Reuss）首次发现黏土颗粒的电迁移现象，并开始研究带电粒子在电场中的电迁移行为，测定迁移速度。1907年菲尔德（Field）和蒂格（Teague）研究出填充琼脂糖凝胶的桥管，成功地分离了白喉毒素及其抗体。1937年蒂西利斯（Tiselius）将蛋白质混合液放在两段缓冲溶液之间，两端施以电压进行自由溶液电泳，第一次从人血清提取的蛋白质混合液中分离出白蛋白、α球蛋白、β球蛋白、γ球蛋白。1959年雷蒙德（Raymond）和魏伊特鲁布（Weintraub）利用人工合成的凝胶作为支持电解质，创造了聚丙烯酰胺凝胶电泳，极大地提高了区带电泳的分辨率。

目前，电泳技术已广泛用于蛋白质、多肽、氨基酸、核苷酸、无机离子等成分的分离和鉴定，还用于细胞与病毒的研究。

一、电泳分析法的基本原理

在电解质溶液中，位于电场中的带电离子在电场力的作用下，以不同的速度向其所带电荷相反的电极方向迁移的现象，称之为电泳。由于不同离子所带的电荷及性质不同，迁移的速率也不相同，可实现不同离子的分离。

电泳技术就是利用在电场作用下，待分离样品中各种分子带电性质以及分子本身大小、性状等性质的差异，使带电分子产生不同的迁移速度，从而对样品进行分离、鉴定或提纯。

二、电泳分析法的分类及应用

电泳分析法根据分离原理不同可分为：自由界面电泳、区带电泳和高效毛细管电泳。

1. 自由界面电泳

自由界面电泳即溶质在自由溶液中泳动，被分离的离子（如阴离子）混合物置于电泳槽的一端（如负极），在电泳开始前，样品与载体电解质有清晰的界面。电泳开始后，带电粒子向另一极（正极）移动，泳动速度最快的离子在最前面，其他离子依电极速度快慢顺序排列，形成不同的区带。包括等电聚焦电泳、等速电泳等，等电聚焦电泳原理图见图1-3-1。

2. 区带电泳

区带电泳是在一定的支持物上，于均一的载体电解质中，将样品加在中部位置，在电场作用下，样品中带正或负电荷的离子分别向负极或正极以不同速度移动，分离成一个

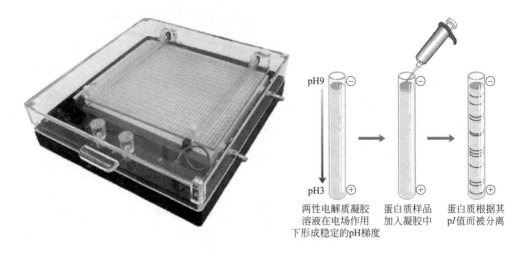

图 1-3-1 等电聚焦电泳原理图

个彼此隔开的区带。区带电泳根据所用的支持物不同又可分为纸电泳、醋酸纤维素薄膜电泳、琼脂糖凝胶电泳（图 1-3-2）、聚丙烯酰胺凝胶电泳（PAGE）、SDS-聚丙烯酰胺凝胶电泳（图 1-3-3）等。

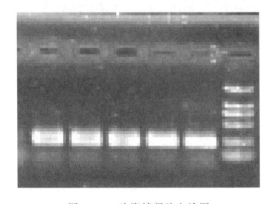

图 1-3-2 琼脂糖凝胶电泳图

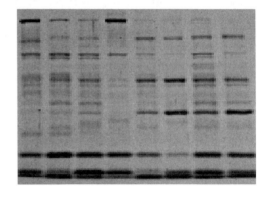

图 1-3-3 SDS-PAGE 凝胶电泳图

3. 高效毛细管电泳

高效毛细管电泳是利用电泳和电渗流的电动力学原理，在一种空芯的微小内径的毛细管中进行混合物的高效分离的技术，又称毛细管电泳。

三、常用的电泳分析法

1. 醋酸纤维素薄膜电泳

醋酸纤维素是指纤维素羟基乙酰化形成的纤维素醋酸酯，由该物质制成的薄膜称为醋酸纤维素薄膜。这种薄膜对蛋白质样品吸附性小，几乎能完全消除纸电泳中出现的"拖尾"现象，又因为膜的亲水性比较小，所容纳的缓冲液也少，电泳时大部分的电流由样品传导，所以分离速度快，电泳时间短，样品用量少，$5\mu g$ 蛋白质即可得到满意的分离效果。因此特别适合于病理情况下微量异常蛋白的检测。

醋酸纤维素薄膜经过冰醋酸乙醇溶液或其他透明液处理后可使膜透明化，有利于对电泳图谱的光吸收扫描测定和膜的长期保存。醋酸纤维素薄膜电泳装置示意图见图 1-3-4。

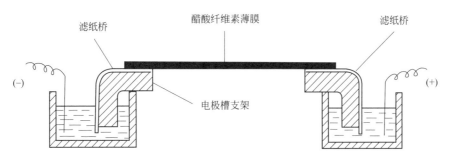

图 1-3-4 醋酸纤维素薄膜电泳装置示意图

2. 凝胶电泳

以淀粉胶、琼脂或琼脂糖凝胶、聚丙烯酰胺凝胶等作为支持介质的区带电泳法称为凝胶电泳。其中聚丙烯酰胺凝胶电泳（polyacrylamide gel electrophoresis，PAGE）普遍用于分离蛋白质及较小分子的核酸。琼脂糖凝胶孔径较大，对一般蛋白质不起分子筛作用，但适用于分离同工酶及其亚型、大分子核酸等。

(1) 琼脂糖凝胶电泳　琼脂糖是由琼脂分离制备的链状多糖，其结构单元是 D-半乳糖和 3,6-脱水-L-半乳糖。许多琼脂糖链由于氢键及其他力的作用，互相盘绕形成绳状琼脂糖束，构成大网孔型凝胶，物质分子通过时会受到阻力，大分子物质在泳动时受到的阻力大，因此该凝胶兼有"分子筛"和"电泳"的双重作用，适合于免疫复合物、核酸与核蛋白的分离、鉴定及纯化。琼脂糖凝胶电泳装置示意图见图 1-3-5。

(2) 聚丙烯酰胺凝胶电泳　聚丙烯酰胺凝胶电泳是以聚丙烯酰胺凝胶作为支持介质的一种电泳方法，聚丙烯酰胺凝胶为网状结构，具有分子筛效应。它有两种形式：非变性聚丙烯酰胺凝胶电泳（native-PAGE）和 SDS-聚丙烯酰胺凝胶（SDS-PAGE）。在非变性聚丙烯酰胺凝胶电泳的过程中，蛋白质能够保持完整状态，并依据蛋白质的分子量大小、形状及其所附带的电荷量而逐渐呈梯度分开。而 SDS-PAGE 中蛋白质的迁移率主要取决于它的分子量，与所带电荷和分子形状无关。聚丙烯酰胺凝胶电泳装置示意图见图 1-3-6。

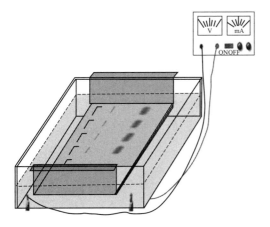

图 1-3-5　琼脂糖凝胶电泳装置示意图

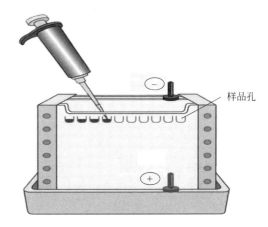

图 1-3-6　聚丙烯酰胺凝胶电泳装置示意图

3. 毛细管电泳

毛细管电泳是利用电泳和电渗流的电动力学原理，在一种空芯的微小内径的毛细管中进行混合物的高效分离的技术，装置示意图见图 1-3-7。毛细管电泳可分为：毛细管区带电泳、毛细管凝胶电泳、毛细管等电聚焦电泳及胶束动电毛细管色谱法。

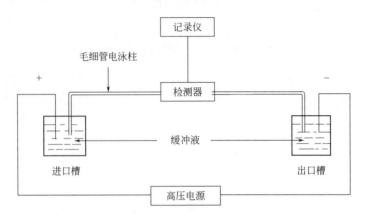

图 1-3-7　毛细管电泳装置示意图

传统电泳最大的局限性是难以克服由两端的高电压所引起的电解质离子流的自热，或称焦耳热，从而导致区带展宽，影响迁移，降低效率，因此极大地限制了高电压的使用，当然也就难以加快整个过程的速度。

毛细管电泳（capillary electrophoresis，CE）和传统电泳的根本区别在于前者设法使电泳过程在散热效率极高的毛细管内进行，从而确保引入高的电场强度，全面改善分离质量。

（1）毛细管电泳的分离模式

① 毛细管区带电泳。毛细管区带电泳通过在充满电解质溶液的毛细管中，不同质荷比大小的组分在电场的作用下，依迁移速度的不同而进行分离。根据组分的迁移时间进行定性分析，根据电泳峰的峰面积或峰高进行定量分析。

② 毛细管凝胶电泳。毛细管凝胶电泳是将板上的凝胶移到毛细管中作支持物进行的电泳。凝胶具有多孔性，起类似分子筛的作用，能根据待测组分的质荷比和分子体积的不同而进行分离。适用于分离并测定肽类、蛋白质、DNA 类物质。

③ 胶束动电毛细管色谱法（MECC）。MECC 系统中存在两相，流动的水相和起到固定相作用的胶束相。中性溶质在两相之间进行分配，不同溶质因其本身疏水性不同，在二者之间的分配有差异。疏水性强的溶质在"胶束相"中停留时间长，迁移速度慢；反之，亲水性强的溶质迁移速度快，最终中性溶质将因疏水性不同而得以分离。

④ 毛细管等电聚焦电泳。不同等电点的分子分别聚集在不同的位置上，不做迁移而彼此分离，这就是等电聚焦分离过程。毛细管的等电聚焦过程是在毛细管内实现的，具有极高的分辨率，通常可以分离等电点差异小于 0.01pH 单位的两种蛋白质，例如肽类、蛋白质的分离。

（2）毛细管电泳特点

① 柱效高。高效毛细管电泳的柱效远远高于高效液相色谱，理论塔板数每米高达几十万块，特殊柱子可以达到数百万块。

② 消耗低。CE 所需样品为纳升级，流动相用量也只需几毫升，而 HPLC 所需样品为微升级，流动相则需几百毫升甚至更多。

③ 速度快。一般几十秒至十几分，最多半小时，即可完成一个试样的分析。

④ 应用广泛。通过改变操作模式和缓冲液的成分，根据不同的分子性质，对极广泛的对象进行有效的分离，有很大的选择性。

四、电泳仪的操作方法和注意事项

电泳仪是实现电泳分析的仪器。一般由电源、电泳槽、检测单元等组成。

1. 电泳仪的类别

（1）稳压稳流电泳仪　稳压稳流电泳仪是中压电泳仪，其输出电压的调节范围为0～600V、输出电流为0～100mA。该仪器工作稳定性好、调节范围宽，并设有完善的短路保护电路和过流保护电路，是目前国内中、低压电泳实验中应用最广泛的电泳仪之一。

（2）全自动电泳仪　全自动电泳仪根据电泳对象和电泳目的不同，可分为全自动醋酸纤维薄膜电泳仪、全自动荧光/可见光双系统电泳仪、全自动琼脂糖电泳仪等，有可见光单系统，将样品、试剂、电泳片放好后，电泳仪将自动完成电泳过程。

（3）双向电泳及双向电泳液相色谱质谱联用　双向电泳是将样品进行电泳后，在它的直角方向再进行一次电泳。双向电泳第一向为等电聚焦，第二向为梯度SDS电泳。样品经过电荷与质量两次分离后可得到分子的等电点、分子量等信息。这是目前所有电泳技术中分辨率最高，获得信息量最多的技术，已成为分析复杂蛋白质混合物的基本工具。

（4）高效毛细管电泳及高效毛细管电泳-质谱联用　高效毛细管电泳是以弹性石英毛细管为分离通道，以高压直流电场为推动力，依据样品中各组分之间淌度和分配行为上的差异而实现分离的电泳分离分析方法。高效毛细管电泳是一种迅速发展的分离技术，具有仪器简单、操作简便、分析速度快、分离效率高、操作模式多、开发分析方法容易、实验成本低、消耗少、应用范围极广等优点。

2. 电泳仪操作方法

① 用导线将电泳槽的两个电极与电泳仪的直流输出端连接，注意极性不要接反。

② 电泳仪电源开关调至关的位置，电压旋钮转到最小，根据工作需要选择稳压或稳流方式及电压电流范围。

③ 接通电源，缓缓旋转电压调节钮直到达到所需电压为止，设定电泳终止时间，此时电泳即开始进行。

④ 工作完毕后，应将各旋钮、开关旋至零位或关闭状态，并拔出电泳仪插头。

3. 电泳仪注意事项

① 电泳仪通电进入工作状态后，禁止人体接触电极、电泳物及其他可能带电部分，也不能到电泳槽内取放东西，如有需要应先断电，以免触电。

② 仪器通电后，不要临时增加或拔掉输出导线插头，以防短路现象发生，虽然仪器内部附设有保险丝，但短路现象仍有可能导致仪器损坏。

③ 仪器必须有良好接地端，以防漏电。

④ 不同介质支持物的电阻值不同，电泳时所通过的电流量也不同，其泳动速度及泳至终点所需时间也不同，故不同介质支持物的电泳不要同时在同一电泳仪上进行。

⑤ 在总电流不超过仪器额定电流（最大电流范围）时，可以多槽关联使用，但要注意不能超载，否则容易影响仪器寿命。

⑥ 某些特殊情况下需检查仪器电泳输入情况时，允许在稳压状态下空载开机，但在稳流状态下必须先接好负载再开机，否则电压表指针将大幅度跳动，容易造成不必要的人为机器损坏。

⑦ 若使用过程中发现异常现象，如较大噪声、放电或异常气味，须立即切断电源，进行检修，以免发生意外事故。

技能训练一　琼脂糖凝胶电泳

【训练目标】

① 掌握琼脂糖凝胶电泳的操作步骤和结果判别。
② 熟悉琼脂糖凝胶电泳的操作注意事项。
③ 了解琼脂糖凝胶电泳分离不同分子量核酸的基本原理。

【原理】

琼脂糖凝胶电泳是常用的用于分离并鉴定 DNA、RNA 分子混合物的方法，这种电泳方法以琼脂糖凝胶作为支持物，利用 DNA 分子在泳动时的电荷效应和分子筛效应，达到分离混合物的目的。DNA 分子在高于其等电点的溶液中带负电，在电场中向正极移动。在一定的电场强度下，DNA 分子的迁移速度取决于分子筛效应，即分子本身的大小和构型是主要的影响因素。DNA 分子的迁移速度与其分子量成反比。不同构型的 DNA 分子的迁移速度不同。如环形 DNA 分子样品，其中有三种构型的分子：共价闭合环状的超螺旋分子（cccDNA）、开环分子（ocDNA）和线形 DNA 分子（IDNA）。这三种不同构型分子进行电泳时的迁移速度大小顺序为：cccDNA＞IDNA＞ocDNA。

影响核酸分子泳动率的因素主要是：DNA 分子大小；琼脂糖浓度；DNA 构型；所用的电压；琼脂糖种类；电泳缓冲液。

核酸电泳中常用的染色剂是溴化乙锭（ethidium bromide，EB）。溴化乙锭是一种扁平分子，可以嵌入核酸双链的配对碱基之间。在紫外线照射 EB-DNA 复合物时，出现不同的效应。254nm 紫外线照射时，灵敏度最高，但对 DNA 损伤严重；360nm 紫外线照射时，虽然灵敏度较低，但对 DNA 损伤小，所以适合对 DNA 样品进行观察和回收等操作。300nm 紫外线照射的灵敏度较高，且对 DNA 损伤不是很大，所以也比较适用。

【仪器和试剂】

1. 仪器

移液器、吸头、锥形瓶；电泳系统，电泳仪、水平电泳槽、托盘、胶托、梳子等；紫外透射仪、微波炉、电子天平。

2. 试剂

$Hind$ Ⅲ 酶切消化反应的 DNA Marker（分子量标准）；DNA 分子量标准 2000（DL2000）；琼脂糖；加样缓冲液（6×）；溴酚蓝；电泳缓冲液（1×TAE）；溴化乙锭。

3. 试样

不同大小的基因组片段。

【训练步骤】

1. 器具清洗

首先将配胶、电泳、染胶所需要的器具清洗干净，包括托盘、胶托、梳子、电泳槽、染胶盘（被 EB 污染，需单独清洗）。清洗流程为：先用自来水冲洗三次，然后用纯水冲洗三次，最后用纸巾或医用纱布擦干。若需对电泳产物进行胶回收，则还需用 75%乙醇对器具进行消毒。

2. 配胶

根据基因组片段大小，配制相应浓度的琼脂糖凝胶。首先将锥形瓶洗干净并加入少量纯水煮沸，然后量取一定量的电泳缓冲液（1×TAE）至锥形瓶中，再称取相应量的琼脂糖倒入锥形瓶中，摇匀并用锡纸封口，最后放入微波炉煮。煮胶的过程中需注意安全，应适当摇匀，防止爆沸。煮好的凝胶需无气泡、色泽均匀。将煮好的凝胶放入65℃的水浴锅中，待凝胶冷却至65℃时，及时将凝胶倒入装好的干净模具中。待凝胶完全凝固后，将凝胶小心转移至4℃冰箱，冷冻30min，然后拔梳子。此时，凝胶需平整、不漏孔，才可以用于电泳检测。

3. 电泳准备

先将干净的电泳槽排放整齐并做好标记，然后把凝胶连同胶托一起放入电泳槽正中央，胶孔的方向朝向负极（注意：放凝胶前，需将胶托底部的凝胶抹干净，防止胶托在电泳槽中滑动，此时，可顺便观察凝胶是否漏孔），再往电泳槽中倒入一定量的电泳缓冲液（1×TAE）至刚刚将凝胶淹没。（注意保持桌面卫生，防止缓冲液洒到桌面。）

4. 上样

将样品、6×溴酚蓝加样缓冲液按3∶1的比例混匀，轻甩后按照规定的顺序上样，上样顺序应与电泳槽上的标记一致，最后点上一定量的DNA分子量标准。（注意：①上样时必须确保上样顺序正确无误，样品间不混淆，点样后的空管子先放在电泳槽旁边，用于核查；②点样时不戳孔、不外漏、不溢出；③点样时需小心，枪头不要碰到凝胶，以免凝胶挪动，若凝胶已经挪动，需等样品完全沉到底部后，再固定凝胶。）

5. 电泳

确认已经正确上样后，双手盖上电泳槽盖，接通电泳仪和电泳槽（注意：确认电极正确连接），设置电泳参数：电压，120V；电流，300mA；时间，30min（溴酚蓝跑至胶2/3处为宜）。注意确认电极、电泳参数完全正确之后，最后按"start"键开始电泳。

6. 染胶

电泳结束之后，戴上PE手套，小心滑出凝胶，把凝胶转移到干净的PE手套上（注意：PE手套上应做好标记，确保样品、电泳槽、PE手套的标记一致），小心地将凝胶放入相应标记的EB染胶盘中，盖上盖子染30min。其中，染胶盘放在EB暗房中，EB染液的配方为：100mL 1×TAE+5μL EB染料。（注意：①配制EB染液和染胶时需戴上乳胶手套、PE手套，必要时可戴上口罩，染胶时动作要轻，防止溅起EB染液；②注意区分EB污染区与非污染区，防止EB污染区向非污染区扩散。）

7. 凝胶成像

戴上PE手套，将凝胶从染胶盘中捞出，放在染胶时用的PE手套上（注意：捞胶时需小心，防止凝胶断裂、滑落，尽量把多余的EB染液甩干），将凝胶放入凝胶成像系统中，按照"凝胶成像系统操作规程"进行拍照操作（注意：拍照时需严格区分EB污染区与非污染区，防止EB污染区污染电脑、键盘及鼠标），最后保存胶图信息至规定的文件夹内，命名规则为：日期+姓名+部门+电泳目的。

【注意事项】

电泳中使用的溴化乙锭为中度毒性、强致癌性物质，务必小心，勿沾染于衣物、皮肤、眼睛、口鼻等。所有操作均只能在专门的EB暗房中操作，操作时戴上乳胶手套，必要时戴上PE手套和口罩。

技能训练二 聚丙烯酰胺凝胶电泳分离蛋白质

【训练目标】

1. 掌握 SDS-聚丙烯酰胺凝胶电泳法的操作步骤和结果判别。
2. 熟悉 SDS-聚丙烯酰胺凝胶电泳法的操作注意事项。
3. 了解 SDS-聚丙烯酰胺凝胶电泳法分离不同分子量蛋白质的基本原理。

【原理】

蛋白质是两性电解质,在一定的 pH 条件下解离而带电荷。当溶液的 pH 大于蛋白质的等电点(pI)时,蛋白质本身带负电,在电场中将向正极移动;当溶液的 pH 小于蛋白质的等电点时,蛋白质带正电,在电场中将向负极移动。蛋白质在特定电场中移动的速度取决于其本身所带净电荷的多少、蛋白质颗粒的大小、分子形状、电场强度等。

聚丙烯酰胺凝胶是由一定量的丙烯酰胺和双丙烯酰胺聚合而成的三维网状结构。调整双丙烯酰胺的用量,可制成不同孔径的凝胶,当含有不同分子量的蛋白质溶液通过凝胶时,受阻滞的程度不同而表现出不同的迁移率。聚丙烯酰胺凝胶电泳中存在的浓缩效应、分子筛效应及电荷效应,使不同的蛋白质在同一电场中达到有效的分离。

如果在聚丙烯酰胺凝胶中加入一定浓度的十二烷基硫酸钠(SDS),由于 SDS 带有大量的负电荷,且这种阴离子表面活性剂能使蛋白质变性,特别是在强还原剂如巯基乙醇存在的条件下,蛋白质分子内的二硫键被还原,肽链完全伸展,使蛋白质分子的电泳迁移率与分子量的对数之间呈线性关系。这样,在同一电场中进行电泳,把标准蛋白质的相对迁移率与相应的蛋白质分子量的对数作图,由未知蛋白质的相对迁移率可从标准曲线上求出它的分子量。

SDS-聚丙烯酰胺凝胶电泳(SDS-PAGE)法测定蛋白质的分子量具有简便、快速、重复性好等优点,是目前一般实验室常用的测定蛋白质分子量的方法。

【仪器和试剂】

1. 仪器

DYCZ-24D 垂直板电泳槽,电泳仪,长滴管及微量加样器,烧杯(250mL、500mL),量筒(500mL、250mL),培养皿(15cm、15cm),注射器等。

2. 试剂

① 标准蛋白质混合液(蛋白质 mark):内含兔磷酸化酶 B(分子量 97400),牛血清蛋白(分子量 66200),兔肌动蛋白(分子量 43000),牛磷酸酐酶(分子量 31000)和鸡蛋清溶菌酶(分子量 14400)。

② 30%凝胶储备液:丙烯酰胺 29.2g,N,N-亚甲基双丙烯酰胺 0.8g,加双蒸水至 100mL。外包锡纸,4℃冰箱保存,30d 内使用。

③ 分离胶缓冲液(1.5mol/L):三羟甲基氨基甲烷(Tris)18.17g,加双蒸水溶解,6mol/L HCl 调 pH8.8,定容至 100mL。4℃冰箱保存。

④ 浓缩胶缓冲液(0.5mol/L):Tris 6.06g,加水溶解,6mol/L HCl 调 pH6.8,并定容到 100mL。4℃冰箱保存。

⑤ 电极缓冲液(pH8.3):SDS 1g,Tris 3g,甘氨酸(Gly)14.4g,加双蒸水溶解并定

容到1000mL。4℃冰箱保存。

⑥ 10%SDS，室温保存。

⑦ 10%过硫酸铵（新鲜配制）。

⑧ 上样缓冲液：0.5mol/L Tris-HCl（pH6.8）1.25mL，甘油2mL，10%SDS 2mL，β-巯基乙醇1mL，0.1%溴酚蓝0.5mL，加蒸馏水定容至10mL。

⑨ 0.25%考马斯亮蓝R-250染色液：0.25g考马斯亮蓝R-250，加入91mL 50%甲醇，9mL冰醋酸。

⑩ 脱色液：50mL甲醇，75mL冰醋酸与875mL双蒸水混合。

⑪ 未知分子量的蛋白质样品（1mg/mL）。

【训练步骤】

1. 装板

将密封用硅胶框放在平玻璃上，然后将凹型玻璃与平玻璃重叠，将两块玻璃立起来使底端接触桌面，用手将两块玻璃夹住放入电泳槽内，然后插入斜插板到适中程度，即可灌胶。

2. 凝胶的聚合

分离胶和浓缩胶的制备：按下表中溶液的顺序及比例，配制10%的分离胶和5%的浓缩胶。

试剂名称	10%的分离胶	5%的浓缩胶
30%凝胶储备液/mL	3.3	0.8
分离胶缓冲液(pH8.8)/mL	3.75	0
浓缩胶缓冲液(pH6.8)/mL	0	1.25
10%SDS/mL	0.1	0.1
10%过硫酸铵/μL	50	25
双蒸水/mL	4.05	2.92
N,N,N',N'-四甲基乙二胺(TEMED)/μL	5	5

按上表配制成分离胶后，将凝胶液沿凝胶腔的长玻璃板的内面缓缓用滴管滴入，小心不要产生气泡。将凝胶液加到距短玻璃板上沿2cm处为止，约5mL。然后用细滴管或注射器仔细注入少量水，0.5～1mL。室温放置聚合30～40min。待分离胶聚合后，用滤纸条轻轻吸去分离胶表面的水分，随后按上表制备浓缩胶。用长滴管小心加到分离胶的上面，插入样品模子（梳子）；待浓缩胶聚合后，小心拔出样品模子。

3. 蛋白质样品的处理

若标准蛋白质或待分离的蛋白质样品是固体，称取1mg的样品溶解于1mL 0.5mol/L pH6.8 Tris-HCl缓冲液或蒸馏水中；若样品是液体，要测定蛋白质浓度，按1.0～1.5mg/mL溶液比例，取蛋白质样液与样品处理液等体积混匀。本实验所用样品为15～20μg的标准蛋白质样品溶液，放置在0.5mL的离心管中，加入15～20μL的样品处理液。在100℃水浴中处理2min，冷却至室温后备用。

吸取未知分子量的蛋白质样品20μL，按照标准蛋白质的处理方法进行处理。

4. 加样

用手夹住两块玻璃板，上提斜插板使其松开，然后取下玻璃胶室去掉密封用硅胶框。注意在上述过程中手始终给玻璃胶室一个夹紧力，再将玻璃胶室凹面朝里置入电泳槽，插入斜板，将缓冲液加至内槽玻璃凹面以上，外槽缓冲液加到距平板玻璃上沿 3mm 处即可，注意避免在电泳槽内出现气泡。

加样时可用加样器斜靠在提手边缘的凹槽内，以准确定位加样位置，或用微量注射器依次在各样品槽内加样，各加 10～15μL（含蛋白质 10～15μg），稀溶液可加 20～30μL（还要根据胶的厚度灵活掌握）。

5. 电泳

加样完毕，盖好上盖，连接电泳仪，打开电泳仪开关后，样品进胶前电流控制在 15～20mA，15～20min；样品中的溴酚蓝指示剂到达分离胶之后，电流升到 30～45mA，电泳过程中保持电流稳定。当溴酚蓝指示剂迁移到距前沿 1～2cm 处即停止电泳，1～2h。如室温高，打开电泳槽循环水，降低电泳温度。

6. 染色、脱色

电泳结束后，关掉电源，取出玻璃板，在长短两块玻璃板下角空隙内，用刀轻轻撬动，即将胶面与一块玻璃板分开，然后轻轻将胶片托起，放入大培养皿中染色，使用 0.25% 的考马斯亮蓝 R-250 染色液，染色 2～4h，必要时可过夜。

弃去染色液，用蒸馏水把胶面漂洗几次，然后加入脱色液，进行扩散脱色，经常换脱色液，直至蛋白质条带清晰为止。

附：不同浓度分离胶的配制方法。

分离胶的浓度	20%	15%	12%	10%	7.5%
双蒸水/mL	0.75	2.35	3.35	4.05	4.85
1.5mol/L Tris-HCl(pH8.8)/mL	2.5	2.5	2.5	2.5	2.5
10%SDS/mL	0.1	0.1	0.1	0.1	0.1
凝胶储备液/mL	6.6	5.0	4.0	3.3	2.5
10%过硫酸铵/μL	50	50	50	50	50
TEMED/μL	5	5	5	5	5
总体积/mL	10	10	10	10	10

习题

1. 简述电泳、电泳技术的概念。
2. 简述电泳的基本原理。
3. 影响电泳的外界因素有哪些？
4. 电泳技术根据分离原理如何分类？
5. 毛细管电泳分离模式有哪些？
6. 怎样进行电泳仪的保养？

模块二

光学分析法

课程思政

1. 培养实事求是、作风严谨、求知务实的科学素养。

2. 遵守实验室操作和实验室安全规则,树立学生正确的实验操作规范。

3. 鼓励学生能够根据实际情况制订具体实验实训方案,培养学生创新意识和创造性思维。

项目一　紫外-可见分光光度法

紫外-可见分光光度法（UV-VIS）是基于物质分子对200～780nm光辐射的吸收而建立起来的分析方法。

应用分光光度计，根据物质对不同波长的单色光的吸收程度不同而对物质进行定性和定量分析的方法称为分光光度法。分光光度法中，按照所用光的波谱区域不同又可分为可见分光光度法（400～780nm）、紫外分光光度法（200～400nm）和红外分光光度法（3×10^3～3×10^4nm）。其中紫外分光光度法和可见分光光度法合称紫外-可见分光光度法。

紫外-可见分光光度法是仪器分析中应用最为广泛的分析方法之一，所测试的溶液的浓度下限可达10^{-6}～10^{-5}mol/L（达微克量级），在某些条件下甚至可测定10^{-7}mol/L的物质，具有较高的灵敏度，适用于微量组分的测定。

紫外-可见分光光度法测定的相对误差为2%～5%，若采用精密分光光度计进行测量，相对误差可达1%～2%。显然，对于常量组分的测定，准确度不及化学分析法，但对于微量组分的测定，已完全满足要求。因此，此方法特别适合于测定低含量和微量组分，而不适用于中、高含量组分的测定。不过，如果采用适当的技术措施，比如差示法，则可提高准确度，可用于测定高含量组分。

紫外-可见分光光度法分析速度快，仪器设备不复杂，操作简便，价格低廉，应用广泛。大部分无机离子和很多有机物质的微量成分都可以用这种方法进行测定。

随着现代分析仪器制造技术和计算机技术的迅猛发展，紫外-可见分光光度计也在不断吸收新的技术成果，焕发出新的活力。

一、基本原理

物质的颜色与光有密切关系，如蓝色硫酸铜溶液放在钠光灯（黄光）下就呈黑色，可见物质的颜色不仅与物质本身有关，也与有无光照和光的组成有关。因此，为了深入了解物质对光的选择性吸收，首先应对光的基本性质有所了解。

1. 光的基本性质

(1) 光的波粒二象性　光的本质是电磁辐射，基本特性是波粒二象性：光具有波动性，它具有波长（λ）和频率（ν）；光也是一种粒子，它具有能量。它们之间的关系为

$$E=h\nu=h\frac{c}{\lambda} \qquad (2\text{-}1\text{-}1)$$

式中，E 为能量，eV；h 为普朗克常数，6.626×10^{-34} J·s；ν 为频率，Hz；c 为光速，真空中约为 3×10^{10} cm/s；λ 为波长，nm。

从公式(2-1-1)可知，不同波长的光能量不同，波长越长，能量越小，波长越短，能量越大。

（2）光的存在和相互作用 单色光，即单一频率（或波长）的光。由红到紫的七色光中的每种单色光并非真正意义上的单色光，它们都有一定宽度的频率（或波长）范围，如波长为650～780nm的光都称红光。氦氖激光器辐射的光波单色性最好，波长为632.8nm，可认为是一种单色光。多种单色光混合而成的光称为复合光。事实上，我们能看见的光大多数都是复合光。太阳光、火光、白炽灯光和荧光灯光都是复合光。凡是复合光透过三棱镜都会发生色散。

可见光是电磁波波谱中人眼可以感知的部分。可见光的波长范围是380～780nm。波长不同的可见光，引起人眼感觉的颜色不同，但由于受到人的视觉分辨能力的限制，实际上是一个波段的光使人引起一种颜色的感觉。波长小于380nm的紫外线或波长大于780nm的红外线均不能被人的眼睛感觉出。如图2-1-1所示，列出了各种色光的近似波长范围。

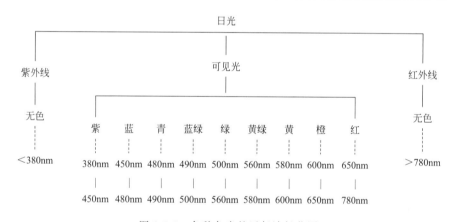

图 2-1-1 各种色光的近似波长范围

实验证明，若将两种适当颜色的光按照一定的强度比例混合，可以得到白光，那么这两种色光就称为互补色光。图 2-1-2 是互补色光示意图，图中处于对顶关系的两种颜色的光即为互补色光。例如，黄色光和蓝色光互补、绿色光与紫红色光互补、橙色光与青色光互补等。

2. 物质对光的选择性吸收

化学物质常常呈现出不同的颜色，常利用颜色的变化来判断或鉴别某些化学反应的发生或鉴别试样中是否含有某些离子等。物质之所以能呈现出颜色，最根本的原因是分子结构中的电子能够对可见光发生选择性吸收，且物质能够反射和透射某些波长的光。

当一束白光通过某透明溶液时，如果该溶液对可见光区各波长的光都不吸收，即入射光全部通过溶液，这时看到的溶液是无色透明

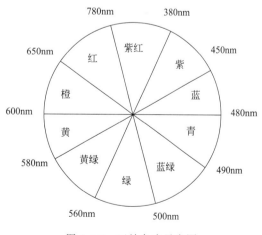

图 2-1-2 互补色光示意图

的。当该溶液对可见光区各波长的光全部吸收时，此时看到的溶液呈黑色。若溶液选择性地吸收了可见光区某段波长的光，则该溶液即呈现出被吸收光的互补色光的颜色。例如，当一束白光通过 $KMnO_4$ 溶液时，该溶液中的离子或分子选择性地吸收了 500～560nm 的绿色光，而将其他的色光两两互补成白光通过，只剩下紫红色光未被互补，所以 $KMnO_4$ 溶液呈现出紫红色。同样道理，K_2CrO_4 溶液对可见光中的蓝色光有最大吸收，所以溶液呈现出蓝色光的互补色光的颜色，即黄色。可见物质的颜色是基于物质对光选择性吸收的结果，而物质呈现的颜色则是被物质吸收的光的互补色。

以上是用溶液对色光的选择性吸收来说明溶液的颜色。如果要更精确地说明物质具有选择性吸收不同波长范围光的性质，则必须用光吸收曲线来描述。

3. 物质的吸收光谱曲线

吸收光谱曲线是通过实验获得的，具体方法是以不同波长的单色光作为入射光，依次通过某一固定浓度和厚度的溶液，分别测出该溶液对各种波长的光的吸收程度（用吸光度 A 表示）。然后以入射光的不同波长为横坐标，各波长相应的吸光度为纵坐标作图，可得到溶液的吸收光谱曲线（简称吸收曲线）。不同的物质，分子结构不同，其吸收曲线也有特殊形状。图 2-1-3 为食品防腐剂山梨酸和苯甲酸的吸收曲线。

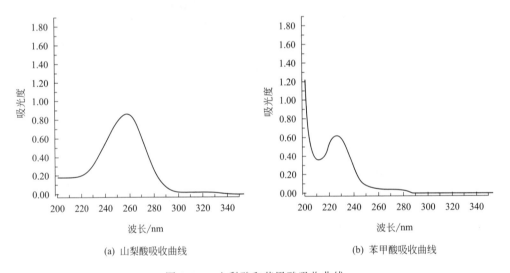

图 2-1-3 山梨酸和苯甲酸吸收曲线

物质对不同波长的光的吸收程度是不同的。山梨酸对波长为 252nm 的光吸收最大，在吸收曲线上有一高峰（称为吸收峰），苯甲酸对 223nm 的光吸收最多。光吸收程度最大处所对应的波长称为最大吸收波长（常以 λ_{max} 表示）。在进行吸光度测定时，入射波长通常都是选取在 λ_{max} 处，因为这时可得到最大的测量灵敏度。

不同物质的吸收曲线，其形状和最大吸收波长都各不相同，可利用吸收曲线作为物质初步定性的依据。

同一物质不同浓度的溶液，其吸收曲线的形状相似，最大吸收波长也一样，所不同的是吸收峰峰高随浓度的增加而增高。

4. 吸收定律

(1) 透光度和吸光度 当用一适当波长的单色光垂直照射均匀、透明的溶液时，设入射光强度为 I_0，吸收光强度为 I_a，透射光强度为 I_t，反射光强度为 I_r，溶液浓度为 c，液层

厚度为 b，如图 2-1-4 所示，公式为

$$I_o = I_a + I_t + I_r \qquad (2\text{-}1\text{-}2)$$

由于反射光强度很弱，其影响很小，上式可简化为

$$I_o = I_a + I_t \qquad (2\text{-}1\text{-}3)$$

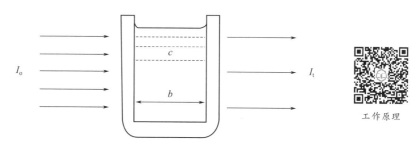

图 2-1-4 单色光通过盛有溶液的吸收池示意图

透光度，又称透射比或透光率，为透射光的强度 I_t 与入射光强度 I_o 之比，用 T 表示，即

$$T = \frac{I_t}{I_o} \qquad (2\text{-}1\text{-}4)$$

当入射光全部吸收时，$I_t = 0$，$T = 0$；当入射光全部透过时，$I_t = I_o$，$T = 1$。所以 $0 \leqslant T \leqslant 1$。

吸光度，表示光束通过溶液时被吸收的程度，为透光度倒数的对数，用 A 表示，即

$$A = \lg \frac{I_o}{I_t} = \lg \frac{1}{T} \qquad (2\text{-}1\text{-}5)$$

溶液所吸收光的强度越大，透射光的强度就越小。当入射光全部被吸收时，$I_t = 0$，$A = \infty$；当入射光全部透过时，$I_t = I_o$，$A = 0$。所以 $0 \leqslant A < \infty$。

(2) 朗伯-比尔定律 光被透明介质吸收的比例与光程中吸收光的分子数目成正比，而与入射光强度无关，这就是朗伯-比尔定律，是紫外-可见吸收光谱法进行定量分析的理论基础。用数学公式表示为

$$A = \lg \frac{I_o}{I_t} = \lg \frac{1}{T} = Kbc \qquad (2\text{-}1\text{-}6)$$

式中，K 为吸光系数，与入射光的波长、物质的性质和溶液的温度等因素有关；c 为溶液的浓度；b 为液层的厚度。

朗伯-比尔定律表明：当一束平行单色光垂直入射通过均匀、透明的吸光物质的稀溶液时，溶液对光的吸收程度与溶液的浓度（c）及液层厚度（b）的乘积成正比。

朗伯-比尔定律应用的条件：一是必须使用单色光；二是吸收发生在均匀的介质中；三是在吸收过程中，各种吸光物质之间不发生相互作用。

必须指出的是，朗伯-比尔定律只能在一定浓度范围内适用。因为浓度过高或过低，溶质会发生电离或聚合而产生误差。朗伯-比尔定律适用于可见光、紫外线、红外线等。

(3) 吸光系数 朗伯-比尔定律的数学表达式中吸光系数的物理意义是：单位浓度的溶液，液层厚度为 1cm 时，在一定波长下测得的吸光度。

K 值与溶液浓度和液层厚度无关。但 K 值大小因溶液浓度所采用的单位不同而异。

① 摩尔吸光系数 当浓度 c 以物质的量浓度（mol/L）表示，液层厚度以 b（cm）表示时，相应的吸光系数 K 称为摩尔吸光系数，以 ε 表示，其单位为 L/(mol·cm)。这样，朗

伯-比尔定律的数学表达式可以改写成

$$A = \varepsilon bc \tag{2-1-7}$$

摩尔吸光系数的物理意义是：浓度为1mol/L的溶液，于厚度为1cm的吸收池中，在一定波长下测得的吸光度。

摩尔吸光系数是吸光物质的重要参数之一，它反映吸光物质对光的吸收能力，也反映用吸收光谱法测定该吸光物质的灵敏度。物质对某波长光的吸收能力越强，ε越大，测定时灵敏度也就越高。因此，为了提高分析的灵敏度，测定时通常选择ε大的有色化合物进行测定，选择具有最大ε值的波长作为入射光。一般认为 $\varepsilon < 1 \times 10^4$ L/(mol·cm) 灵敏度较低；ε 在 $1 \times 10^4 \sim 6 \times 10^4$ L/(mol·cm) 属中等灵敏度；$\varepsilon > 6 \times 10^4$ L/(mol·cm) 属高灵敏度。

摩尔吸光系数由实验测得。在实际测量中，不能直接取1mol/L这样高浓度的溶液去测量摩尔吸光系数，只能在稀溶液中测量后，换算成摩尔吸光系数。

② 质量吸光系数　质量吸光系数适用于摩尔质量未知的化合物。若溶液浓度以质量浓度 ρ（g/L）表示，液层厚度以 b（cm）表示，相应的吸光系数则为质量吸光系数，以 α 表示，其单位为 L/(g·cm)。这样朗伯-比尔定律可表示为

$$A = \alpha b \rho \tag{2-1-8}$$

③ 吸光度的加和性　在多组分体系中，在某一波长下，如果对光有吸收作用的各种物质之间没有相互作用，则体系在该波长处的总吸光度等于各组分吸光度的和，即吸光度具有加和性，称为吸光度加和性原理。可表示如下

$$A_{总} = A_1 + A_2 + \cdots + A_n = \sum A_n \tag{2-1-9}$$

式中，各吸光度的下标表示组分 1，2，…，n。

吸光度的加和性对多组分同时定量测定、校正干扰等都极为有用。

(4) 偏离朗伯-比尔定律的因素　根据朗伯-比尔定律，A 与 c 的比例函数图像应是一条通过原点的直线。但实际上往往容易发生偏离直线的现象而引起误差，尤其在高浓度时更加突出，这种现象称为偏离光吸收律，如图 2-1-5 所示。偏离主要源于朗伯-比尔定律本身的局限性、化学因素和光学因素。

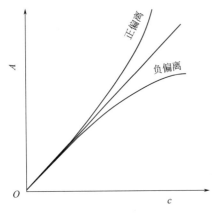

图 2-1-5　标准曲线对光吸收定律的偏离示意图

① 朗伯-比尔定律本身的局限性　严格来说，朗伯-比尔定律是一个有限定律，它只适用于浓度小于 0.01mol/L 的稀溶液。浓度高时，吸光粒子（质点）间平均距离减小，邻近质点彼此的电荷分布会相互影响，这将改变它们对特定辐射的吸收能力，从而导致吸光度与浓度之间的线性关系发生偏离。在实际工作中，待测溶液的浓度应控制在 0.01mol/L 以下。

② 化学因素　溶液对光的吸收程度取决于吸光物质的性质和数目。若溶液中发生了解离、酸碱反应、配位反应及缔合反应等，则改变了吸光物质的浓度，导致偏离光吸收定律。若化学反应使吸光物质浓度降低，而产物在测量波长处不吸收或弱吸收，则引起负偏离；若产物比原吸光物质在测量波长处的吸收更强，则引起正偏离。因此，测量前的化学预处理工作是十分重要的，如控制好显色反应条件、控制溶液的化学平衡等，以防止产生偏离。

③ 光学因素　严格地说，光吸收定律成立的前提是：入射光是单色光。但实际上，一

一般单色器所提供的入射光并非纯单色光，而是包括一定波长范围的光谱带（此波长范围即谱带宽度），入射光的谱带越宽，其误差越大。实验证明，只要所选的入射光所含的波长范围在被测溶液的吸收曲线较平坦的部分，偏离程度就小，如图 2-1-6 所示。

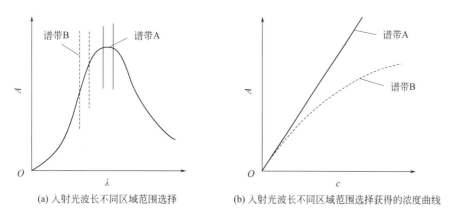

(a) 入射光波长不同区域范围选择　　(b) 入射光波长不同区域范围选择获得的浓度曲线

图 2-1-6　入射光的非单色性对光吸收定律的影响示意图

二、紫外-可见分光光度计的结构和分类

1. 紫外-可见分光光度计的结构

在紫外及可见光区用于测定溶液吸光度的分析仪器称为紫外-可见分光光度计（简称分光光度计）。目前，紫外-可见分光光度计的型号较多，但它们的基本构造都相似，都由光源、单色器、吸收池、检测器和信号显示系统等五大部件组成。其组成框图见图 2-1-7。

图 2-1-7　分光光度计组成部件框图

由光源发出的光，经过单色器而获得一定波长的单色光照射到样品溶液，被溶液吸收后，检测器将光强度变化转变为电信号变化，并经信号显示系统调制放大后，显示或打印出吸光度 A（或透光度 T）报告，完成测定。

(1) 光源　分光光度计对光源的基本要求是在使用波长范围内提供连续的光谱，具有良好的稳定性，光强度足够大，使用寿命长。实际应用的光源一般分为可见光光源（热辐射光源）和紫外光源（气体放电光源）两类。

可见光光源应用最多的是钨丝灯、卤钨灯，发射 325～2500nm 的连续光谱，最适宜工作范围为 360～1000nm，稳定性好，常作为可见分光光度计的光源。卤钨灯是在钨丝中加入适量的卤化物或卤素，灯泡用石英制成，具有较长的寿命和高的发光效率。

紫外光源多为气体放电光源，应用最多的是氢灯、氘灯（185～375nm）。氘灯的灯管内充有氢的同位素氘，是紫外光区应用最广泛的一种光源，辐射强度比相同功率的氢灯要大 3～5 倍。

(2) 单色器　单色器是能从光源辐射的复合光中分出单色光的光学装置。单色器一般由入射狭缝、准光器（透镜或凹面反射镜使入射光成平行光）、色散元件、聚焦元件和出射狭缝等几部分组成。单色器是分光光度计的核心部件，其性能直接影响透射光的纯度，从而影响测定的灵敏度、选择性和工作曲线的线性范围。

单色器质量的优劣主要取决于色散元件的质量,常用的色散元件有棱镜和光栅,图2-1-8为单色器光路示意图。

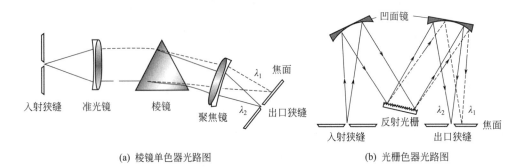

(a) 棱镜单色器光路图　　　　　　(b) 光栅色器光路图

图 2-1-8　单色器光路示意图
λ_1、λ_2 代表不同波长的入射光

棱镜单色器利用不同波长的光在棱镜内折射率不同将复合光色散为单色光。棱镜色散作用的大小与棱镜制作材料及几何形状有关。常用的棱镜用玻璃或石英制成。可见分光光度计可以采用玻璃棱镜,但玻璃吸收紫外线,所以不适用于紫外光区。紫外-可见分光光度计采用石英棱镜,适用于紫外、可见整个光谱区。

光栅作为色散元件具有不少特点。光栅可定义为一系列等宽、等距离的平行狭缝。光栅的色散原理是光的衍射现象和干涉现象。常用的光栅单色器为反射光栅单色器,它又分为平面反射光栅和凹面反射光栅,其中最常用的是平面反射光栅。光栅单色器的分辨率比棱镜单色器分辨率高(可达±2nm),而且它可用的波长范围也比棱镜单色器宽,因此目前生产的紫外-可见分光光度计大多采用光栅作为色散元件。

无论何种单色器,出射光束常混有少量与仪器所指示波长十分不同的光波,即杂散光。杂散光会影响吸光度的正确测量,其产生的主要原因是光学部件和单色器内外壁的反射和大气或光学部件表面上尘埃的散射等。为减少杂散光,单色器用涂以黑色的罩壳封起来,通常不允许随意打开罩壳。

狭缝是指由一对隔板在光通路上形成的缝隙,用来调节入射单色光的纯度和强度,也直接影响分辨率。狭缝可在0~2nm内调节。

(3) 吸收池　吸收池又称比色皿,用于盛放待测液和决定透光液层厚度的器件,其底及两侧为毛玻璃,另外两面为光学透光面。根据光学透光面的材质,吸收池分为玻璃吸收池和石英吸收池两种。玻璃吸收池只能用于可见光区,石英吸收池可用于紫外光区和可见光区。常用的吸收池的规格有 0.5cm、1.0cm、2.0cm、3.0cm 和 5.0cm 等,使用时根据需要选择。同一台分光光度计的吸收池其透光度应一致,同一波长和相同溶液,其吸收池的透光度误差应小于 0.5%。为了减小误差,在测量前应对吸收池进行配套性检验和校正。吸收池使用注意事项如下。

① 拿取吸收池时,只能用手指接触两侧的毛玻璃,不可接触光学透光面。

② 对吸收池有腐蚀性的溶液(特别是碱性物质)不得长期盛放在吸收池中。

③ 不能将吸收池放在火焰或电炉上进行加热或在干燥箱内进行烘烤。

④ 吸收池使用后应立即用水冲洗干净。有色物污染可以用 3mol/L HCl 和等体积乙醇的混合液浸泡洗涤。生物样品、胶体或其他在吸收池光学透光面上形成薄膜的物质要用适当的溶剂洗涤。

⑤ 不得将吸收池的光学透光面与硬物或脏物接触。

⑥ 用超声波清洗时，切忌时间超过半小时、功率太大；要用清洗玻璃器皿的超声波清洗机清洗，清洗时毛玻璃面朝下。

⑦ 测量时，将洗涤干净的吸收池，再根据实际测定过程，用参比溶液或待测溶液润洗3～4次。润洗完毕，一定用滤纸先吸干吸收池四周及底部的液滴，再用擦镜纸小心地向一个方向擦拭光学透光面。吸收池装液高度一般在 3/4～4/5。

（4）检测器 检测器也称为光电转化器，其作用是对透过吸收池的光做出响应，并把它转变成电信号输出，其输出电信号的大小与透过光的强度成正比。常用的检测器有光电池、光电管及光电倍增管等，它们都是基于光电效应原理（许多金属能在光的照射下产生电流，光越强电流越大）制成的。对检测器的要求是光电转换有恒定的函数关系，响应灵敏度高、速度快、噪声低、稳定性高，产生的电信号易于检测和放大。

① 光电池 常用的光电池是硒光电池和硅光电池。不同的半导体材料制成的光电池，对光的响应波长范围和最高灵敏峰波长各不相同。硒光电池对光响应的波长范围一般为 250～750nm，灵敏区为 500～600nm，而最高灵敏峰波长约在 530nm 处。

光电池具有不需要外接电源，不需要放大装置，直接测量电流的优点。其不足之处是：由于内阻小，不能用一般的直流放大器放大，因而不适合较微弱光的测量；光电池受持续光照时间太长或受强光照射会产生"疲劳"现象，失去正常的响应，因此一般不能连续使用2h 以上。

② 光电管 光电管是由一个阳极和一个光敏阴极组成的真空二极管。按阴极上光敏材料的不同，光电管分蓝敏和红敏两种，前者可用波长为 210～625nm，后者可用波长为 625～1000nm。与光电池比较，它具有灵敏度高、光敏范围广和不易疲劳等优点。

③ 光电倍增管 光电倍增管是检测弱光最常用的光电元件，不仅响应速度快，能检测 10^{-9}～10^{-8}s 的脉冲光，而且灵敏度高，比一般光电管高 200 倍。目前紫外-可见分光光度计广泛使用光电倍增管作为检测器。

（5）信号显示系统 光电倍增管将光信号转变成电信号，经放大后由数码管直接显示出透射比或吸光度。这种数据处理及记录装置方便、准确，避免了人为读数错误，而且可以连接数据处理装置，能自动绘制工作曲线，计算分析结果并打印报告，实现分析自动化。

现在许多新型仪器都配置微处理器，可以对很多数字信号进行记录和处理，同时也可对分光光度计进行操作控制。

2. 紫外-可见分光光度计的分类

紫外-可见分光光度计分为单波长分光光度计和双波长分光光度计两种。

（1）单波长分光光度计 单波长分光光度计包括单光束分光光度计和双光束分光光度计。

单光束分光光度计的结构简单，价格便宜，其工作原理如图 2-1-9 所示。光源发出的混合光线经单色器分光，其获得的单色光通过参比（或空白）吸收池后照射在检测器上转换为电信号，并调节由读数装置显示的吸光度为零或透光度100%。然后将装有被测溶液的吸收池置于光路中，最后由读数装置显示试液的吸光度。

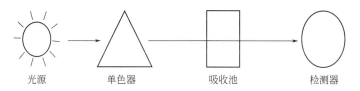

图 2-1-9 单光束分光光度计原理图

双光束分光光度计是有两束单色光，两只吸收池的光度计，工作原理如图 2-1-10 所示。此类分光光度计将光源的光束分为两路，分别照射到参比池和样品池，这样能够消除光源强度变化的影响。

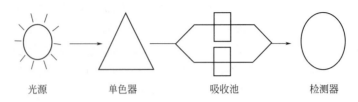

图 2-1-10　双光束分光光度计原理图

(2) 双波长分光光度计　双波长分光光度计工作原理如图 2-1-11 所示。由同一光源发出的光被分成两束，分别经过不同的单色器，得到两束不同波长（λ_1、λ_2）的单色光；通过切光器使两束光以一定的频率交替照射到同一吸收池上，然后经检测器，最终在显示器上显示出两个波长的吸光度差值。双波长分光光度计仅用一个吸收池，消除了吸收池与参比池引起的测量误差，提高了测量准确度。此种分光光度计适用于混合物和混浊样品的定量分析，及存在背景干扰或共存组分吸收干扰的情况。利用双波长分光光度计一般能提高方法的灵敏度和选择性，同时可以进行化学反应的动力学研究，并可获得导数光谱。

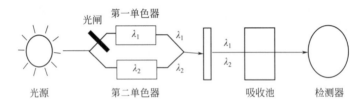

图 2-1-11　双波长分光光度计原理图

三、紫外-可见分光光度计的操作方法和注意事项

1. 操作方法

紫外-可见分光光度计品种和型号繁多，虽然不同型号的仪器操作方法略有不同，但仪器上主要旋钮和按键的功能基本类似，在使用前应仔细阅读仪器使用说明书。紫外-可见分光光度计的基本操作主要包括以下几个方面：

① 开机、关机操作；
② 选择工作波长；
③ 选择测量模式；
④ 润洗吸收池，依次装入参比溶液和待测溶液；
⑤ 用参比溶液进行吸光度调"0"，或者透光率调"100%"；
⑥ 在吸光度模式下，测定待测溶液的吸光度。

2. 分光光度计的检验

为保证测试结果的准确可靠，紫外-可见分光光度计都应定期进行检定。国家质量监督检验检疫总局（现国家市场监督管理总局）批准颁布了各类紫外-可见分光光度计的检定规程。

紫外-可见分光光度计的检验包括以下几方面。

(1) 波长准确度的检验　分光光度计在使用过程中，机械振动、温度变化、灯丝变形、灯座松动或者更换灯泡等原因，经常会引起仪器上波长的读数（标示值）与实际通过溶液的波长不符合的现象，因而导致仪器灵敏度降低，影响测定结果的精度，需要经常进行检验。

在可见光区检验波长准确度最简便的方法是绘制镨钕滤光片的吸收光谱曲线。镨钕滤光片的吸收峰为528.7nm和807.7nm。如果测出的峰的最大吸收波长与仪器上波长标示值相差±3nm以上，则需要进行波长调节（不同型号的仪器波长读数的调节方法有所不同，应按照仪器说明书或请生产厂家进行波长调节）。

在紫外光区检验波长准确度比较实用和简便的方法是：用苯蒸气的吸收光谱曲线来检查。具体做法是：在吸收池滴一滴液体苯，盖上吸收池盖，待苯挥发充满整个吸收池后，就可以测绘苯蒸气的吸收光谱。若实测结果与苯的标准光谱曲线不一致表示仪器有波长误差，必须加以调整。

(2) 透射比准确度的检验 透射比的准确度通常用硫酸铜、硫酸钴铵、重铬酸钾等标准溶液来检查，其中应用最普遍的是重铬酸钾溶液。具体操作是用 0.001mol/L $HClO_4$ 标准溶液溶解 $K_2Cr_2O_7$，最终 $K_2Cr_2O_7$ 的质量分数 $w(K_2Cr_2O_7)$＝0.006000%（1000g 溶液中含重铬酸钾 0.06000g）。以 0.001mol/L $HClO_4$ 为参比，以 1cm 的石英吸收池分别在 235nm、257nm、313nm、350nm 波长处测定透射比，与表 2-1-1 所列的标准溶液的标准值比较，根据仪器级别，其差值应在 0.8%～2.5%。

表 2-1-1 质量分数为 0.006000% 的 $K_2Cr_2O_7$ 溶液在不同波长下的标准透射比

波长/nm	235	257	313	350
透射比/%	18.2	13.7	51.3	22.9

(3) 稳定度的检验 在光电管不受光的条件下，用零点调节器将仪器调至零点，观察3min，读取透射比的变化，即为零点稳定度。

在仪器测量波长范围两端向中间靠 10nm 处，如仪器工作波长范围为 360～800nm，则在 370nm 和 790nm 处调零点后，盖上样品室盖（打开光门），使光电管受光，调节透射比为 95%（数显仪器调至 100%），观察 3min，读取透射比的变化，即为光电流稳定度。

(4) 吸收池配套性检验 在定量工作中，尤其是在紫外光区测定时，需要对吸收池作校准及配对工作，以消除吸收池的误差，提高测量的准确度。

根据 JJG 178—2007 规定，石英吸收池在 220nm 处，玻璃吸收池在 440nm 处，装入适量蒸馏水，以一个吸收池为参比，调节透射比 T 为 100%，测量其他各吸收池的透射比，透射比的偏差小于 0.5% 的吸收池可配成一套。

实际工作中，可以采用较为简便的方法进行配套检验：用铅笔在洗净的吸收池毛玻璃面外壁编号并标注光路走向，在吸收池中分别装入测量用的溶剂，以其中一个为参比，测量其他吸收池的吸光度。若测定的吸光度为零或者两个吸收池吸光度相等，即为配对吸收池；若不相等，可以选出吸光度最小的吸收池为参比，测定其他吸收池的吸光度，求出修正值。测定样品时，将待测溶液装入校正过的吸收池，测量其吸光度，所测得的吸光度减去该吸收池的修正值即为此待测溶液真正的吸光度。

3. 注意事项

可见分光光度法测定无机离子，通常要经过两个过程，一是显色过程，二是测量过程。为了使测定结果有较高灵敏度和准确度，必须选择合适的显色条件和测量条件。这些条件主要包括入射光波长、显色剂用量、有色溶液稳定性、溶液酸度等。

(1) 试样浓度的选择 朗伯-比尔定律只适用于稀溶液，为了得到准确的测定结果，宜在试样浓度符合朗伯-比尔定律时和仪器的线性范围内测定。一般试样的浓度应控制在使其吸光度在 0.2～0.8（相当于透射比为 65%～15%），此时仪器误差小于 2%。实验和公式推导已经证明，试样浓度控制在吸光度等于 0.434（透射比为 36.8%）时，仪器误差最小。实际工作中也可以同时选用厚度不同的吸收池来调整待测溶液的吸光度，使其在适宜的吸光度范围内。

(2) X射光波长 一般情况下，应选择被测物质的最大吸收波长的光为入射光，这样不仅灵敏度高，准确度也好。当有干扰物质存在时，不能选择最大吸收波长，可根据"吸收最大、干扰最小"的原则来选择入射光波长。

(3) 显色剂的用量 显色剂的合适用量可以通过实验确定。配制一系列被测元素浓度相同但加入不同显色剂用量的溶液，分别测定其吸光度，作吸光度-显色剂用量曲线，找出曲线平台部分，选择合适的显色剂用量。

(4) 溶液酸度 选择合适的酸度时，可以在不同 pH 缓冲溶液中，加入等量的被测组分和显色剂，测其吸光度，作吸光度-pH 曲线，在曲线上选择合适的 pH 范围。

(5) 有色配合物的稳定性 有色配合物的颜色应该稳定足够的时间，至少应保证在测定过程中，吸光度基本不变，以保证测定结果的稳定性。配制一系列被测元素浓度相同加入合适的显色剂用量的溶液，分别测定其在不同显色时间下的吸光度，作吸光度-显色时间曲线，找出曲线平台部分，选择合适显色时间。

(6) 干扰的排除 当被测试液中有其他干扰组分共存时，必须采取一定措施排除干扰。一般可采取以下几种措施来达到目的。

① 根据被测组分与干扰物化学性质的差异，采用控制酸度，加掩蔽剂、氧化剂等方法消除干扰。

② 选择合适的入射光波长，避开干扰物质引起的吸光度误差。如在 $K_2Cr_2O_7$ 存在下测定 $KMnO_4$ 时，不是选 $\lambda_{max}525nm$，而是选 $\lambda 545nm$。这样测定 $KMnO_4$ 溶液的吸光度时，$K_2Cr_2O_7$ 就不干扰了。

③ 选择合适的参比溶液来抵消干扰组分或试剂对光的吸收。在测量试样溶液的吸光度时，先要根据被测试液的性质，选择合适的参比溶液调节其透射比为 100%，以此消除试样溶液中其他成分、溶剂和吸收池对入射光的反射和吸收带来的误差。参比溶液的选择常有以下几种方法。

a. 溶剂参比。如果仅待测物与显色剂反应的产物有色，而待测物与试剂均无色时，可用纯溶剂作参比溶液，称为溶剂空白。常用蒸馏水作参比溶液。

b. 试剂参比。当试样溶液无色，而显色剂及试剂有色时，可用不加试样而加入显色剂和试剂的溶液作参比溶液，称为试剂空白。

c. 试样参比。如果试样基体（除被测组分外的其他共存组分）在测定波长处有吸收，而与显色剂不起显色反应时，可按与显色反应相同的条件处理试样，只是不加显色剂作为参比溶液。这种参比溶液适用于试样中有较多的共存组分、加入的显色剂量不大，且显色剂在测定波长处无吸收的情况。

d. 褪色参比。如果显色剂及样品基体有吸收，这时可以在显色液中加入某种褪色剂，选择性地与被测离子配位（或改变其价态），生成稳定无色的配合物，使已显色的产物褪色，用此溶液做参比，称为褪色参比溶液。例如，用铬天青 S 与 Al^{3+} 反应显色后，可以加入 NH_4F 夺取 Al^{3+}，形成无色的 $[AlF_6]^{3-}$。将此褪色后的溶液作参比可以消除显色剂的颜色及样品中微量共存离子的干扰。褪色参比溶液是一种比较理想的参比溶液，但遗憾的是并非任何显色溶液都能找到适当的褪色方法。

④ 化学分离。若上述方法不宜采用时，也可以采用预先分离的方法，如沉淀、萃取、离子交换、蒸发和蒸馏以及色谱分离法（包括柱色谱、纸色谱、薄层色谱等）。

此外，还可以利用化学计量学方法实现多组分同时测定，以及利用导数光谱法、双波长法等新技术来消除干扰。

四、紫外-可见分光光度计的应用

定量分析

1. 定量分析

紫外-可见吸收光谱法是定量分析中应用最广泛、最有效的手段之一。紫外-可见吸收光谱法定量分析的依据是朗伯-比尔定律，许多在紫外-可见光区有特征吸收的有机化合物都可以直接用此法定量分析。一些金属离子和配位体络合显色后也可以用此法进行定量分析。

(1) 单组分的定量测定 单组分是指样品溶液中含有一种组分，或在混合物溶液中待测组分的吸收峰与其他共有物质的吸收峰无重叠。单组分定量测定的方法有吸光系数法、标准对比法、标准曲线法和标准加入法等。

① 吸光系数法（绝对法）。吸光系数法是利用标准的 $E_{1cm}^{1\%}$ 值 [百分吸光系数，一定波长下，吸光物质的溶液浓度 (c) 为 1g/100mL (1%)，液层厚度 (b) 为 1cm 时溶液的吸光度] 进行定量测定。测定样品的吸光度 (A)，从有关手册上查阅出标准的 $E_{1cm}^{1\%}$ 值，两者相比，可计算出样品的含量（体积分数或质量分数）。即

$$c = \frac{A}{E_{1cm}^{1\%} \times b} \tag{2-1-10}$$

【例 2-1-1】 维生素 B_{12} 的水溶液在 361nm 处的百分吸光系数（$E_{1cm}^{1\%}$）为 207，用 1cm 吸收池测得某维生素 B_{12} 溶液的吸光度是 0.414，求该溶液的浓度。

解：$c = \dfrac{A}{E_{1cm}^{1\%} \times b} = \dfrac{0.414}{207 \times 1} = 0.002 \text{g}/100\text{mL} = 20\mu\text{g/mL}$

② 标准对比法。在相同条件下测定试液的吸光度 (A_x) 和某一浓度的标准溶液的吸光度 (A_s)，由标准溶液的浓度 (c_s) 可计算出试液中的被测组分浓度 (c_x)。设试液和标准溶液完全符合朗伯-比尔定律，则

$$A_s = kc_s, A_x = kc_x, c_x = \frac{A_x c_x}{A_s} \tag{2-1-11}$$

③ 标准曲线法。标准曲线法又称工作曲线法，是实际工作中使用最多的一种定量方法。绘制方法如下。

a. 先将待测组分的标准样品配制成一定浓度的溶液，进行紫外-可见光谱扫描，找出最大吸收波长 λ_{max}。

b. 配制四个以上浓度不同的待测组分的标准溶液（可见分光光度法需在相同条件下显色），以不含被测组分的空白溶液作为参比溶液，在选定的波长（通常在 λ_{max} 处），从低浓度至高浓度依次测定各标准溶液的吸光度。以标准溶液浓度为横坐标，吸光度为纵坐标，绘制浓度 (c) 与吸光度 (A) 的关系曲线，一定范围内应得到通过原点的直线，此直线即称为标准曲线（或工作曲线），如图 2-1-12 所示。采用最小二乘法（或利用计算机技术）确定直线的一元线性回归方程。实际工作中，为了避免使用

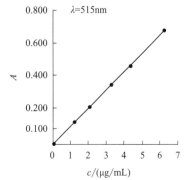

图 2-1-12 标准曲线

时出差错，在所绘制的工作曲线上还必须标明标准曲线的名称、所用标准溶液（或标样）名称和浓度、坐标分度和单位、测量条件（仪器型号、入射光波长、吸收池厚度、参比溶液名称）以及制作日期和制作者姓名。标准曲线应经常重复校验，工作条件改变时（如更换标准溶液、仪器维修、更换光源等），应重新绘制标准曲线。

c. 在测定样品时，按相同的方法制备待测试液（可见分光光度法为了保证显色条件一致，操作时一般是试样与标样同时显色），在相同测量条件下测定试样的吸光度 A，然后在标准曲线上查出待测试液浓度，或利用一元线性回归方程计算出待测试液浓度，再计算样品中待测组分的含量。

根据朗伯-比尔定律，在吸收池厚度不变，其他条件相同的情况下，吸光度与样品浓度之间呈线性关系。但受一些因素的影响，在某些浓度范围内吸光度与浓度间不再具有线性关系，即对朗伯-比尔定律发生了偏离。因此，在建立测定方法时，首先要确定符合朗伯-比尔定律的线性范围。具体的定量测定应在线性范围内进行，标准溶液的浓度范围还应包括未知试样浓度可能变化的范围。

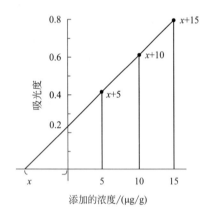

图 2-1-13 标准加入法示意图

④ 标准加入法。待测样品组分比较复杂，难于制备组分匹配的标准样品时用标准加入法。将待测试样分成若干等份，分别加入不同已知量 c_0、c_1、c_2、…、c_n 的待测组分配制溶液。按加入待测试样浓度从低至高依次测定上述溶液的吸光度，绘制一定波长下浓度与吸光度的关系曲线，得到一条直线。若直线通过原点，则样品中不含待测组分；若不通过原点，延长直线与纵轴上的交点与横轴相交，与横轴的交点至原点的距离为样品中待测组分的浓度（x）（图 2-1-13）。

(2) 多组分定量测定 多组分是指在被测溶液中含有两个或两个以上的吸光组分。进行多组分混合物定量分析的依据是吸光度具有加和性，即溶液测得的吸光度 $A=A_1+A_2+\cdots+A_n$。

混合组分的吸收光谱相互重叠的情况不同，测定方法也不相同。常见混合组分吸收光谱互相干扰情况有以下三种，如图 2-1-14 所示。

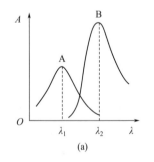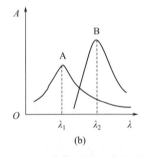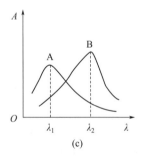

图 2-1-14 多组分体系的吸收光谱示意图

① 如图 2-1-14(a) 所示，各种吸光物质的吸收曲线不相互重叠或很少重叠，则可分别在 λ_1 和 λ_2 处测定组分 A 和 B 的吸光度，然后按照单组分的定量方法进行计算。

② 如图 2-1-14(b) 所示，各吸光物质的吸收曲线部分重叠，组分 B 对 A 没有干扰，但是 A 对 B 有干扰。A 可以按单组分测定的方法在 λ_1 处测定，然后换算成 A 的浓度 c_A；B

的测定为在 λ_2 处测定溶液的吸光度 A_2^{A+B} 及 A、B 纯物质的摩尔吸光系数：

$$A_2^{A+B} = A_2^A + A_2^B = \varepsilon_2^A bc_A + \varepsilon_2^B bc_B \tag{2-1-12}$$

根据上式即可求得组分 B 的浓度。

③ 试样中各组分的吸收光谱互相重叠彼此干扰，只要混合物中各组分的吸光性符合朗伯-比尔定律，则根据吸光度的加和性，可不经分离，在 n 个指定波长处测量 n 个吸光度，列出 n 个方程组成的联立方程组，可计算出各个组分的含量。如图 2-1-14(c) 所示，设 A_1^{A+B} 和 A_2^{A+B} 是混合体系在 λ_1 和 λ_2 处测得的总吸光度，两个组分 A 和 B 在 λ_1 处的摩尔吸光系数分别为 ε_1^A 和 ε_1^B，在 λ_2 处的摩尔吸光系数分别为 ε_2^A 和 ε_2^B，设吸收池的厚度为 1cm。

根据朗伯-比尔定律，可得到如下联立方程组：

$$\begin{cases} A_1^{A+B} = \varepsilon_1^A bc_A + \varepsilon_1^B bc_B \\ A_2^{A+B} = \varepsilon_2^A bc_A + \varepsilon_2^B bc_B \end{cases} \tag{2-1-13}$$

由方程可解出 c_A 和 c_B，此方法的关键是选择合适的测定波长，在某一测定波长下其他组分的影响要小。联立方程组法随着测量组分的增多，分析结果的误差会同时增大。

2. 定性分析

不同的有机化合物具有不同的吸收光谱，因此根据化合物的紫外吸收光谱中特征吸收峰的波长和强度可以进行物质的鉴定和纯度的检查。

定性分析

(1) 未知试样的定性鉴定 用紫外吸收光谱进行定性分析一般采用比较光谱法。所谓比较光谱法是将经过提纯的样品和标准物质用相同溶剂配成溶液，并在相同条件下绘制吸收光谱曲线，比较其吸收光谱是否一致。如果紫外光谱曲线完全相同（包括曲线形状、λ_{max}、λ_{min}、吸收峰数目、拐点等），则初步认为是同一种化合物。为了进一步确认可更换一种溶剂重新测定后再作比较。

如果没有标准物，则可借助各种有机化合物的紫外可见标准谱图及有关电子光谱的文献资料进行比较。使用与标准谱图比较的方法时，要求仪器准确度、精密度要高，测定时操作条件要完全与文献规定的条件相同，否则可靠性差。

紫外吸收光谱只能提供化合物生色团、助色团和分子母核的信息，而不能表达整个分子的特征。因此，只靠紫外吸收曲线来对未知物进行定性是不可靠的，还要参照一些经验规则以及与其他方法（如红外光谱法、核磁共振波谱、质谱，以及参照化合物某些物理常数等）配合来确定。

(2) 推测化合物的分子结构 紫外吸收光谱在研究化合物结构中的主要作用是推测官能团，结构中的共轭关系和共轭体系中取代基的位置、种类和数目。

(3) 化合物纯度的检测 紫外吸收光谱能检查化合物中是否含具有紫外吸收的杂质。如果化合物在紫外光区没有明显的吸收峰，而它所含杂质在紫外光区有较强的吸收峰，就可以检测出该化合物含有杂质。例如，检查乙醇中的杂质苯，苯在 256nm 处有吸收，而乙醇在此波长处无吸收，因此可利用该特征检定乙醇中的杂质苯。又如，检查四氯化碳中有无二硫化碳杂质，只要观察在 318nm 处有无二硫化碳的吸收峰就可以确定。

另外还可以用吸光系数来检查物质的纯度。一般认为，当试样测出的摩尔吸光系数比标准品测出的摩尔吸光系数小时，其纯度不如标样，相差越大，试样纯度越低。

五、紫外-可见分光光度计的维护和保养

紫外-可见分光光度计是精密光学仪器，正确使用和保养对保持仪器良好的性能和保证

测试的准确度有重要作用。

1. 工作环境的要求

(1) 仪器安放场所要求 仪器工作场所应与化学分析操作室隔开。分光光度计应安装在稳固的工作台上，避免剧烈和持续的振动。周围不应有强磁场，以防电磁干扰。室内照明不宜太强，应避免阳光直射。

(2) 仪器工作电源要求 仪器工作电源一般允许电压为 (220 ± 22)V，频率为 (50 ± 1)Hz 的单相交流电。为保持光源灯和检测系统的稳定性，在电源电压波动较大的实验室，最好配备功率不小于 500W 的稳压器（有过电压保护），实验室内应有地线并保证仪器有良好的接地性。

(3) 环境温度和湿度要求 温度和湿度是影响仪器性能的重要因素。室内应避免高温，温度宜保持在 5~35℃。室内应干燥，相对湿度宜控制在 45%~65%，不宜超过 80%。

(4) 环境卫生要求 环境中的尘埃和腐蚀性气体会影响机械系统的灵活性，降低各种限位开关、按键、光电耦合器的可靠性，也是造成光学部件铝膜锈蚀的原因之一。因此，必须定期清洁室内环境，保障卫生条件，防尘。室内应无腐蚀性气体（如 SO_2、NO_2、NH_3 及酸雾等）。

2. 仪器的日常维护与保养

(1) 光源 光源寿命有限，为延长光源使用寿命，应尽量减少开关次数。短时间内可以不关灯，长时间不用仪器要关闭光源灯，刚关闭的光源灯不要立即重新开启。仪器连续使用时间不应超过 3h，如需长时间使用，可间歇 30min。光源灯亮度明显减弱或不稳定时，应及时更换新灯。

(2) 单色器 单色器是仪器的核心部分，装在密封盒内，不能拆开。选择波长时应轻轻转动旋钮，不可用力过猛。为防止色散元件受潮发霉，必须定期更换单色器盒内的干燥剂（硅胶），若发现干燥剂变色，应立即更换。

(3) 吸收池 必须正确使用吸收池，保护吸收池的两个光学透光面。

(4) 检测器 光电转换元件不能长时间曝光，且应避免强光照射或受潮、积尘。

(5) 电源 仪器停止工作时，必须切断电源。

(6) 防尘 为了避免仪器积尘，在停止工作时，应盖上防尘罩。

(7) 定期通电 长时间不作业的仪器也要定期通电，每次不少于 20~30min，以保持整机呈干燥状态，并且维持电子元件的性能。

技能训练一　邻二氮菲分光光度法测定微量铁

【训练目标】

1. 熟悉选择分光光度分析的条件。
2. 掌握分光光度计的操作步骤和分光光度法测定微量铁的操作方法。

【原理】

用于铁的显色剂很多，其中邻二氮菲是测定微量铁的一种较好的显色剂。邻二氮菲是测定 Fe^{2+} 的一种高灵敏度和高选择性的试剂，与 Fe^{2+} 生成稳定的橙色配合物。配合物的摩尔吸光系数 $\varepsilon=1.1\times10^4$ L/(mol·cm)，pH 在 2~9（一般维持在 5~6），在还原剂存在的情况下，颜色可以保持几个月不变。Fe^{3+} 与邻二氮菲生成淡蓝色配合物，在加入显色剂之前，需用盐酸羟胺先将 Fe^{3+} 还原为 Fe^{2+}。此方法选择性高，相当于铁量 40 倍的 Sn^{2+}、Al^{3+}、Ca^{2+}、Mg^{2+}、Zn^{2+}，20 倍的 Cr^{6+}、V^{5+}、P^{5+}，5 倍的 Co^{2+}、Ni^{2+}、Cu^{2+} 等，不干扰测定。

【仪器和试剂】

1. 仪器

可见分光光度计（或者紫外-可见分光光度计）一台，1000mL 容量瓶 1 个，100mL 容量瓶 1 个，50mL 容量瓶 10 个，10mL 移液管 1 支，10mL 吸量管 1 支，5mL 吸量管 3 支，2mL 吸量管 1 支，1mL 吸量管 1 支。

2. 试剂

① 铁标准溶液（100.0μg/mL），准确称取 0.8634g $NH_4Fe(SO_4)_2 \cdot 12H_2O$ 置于烧杯中，加入 10mL 硫酸溶液 $[c(H_2SO_4)=3mol/L]$，移入 1000mL 容量瓶中，用蒸馏水稀释至标线，摇匀。

② 铁标准溶液（10.00μg/mL），移取 100.0μg/mL 铁标准溶液 10.00mL 于 100mL 容量瓶中，并用蒸馏水稀释至标线，摇匀。

③ 盐酸羟胺溶液（100g/L），用时现配。

④ 邻二氮菲溶液（1.5g/L），先用少量乙醇溶解，再用蒸馏水稀释至所需浓度（避光保存，两周内有效）。

⑤ 乙酸钠溶液（1.0mol/L）。

⑥ 氢氧化钠溶液（1.0mol/L）。

【训练步骤】

1. 准备工作

① 清洗容量瓶、移液管及需要用的玻璃器皿。

② 配制铁标准溶液和其他辅助试剂。

③ 按仪器使用说明书检查仪器。使用前先开机预热 20min，并调试至工作状态。

④ 检查仪器波长的准确性和吸收池的配套性。

2. 绘制吸收曲线，选择测量波长

取两个 50mL 干净容量瓶，移取 10.00μg/mL 铁标准溶液 5.00mL 于其中一个容量瓶中，然后在两个容量瓶中各加入 1mL 100g/L 盐酸羟胺溶液，摇匀。放置 2min，各加入 2mL 1.5g/L 邻二氮菲溶液、5mL 乙酸钠（1.0mol/L）溶液，用蒸馏水稀释至刻线，摇匀。用 2cm 吸收池，以试剂空白溶液为参比，在 440~540nm，每隔 10nm 测量一次吸光度。在峰值附近每隔 5nm 测量一次。以波长为横坐标，吸光度为纵坐标确定最大吸收波长 λ_{max}。

注意：每加入一种试剂都必须摇匀；改变入射波长时，必须重新调节参比溶液透射比为 100%。

3. 有色配合物稳定性试验

取两个洁净的容量瓶，用步骤 2 中的方法配制铁-邻二氮菲有色溶液和试剂空白溶液，放置约 2min，立即用 2cm 吸收池，以试剂空白溶液为参比，在选定波长下测定吸光度。以后 10min、20min、30min、60min、120min 测定一次吸光度。记录吸光度。

t/min	2	10	20	30	60	120
A						

4. 显色剂用量实验

取 6 只洁净的 50mL 容量瓶，各加入 10.00μg/mL 铁标准溶液 5.00mL，1mL 100g/L 盐酸羟胺溶液，摇匀。分别加入 0mL、0.5mL、1.0mL、2.0mL、3.0mL、4.0mL 1.5g/L 邻二氮菲溶液和 5mL 乙酸钠溶液，用蒸馏水稀释至标线，摇匀，并按 1～6 依次编号。用 2cm 吸收池，以试剂空白溶液为参比，在选定波长下测定吸光度。记录吸光度。

编号	1	2	3	4	5	6
V(邻二氮菲)/mL	0	0.5	1.0	2.0	3.0	4.0
A						

5. 溶液 pH 的影响

取 6 只洁净的 50mL 容量瓶，各加入 10.00μg/mL 铁标准溶液 5.00mL，1mL 100g/L 盐酸羟胺溶液，摇匀。再分别加入 1mol/L NaOH 溶液 0mL、0.5mL、1.0mL、1.5mL、2.0mL、2.5mL，用蒸馏水稀释至标线，摇匀，并按 1～6 依次编号。用精密 pH 试纸（或酸度计）测定各溶液的 pH 后，用 2cm 吸收池，以试剂空白溶液为参比，在选定波长下测定吸光度。记录吸光度。

编号	1	2	3	4	5	6
V(NaOH)/mL	0	0.5	1.0	1.5	2.0	2.5
pH						
A						

6. 工作曲线的绘制

取 6 只洁净的 50mL 容量瓶，各加入 10.00μg/mL 铁标准溶液 0mL、2.00mL、4.00mL、6.00mL、8.00mL、10.00mL 和 1mL 100g/L 盐酸羟胺溶液，摇匀。再分别加入 2mL 1.5g/L 邻二氮菲溶液、5mL 乙酸钠（1.0mol/L）溶液，用蒸馏水稀释至刻线，摇匀，并按 1～6 编号。用 2cm 吸收池，以试剂空白溶液为参比，在选定波长下测定吸光度。记录吸光度。

编号	1	2	3	4	5	6
V(铁标准溶液)/mL	0	2.00	4.00	6.00	8.00	10.00
A						

7. 铁含量的测定

取 3 只洁净的 50mL 容量瓶，分别加入适量的（以吸光度落在工作曲线中部为宜）含铁量未知的溶液，按步骤 6 显色，测定吸光度并记录。

8. 结束工作

测量完毕，关闭电源，取出吸收池，清洗晾干后放入盒中保存。清理工作台，罩上仪器防尘罩，填写仪器使用记录。清洗玻璃仪器并放回原处。

【数据处理】

1. 用实验内容中步骤 2 所得数据绘制 Fe^{2+}-邻二氮菲配合物的吸收曲线，选取测定的入射光波长（λ_{max}）。

2. 绘制吸光度-显色时间曲线，确定合适的显色时间；绘制吸光度-显色剂用量曲线，确定合适的显色剂用量；绘制吸光度-pH曲线，确定适宜的pH范围。

3. 绘制 Fe^{2+}-邻二氮菲配合物的工作曲线，建立回归方程并得到相关系数。

4. 由试样的吸光度，根据回归方程求出试样中铁含量的平均值，计算测定相对极差。

5. 计算 Fe^{2+}-邻二氮菲配合物的摩尔吸光系数。

摩尔吸光系数用下列公式计算：

$$\varepsilon = \frac{A}{b \times c}$$

式中，A 为吸光度；b 为溶液液层厚度，cm；c 为溶液浓度，mol/L。

【注意事项】

1. 显色过程中每加入一种试剂都要摇匀。

2. 在考察同一因素对显色反应的影响时，应保持仪器的测量条件一致。在测量过程中，应不时重调仪器零点和参比溶液的透射比为100%。

3. 测定试样和绘制工作曲线的实验条件应完全一致，所以最好两者显色时间也相同，尽量同时显色同时测定。

4. 待测试样应完全透明，如有浑浊，应预先过滤。

技能训练二　水产品中甲醛的测定

【训练目标】

1. 了解水产品中甲醛的来源和危害。
2. 熟悉水产品中甲醛的定性和定量测定方法。
3. 掌握分光光度法测定甲醛含量的原理及操作要点。

【原理】

甲醛又称蚁醛，是一种无色、有强烈刺激性气味的气体，易溶于水、醇和醚。甲醛在常温下是气态，通常以水溶液形式出现，37%（质量分数）或40%（体积分数）的甲醛水溶液叫作福尔马林。在农业、畜牧业、生物学和医药中普遍用于消毒、防腐和熏蒸。甲醛对人体和动物具有较高毒性，世界卫生组织将甲醛确定为致癌、致畸物质和公认的变态反应源。

甲醛是国家明文规定禁止在食品中使用的添加剂，在食品中不得检出，但不少食品中都不同程度地检出了甲醛的存在。甲醛已经被不法商贩广泛用于泡发各种水产品。目前，市场上已经检出甲醛的水发产品主要有：鸭掌、牛百叶、虾仁、海参、鱼肚、鲳鱼、章鱼、墨鱼、带鱼、鱿鱼、蹄筋、海蜇、田螺肉、墨鱼仔等。其中虾仁、海参和鱿鱼中的甲醛含量较高。SC/T 3025—2006是农业农村部现行的水产品中甲醛定性、定量测定标准。

水产品中的甲醛在磷酸介质中经水蒸气加热蒸馏，冷凝后经水溶液吸收，蒸馏液与乙酰丙酮反应，生成黄色的二乙酰基二氢二甲基吡啶，用分光光度计在413nm处比色定量。

【仪器和试剂】

1. 仪器

分光光度计：波长为360～800nm；圆底烧瓶：1000mL、2000mL、250mL；容量瓶：

200mL；碘量瓶：250mL；纳氏比色管：20mL；调温电热套或电炉；组织捣碎机；蒸馏液冷凝、接收装置。

2. 试剂

① 磷酸溶液（1+9）：取 100mL 磷酸，加到 900mL 的水溶液中，混匀。

② 乙酰丙酮溶液：称取乙酸铵 25g，溶于 100mL 蒸馏水中，加冰醋酸 3mL 和乙酰丙酮 0.4mL，混匀，储存于棕色瓶中，在 2~8℃冰箱内可保存一个月。

③ 0.1mol/L 碘溶液：称取 40g 碘化钾，溶于 25mL 水中，加入 12.7g 碘，待碘完全溶解后，加水定容至 1000mL，移入棕色瓶中，暗处储存。

④ 1mol/L 氢氧化钠溶液。

⑤ 硫酸溶液（1+9）。

⑥ 0.1mol/L 硫代硫酸钠标准溶液，按 GB/T 5009.1—2003 中规定的方法标定。

⑦ 0.5%淀粉指示剂：当日配制。

⑧ 甲醛标准储备液：吸取 0.3mL 含量为 36%~38%的甲醛溶液于 100mL 容量瓶中，加水稀释至刻度线，作为甲醛标准储备液，冷藏保存 2 周。

⑨ 甲醛标准溶液（5μg/mL）：根据甲醛标准储备液的浓度，精密吸取适量于 100mL 容量瓶中，用水定容至刻度线，配制甲醛标准溶液（5μg/mL），混匀备用，此溶液应当日配制。

【训练步骤】

1. 取样

① 鲜活水产品：取肌肉等可食部分测定。鱼类去头、去鳞，取背部和腹部肌肉；虾去头、去壳、去肠腺后取肉；贝类去壳后取肉；蟹类去壳、去性腺和肝脏后取肉。

② 冷冻水产品：冷冻水产品经半解冻直接取样，不可用水清洗。

③ 水发水产品：水发水产品可取其水发溶液直接测定，或将样品沥水后，取可食部分测定。

2. 样品处理

将取得的样品用组织捣碎机捣碎，混合均匀后称取 10.00g 于 250mL 圆底烧瓶中，加入 20mL 蒸馏水，用玻璃棒搅拌均匀，浸泡 30min 后加 10mL 磷酸溶液（1+9）后立即通水，水蒸气蒸馏。接收管下口事先插入盛有 20mL 蒸馏水且置于冰浴的蒸馏液接收装置中。收集蒸馏液至 200mL，同时做空白对照实验。

3. 甲醛标准储备液的标定

精密吸取甲醛标准储备液 10.00mL，置于 250mL 碘量瓶中，加入 25.00mL 0.1mol/L 碘溶液，7.50mL 1mol/L 氢氧化钠溶液，放置 15min。再加入 10.00mL 硫酸溶液（1+9），放置 15min。用浓度为 0.1mol/L 的硫代硫酸钠标准溶液滴定，当滴至溶液呈淡黄色时，加入 1.00mL 0.5%淀粉指示剂，继续滴定至蓝色消失，记录所用硫代硫酸钠体积 V_1。同时水做试剂空白溶液，记录空白滴定所用硫代硫酸钠体积 V_0。

甲醛标准储备液的浓度用下列公式计算

$$X_1 = \frac{(V_1 - V_0) \times c \times 15 \times 1000}{10}$$

式中 X_1——甲醛标准储备液中甲醛的浓度，mg/L；

V_0——空白滴定消耗硫代硫酸钠标准溶液的体积，mL；

V_1——滴定甲醛消耗硫代硫酸钠标准溶液的体积，mL；

c——硫代硫酸钠标准溶液准确的摩尔浓度，mol/L；

15——甲醛（$\frac{1}{2}$HCHO）的摩尔质量，单位为 g/mol；

10——标定用甲醛标准储备液的体积，mL。

4. 标准曲线的绘制　精密吸取 5μg/mL 甲醛标准溶液 0、2.0mL、4.0mL、6.0mL、8.0mL、10.0mL 于 20mL 纳氏比色管中，加水至 10mL；加入 1mL 乙酰丙酮溶液，混合均匀，置沸水浴中，加热 10min，取出，用水冷却至室温；以空白液为参比，于波长 413nm 处，以 1cm 吸收池进行比色，测定吸光度，绘制标准曲线。

5. 样品测定　根据样品蒸馏液中甲醛浓度高低，吸取蒸馏液 1～10mL，补充蒸馏水至 10mL，测定过程同上，记录吸光度。每个样品应做两次平行测定，以其算术平均值为分析结果。

6. 结果计算

试样中甲醛的含量按下列公式计算，计算结果保留两位小数。

$$X_2 = \frac{c_2 \times 10}{m_2 \times V_2} \times 200$$

式中　X_2——水产品中甲醛含量，mg/kg；

　　　c_2——由标准曲线查得结果，μg/mL；

　　　10——显色溶液的总体积，mL；

　　　m_2——样品质量，g；

　　　V_2——样品测定取蒸馏液的体积，mL；

　　　200——蒸馏液总体积，mL。

7. 回收率

回收率≥60%。

8. 检出限

样品中甲醛的检出限为 0.50mg/kg。

9. 精密度

在重复性条件下获得两次独立测定结果：样品中甲醛含量≤0.5mg/kg 时，相对偏差≤10%；样品中甲醛含量>0.5mg/kg 时，相对偏差≤5%。

习题

1. 单色光是指具有单一_____的光。
2. 朗伯定律说明在一定条件下，光的吸收与_____成正比；比尔定律说明在一定条件下，光的吸收与_____成正比。二者合为一体称为朗伯-比尔定律，其数学表达式为_____。
3. 摩尔吸光系数的单位是_____，表示物质的浓度为_____、液层厚度为_____时在一定波长下溶液的吸光度，常用符号_____表示。因此光的吸收定律的表达式可写为_____。
4. 吸光度和透射比的关系是：_____。
5. 分光光度计由_____、_____、_____、_____、_____五部分组成。

6. 分光光度计的色散元件常用的有_____、_____两种。

7. 吸收池又叫_____，有玻璃材质和石英材质两种，玻璃吸收池用于_____，石英吸收池用于_____。

8. 将待测组分转变成有色化合物的反应称为_____，与待测组分生成有色化合物的试剂称为_____。

9. 测量试样溶液的吸光度时，先用参比溶液调透射比为_____，以消除溶液中其他成分、吸收池、溶剂等带来的误差。

10. 标准曲线法是在平面直角坐标系内，以_____为横坐标，以_____为纵坐标，绘制一定范围内通过原点的直线，此直线称为标准曲线或工作曲线。

11. 人眼能感觉到的光称为可见光，其波长为（　　）。
    A. 380～780nm　　B. 200～380nm　　C. 200～1000nm　　D. 100～380nm

12. 吸光物质的摩尔吸光系数与下面因素中有关的是（　　）。
    A. 吸收池材料　　B. 吸收池厚度　　C. 吸光物质浓度　　D. 入射光波长

13. 对符合吸收定律的溶液进行稀释时，其最大吸收峰波长位置（　　）。
    A. 向长波移动　　　　　　　　　　B. 向短波移动
    C. 不移动　　　　　　　　　　　　D. 不移动，吸收峰值降低

14. 当吸光度 A 为 0 时，透光度 T（%）为（　　）。
    A. 0　　B. 10　　C. 100　　D. ∞

15. 紫外光源为气体放电光源，应用最多的是（　　）。
    A. 钨丝灯　　B. 卤钨灯　　C. 空心阴极灯　　D. 氘灯

16. 吸收池在使用时，错误的做法是（　　）。
    A. 只能用手指接触吸收池两侧的毛玻璃面，不能接触光学玻璃面
    B. 吸收池中液体应装满
    C. 腐蚀玻璃的物质不能长期盛放在吸收池内
    D. 光学玻璃面应用擦镜纸小心地朝一个方向擦拭

17. 分光光度计日常维护和保养不正确的是（　　）。
    A. 长时间不作业的仪器，也要定期通电 20～30min
    B. 室内空气的湿度和腐蚀性气体不会对分光光度计产生影响
    C. 分光光度计应放置在稳固的实验台上，避免振动
    D. 为防止仪器积尘，在停止工作时，应盖上防尘罩

18. 显色剂的选择应满足哪些条件？（　　）
    A. 显色剂与待测物的反应生成物在紫外-可见光区有强光吸收
    B. 反应生成物稳定性好
    C. 显色条件易于控制，反应的重现性好
    D. 反应有较高的选择性

19. 某试液显色后用 2.0cm 的吸收池测量时，$T=50.0\%$。若用 1.0cm 或 5.0cm 吸收池测量，T 及 A 各为多少？

20. 在使用吸收池时应如何保护其光学透光面？

21. 就自己实验室现有的紫外-可见分光光度计，认识仪器并书写操作规程。

22. 可见分光光度法实验中，选择显色条件时，应考虑哪些因素？

23. 某一溶液中铁含量为 47.0mg/L。吸取此溶液 5.0mL 于 100mL 容量瓶中，以邻二氮菲分光光度法测定铁，用 1.0cm 吸收池于 508nm 处测得吸光度为 0.467，计算质量吸光

系数 α 和摩尔吸光系数 ε。已知 $M(Fe)=55.85\text{g/mol}$。

24. 用磺基水杨酸法测定微量铁。称取 0.2160g 的 $NH_4Fe(SO_4)_2 \cdot 12H_2O$ 溶于水稀释至 500mL，得铁标准溶液。按下表所列数据取不同体积（V）标准溶液，显色后稀释至相同体积，在相同条件下分别测定各吸光值数据如下：

V/mL	0.00	2.00	4.00	6.00	8.00	10.00
A	2.00	0.165	0.320	0.480	0.630	0.790

取待测试液 5.00mL，稀释至 250mL。移取 2.00mL，在与绘制标准曲线相同的条件下显色后测其吸光度为 0.500。用标准曲线法求试液中铁含量（以 mg/mL 表示）。已知 $M[NH_4Fe(SO_4)_2 \cdot 12H_2O]=481.85\text{g/mol}$。

项目二　红外分光光度法

一、红外分光光度法的基本原理

物质的分子受到红外线照射时，吸收某些特定频率的红外线，引起分子的振动-转动能级的跃迁，使得相应于这些吸收区域的透射光强度改变，从而导致光谱变化，利用红外光谱进行定性定量分析的方法称为红外吸收光谱法。红外光谱属于分子光谱与振转光谱，红外分光光度法作为一种近代仪器分析方法，被广泛应用于分子结构的基础研究和化学组成的研究。

1. 红外光谱产生的条件

物质分子必须同时满足以下两个条件，才能产生红外吸收。

① 分子振动时，必须伴随有瞬时偶极矩的变化，即具有偶极矩变化的分子振动才会吸收特定频率的红外辐射，属于红外活性的振动，否则为非红外活性的振动。如 CO_2 是线性分子，其永久偶极矩为零，但是它的不对称振动仍伴随有瞬时偶极矩的变化，因此是具有红外活性的分子；当 CO_2 做对称的伸缩振动时，无偶极矩的变化，为非红外活性的分子，不产生红外吸收。同核双原子分子，如 H_2、O_2、N_2 等分子振动过程中偶极矩始终为零，因此没有红外活性，不会产生红外吸收。

② 照射分子的红外辐射频率与分子某种振动方式的频率相同时，两者就会产生共振。光的能量通过分子偶极矩的变化而传递给分子，分子吸收能量后，从基态振动能级跃迁到较高能量的振动能级。

红外吸收光谱分析中，只有照射光的能量 $E=h\nu$ 等于两个振动能级间的能量差 ΔE 时，分子才能由低振动能级 E_1 跃迁到高振动能级 E_2，即 $\Delta E=E_2-E_1$，产生红外吸收。

2. 红外光谱区域划分

光波谱区及能量跃迁相关图见图 2-2-1。

红外光谱在可见光和微波区之间，其波长为 $0.75\sim1000\mu m$。习惯上把红外光区分为三个区域：近红外光区，中红外光区，远红外光区。红外光区波段的划分及主要应用见表 2-2-1。

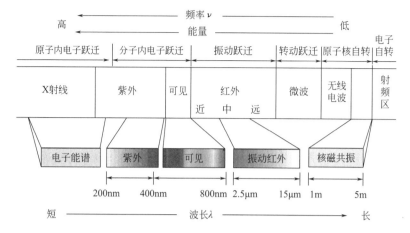

图 2-2-1 光波谱区及能量跃迁相关图

表 2-2-1 红外光区的划分及主要应用

波段名称	波长 $\lambda/\mu m$	波数 σ/cm^{-1}	测定类型	分析类型	试样类型
近红外	0.78~2.5	13300~4000	漫反射	定量分析	蛋白质、水分、淀粉、油、类脂、农产品中的纤维素等
			吸收	定量分析	气体混合物
中红外	2.5~25	4000~400	吸收	定性分析	纯气体、液体或固体物质
				定量分析	复杂的气体、液体或固体混合物
			反射	与色谱联用	复杂的气体、液体或固体混合物
			发射	定量分析	纯固体或液体混合物 大气试样
远红外	25~1000	400~10	吸收	定性分析	纯无机或金属有机化合物

3. 分子振动频率和振动类型

(1) 分子振动频率 绝大多数的分子是由多原子构成的,其振动方式非常复杂,但是多原子分子可以看成双原子分子的集合。

双原子分子中原子的相对振动可近似地看作简谐振动,双原子犹如两个质量为 m_1 和 m_2 的刚性小球,连接它们的化学键看作质量可以忽略的弹簧(图 2-2-2)。当一外力(相当于红外辐射能)作用于弹簧时,分子中原子以平衡点为中心,沿着轴心以非常小的振幅做周

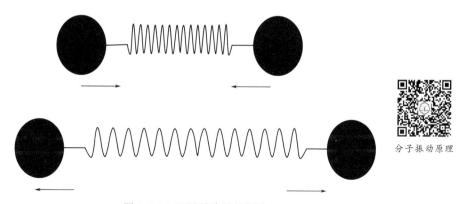

分子振动原理

图 2-2-2 双原子分子的振动

期性的伸缩振动,且遵循 Hooke 定律,其振动频率由下面公式表示

$$\nu=\frac{1}{2\pi}\sqrt{\frac{k}{\mu}} \quad 或 \quad \sigma=\frac{1}{2\pi c}\sqrt{\frac{k}{\mu}} \tag{2-2-1}$$

式中,ν 和 σ 分别为振动频率和波数;k 为化学键的力常数,N/cm;c 为光速;μ 为双原子折合质量,g。

其中

$$\mu=\frac{m_1 m_2}{m_1+m_2} \tag{2-2-2}$$

若把折合质量与原子的原子量单位进行换算,折合为原子量单位,k 的单位为 N/cm,则公式(2-2-1) 可以简化为

$$\sigma=\frac{(N_A \times 10^5)^{1/2}}{2\pi c}\sqrt{\frac{k}{\mu}} \approx 1304\sqrt{\frac{k}{\mu}}(cm^{-1}) \tag{2-2-3}$$

式中,N_A 为阿伏伽德罗常数,$6.022 \times 10^{23} mol^{-1}$。

【例题 2-2-1】 HCl 分子的力常数为 5.1N/cm,试计算 HCl 分子的波数。

解:折合质量:$\mu=\frac{m_1 m_2}{m_1+m_2}=\frac{35.5 \times 1.0}{35.5+1.0}=0.97$

力常数:$k=5.1$N/cm

则,此分子的波数:$\sigma=1304\sqrt{\frac{k}{\mu}}=1304\sqrt{\frac{5.1}{0.97}}=2990 cm^{-1}$ (实测值为 $2886 cm^{-1}$)

由公式(2-2-3) 可知,影响振动频率(波数)的直接因素是构成化学键的原子折合质量和化学键的力常数。力常数越大,原子折合质量越小,化学键的振动频率(波数)越大,反之,化学键的振动频率(波数)越小。例如,—C≡C—、—C=C—、—C—C—,这三种碳—碳的原子量相同,但力常数大小顺序为—C≡C—>—C=C—>—C—C—,所以红外光谱中吸收峰出现的位置也依次增大。C—C 和 C—H 都属于单键,力常数相近,但是由于折合质量不同,吸收峰出现的位置也不一样(C—C 在 $1430 cm^{-1}$ 左右,C—H 在 $2950 cm^{-1}$ 左右)。表 2-2-2 为部分化学键力常数比较。

表 2-2-2 部分化学键力常数比较

键	分子式	k/(N/cm)	键	分子式	k/(N/cm)
H—F	HF	9.7	H—C	$CH_2=CH_2$	5.1
H—Cl	HCl	4.8	H—C	CH≡CH	5.9
H—Br	HBr	4.1	C—Cl	CH_3Cl	3.4
H—I	HI	3.2	C—C		4.5~5.6
H—O	H_2O	7.8	C=C		9.5~9.9
H—S	H_2S	4.3	C≡C		15~17
H—N	NH_3	6.5	C—O		12~13
H—C	CH_3X	4.7~5.0	C=O		16~18

(2) 分子振动类型 随着原子数量的增加,组成分子的键或基团和空间结构不同,多原子分子的振动比双原子分子要复杂得多。

① 振动自由度。由 n 个原子构成的复杂分子内的原子振动有多种类型,通常称为多原子分子的简正振动。多原子分子简正振动的数目称为振动自由度,每个振动自由度对应红外光谱图上的一个基频吸收峰。每个原子在空间都有 3 个自由度,原子在空间的位置可以用三维坐标系中的 3 个坐标 x、y、z 表示,因此 n 个原子组成的分子总共应有 $3n$ 个自由度,就应该有 $3n$ 种运动状态。但在这些运动状态中,对于非线性分子,包括 3 个整个分子的质心

沿 x、y、z 方向的平移运动和 3 个整个分子绕 x、y、z 轴的转动运动。这六种运动都不是分子的振动，因此振动类型应有 ($3n-6$) 种。对于线性分子，若贯穿所有原子的轴在 x 方向，则整个分子只能绕 y、z 转动，所以线性分子的振动类型为 ($3n-5$) 种。

② 振动的类型。

a. 伸缩振动。化学键两端的原子沿着键轴方向做周期性伸缩，只有键长发生变化而键角不变的振动称为伸缩振动，用符号 v 表示。伸缩振动分为对称伸缩振动（符号 v_s 表示，波数为 σ_s）和反对称伸缩振动（符号 v_{as} 表示，波数为 σ_{as}）。亚甲基的伸缩振动如图 2-2-3 所示。

b. 变形振动。又称为弯曲振动，是指原子垂直于价键方向的运动，即基团键角发生周期性变化而键长不变的振动。变形振动分为面内变形振动和面外变形振动。面内变形振动又分为剪式振动和面内摇摆振动：剪式振动是指在同一个平面内，两个基团同时向内闭合或同时向外张开，产生的振动，用符号 δ 表示；面内摇摆振动是指同一个平面内，两个基团同时偏向一侧产生的振动，用符号 ρ 表示。当两个基团因振动偏离平面时，产生面外变形振动。面外变形振动又分为面外摇摆振动和扭曲变形振动：两个基团同时朝向平面一侧摆动，称为面外摇摆振动，用符号 ω 表示；两个基团以相反的方向在平面两侧振动，称为扭曲变形振动，用符号 τ 表示。由于变形振动的力常数比伸缩振动的要小，所以，同一基团的变形振动频率比伸缩振动的频率要低。亚甲基的变形振动见图 2-2-4。

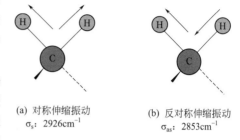

(a) 对称伸缩振动 σ_s: 2926cm^{-1}　　(b) 反对称伸缩振动 σ_{as}: 2853cm^{-1}

(强吸收 S)

图 2-2-3　亚甲基的伸缩振动

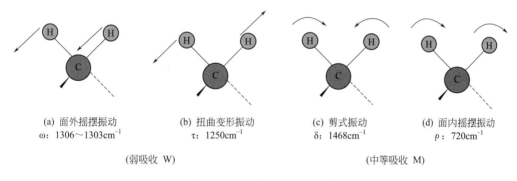

(a) 面外摇摆振动 ω: 1306～1303cm^{-1}　　(b) 扭曲变形振动 τ: 1250cm^{-1}　　(c) 剪式振动 δ: 1468cm^{-1}　　(d) 面内摇摆振动 ρ: 720cm^{-1}

(弱吸收 W)　　　　　　　　　　　　　　　　(中等吸收 M)

图 2-2-4　亚甲基的变形振动

基本的振动类型如下所示：

【例题 2-2-2】 计算 CO_2 的振动自由度并分析其振动类型。

解： CO_2 是由 3 个原子构成的线性分子，所以，其振动频率为：$3n-5=3\times3-5=4$。

振动类型有伸缩振动和变形振动，其中伸缩振动包括对称伸缩振动和反对称伸缩振动；变形振动包括面内变形振动和面外变形振动。具体如图 2-2-5 所示。

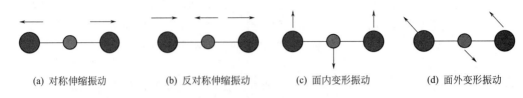

(a) 对称伸缩振动　　(b) 反对称伸缩振动　　(c) 面内变形振动　　(d) 面外变形振动

图 2-2-5　CO_2 的振动类型

4. 红外光谱图的峰数、峰位和峰强

当样品受到频率连续变化的红外线照射时，分子吸收某些频率的辐射，产生分子振动能级和转动能级从基态跃迁到激发态，相应区域的透射光强度减弱，记录红外线的透射比与波数或波长关系的曲线，就得到红外光谱。红外光谱图通常以红外线通过样品的透射比（T）或吸光度（A）为纵坐标，以红外线的波数（σ）或者波长（λ）为横坐标，如图 2-2-6 所示。

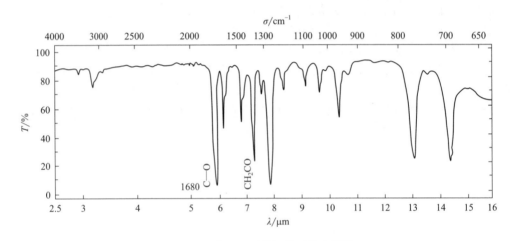

图 2-2-6　苯甲基酮的红外吸收光谱图

红外吸收光谱图使用单位波数（σ）来表示光的能量。波数与波长互为倒数关系，如下面公式所示：

$$\sigma = 1/\lambda = 10^4/\lambda \, (\text{cm}^{-1}) \tag{2-2-4}$$

光谱的形状，吸收峰的数目、位置和强度是构成红外吸收光谱图的基本要素，这些要素与分子的结构有密切关系。

(1) 吸收峰的数目　虽然每个振动自由度相对应一个基频吸收峰，但是红外光谱中产生的基频谱带的数量常小于振动自由度，主要原因有：①某些振动方式为非红外活性，没有偶极矩的变化；②不同振动类型有相同的振动频率，发生简并现象；③一些吸收峰振动频率十分相近或吸收带很弱，仪器检测不出；④仪器测量范围较窄，有些吸收带落在仪器检测范围之外。

(2) 吸收峰的位置　红外吸收峰的位置为最大吸收峰对应的波数或波长，化学键的力常数 k 越大，原子折合质量越小，键的振动频率越大，峰的位置出现在高波数区，反之出现在低波数区。

红外吸收光谱的工作范围一般为 $4000 \sim 400 \text{cm}^{-1}$，常见基团都在这个区域内产生吸收条带。按照红外吸收光谱和分子结构的关系，可以将红外吸收光谱分为基团频率区和指纹区两个区域。

① 基团频率区（4000～1300cm^{-1}）。红外光谱中，某些化学基团虽然处于不同分子中，但它们的吸收频率总是出现在一个较窄的范围内。如，羰基总在1870～1650cm^{-1}出现强吸收峰，它们的吸收频率不随分子构型变化而出现较大的改变，此类频率称为基团特征振动频率，简称基团频率。基团频率区又称官能团区，这个区域是官能团特征峰出现较多的波数区段，而且该区域官能团的特征频率受分子中其他部分的影响较小，大多产生官能团特征频率峰。实际工作中由于内部或外部因素的影响，特征振动频率会发生较窄范围的位移，这种位移往往与分子结构的细节有关，不会影响吸收峰的特征性，同时还会对分子结构的确定提供一些基团连接方式等有用的信息。基团频率区又可分为下面三个区域。

a. X—H伸缩振动区（4000～2500cm^{-1}）。X可以是C、O、N、S等原子，这个区域主要是C—H、O—H、N—H和S—H键伸缩振动频率区。C—H的伸缩振动可分为饱和碳氢（CH$_3$、CH$_2$、CH）和不饱和碳氢（=C—H）两种。C—H伸缩振动出现在3000～2800cm^{-1}，并且是强吸收峰。常以此区域的强吸收峰来判断化合物中是否存在C—H。如—CH$_3$（甲基）的反对称伸缩振动和对称伸缩振动分别在2960cm^{-1}和2876cm^{-1}附近产生吸收峰；〉CH$_2$（亚甲基）的反对称伸缩振动和对称伸缩振动分别在2930cm^{-1}和2850cm^{-1}附近产生吸收峰；≡CH（次甲基）的伸缩振动在2890cm^{-1}附近产生吸收峰，但强度很弱。=C—H伸缩振动在3000cm^{-1}以上产生吸收峰，以此来判别化合物中是否含有不饱和碳氢的=C—H键。苯环的C—H键伸缩振动在3100～3000cm^{-1}产生几个吸收峰，特征是强度比饱和的碳氢（C—H）小，但谱带比较尖锐。不饱和三键的碳氢（≡C—H）伸缩振动在更高的3300cm^{-1}区域附近产生吸收峰。

O—H键的伸缩振动在3650～3200cm^{-1}产生吸收峰，谱带较强，可以作为判断物质是否属于醇类、酚类、有机酸类的重要依据。一般羧酸羟基的吸收峰低于醇和酚中羟基的吸收峰，并且为宽而强的吸收。水分子在3300cm^{-1}附近有吸收峰，因此制备样品时需除去水分。

脂肪胺和酰胺的N—H伸缩振动在3500～3100cm^{-1}产生吸收峰，但吸收峰强度比O—H弱一些，产生尖锐的峰型。

S—H键伸缩振动区为2600～2500cm^{-1}，游离的SH伸缩振动吸收峰多在2590cm^{-1}左右，与芳香烃相连的SH峰比脂肪烃的SH峰强要强。

b. 三键和累积双键区（2500～1900cm^{-1}）。这个区域主要是C≡C和C≡N键伸缩振动频率区，以及C=C=C、C=C=O等累积双键的反对称伸缩振动频率区，炔烃C≡C的伸缩振动在2260～2140cm^{-1}产生吸收峰；C≡N键的伸缩振动在2260～2240cm^{-1}产生吸收峰。当与不饱和键或芳香烃共轭时，该峰位移到2230～2220cm^{-1}附近。由于只有少数官能团在此区域产生吸收峰，因此可以通过此特征吸收峰来确定化合物中是否存在氰基（C≡N）。

c. 双键伸缩振动区（1900～1500cm^{-1}）。这个区域主要是C=O和C=C键伸缩振动频率区。C=O伸缩振动出现在1900～1650cm^{-1}，是红外光谱中最具特征的谱带，且强度往往也是最强的。根据C=O伸缩振动的谱带很容易鉴别酮类、醛类、酸类、酯类以及酸酐等有机化合物。酸酐和酰亚胺的羰基（C=O）吸收带由于振动耦合而呈现双峰。烯烃C=C的伸缩振动在1680～1620cm^{-1}产生吸收峰，一般很弱。单核芳烃的C=C伸缩振动在1600cm^{-1}和1300cm^{-1}附近产生两个峰（有时分裂成4个峰），这是芳环骨架结构的特征谱带，用于确认有无芳环存在。

② 指纹区（1300～400cm^{-1}）。指纹区的吸收光谱比较复杂，重原子单键的伸缩振动和各种变形振动都出现在这个区域。由于它们振动频率相近，不同振动形式之间容易发生振动

耦合，虽然吸收带位置与官能团之间没有固定的对应关系，但是它们能够灵敏地反映分子结构的细微差异，可作为鉴定化合物的"指纹"使用，故称为指纹区。

a. $1300\sim900cm^{-1}$区域。这个区域主要是C—C、C—N、C—P、C—S、P—O、S—O、C—X（卤素）等单键的伸缩振动和C=S、S=O、P=O等双键的伸缩振动及一些变形振动吸收频率区。其中甲基的变形振动在$1380cm^{-1}$附近出现吸收峰，这对判断是否存在甲基有参考价值；C—O单键伸缩振动在$1300\sim1050cm^{-1}$出现吸收峰，是该区域内最强的吸收峰，非常容易识别。醇中的C—O单键吸收峰在$1100\sim1050cm^{-1}$；酚的C—O单键则在$1250\sim1100cm^{-1}$；酯在此区间有两组吸收峰，分别在$1240\sim1160cm^{-1}$和$1160\sim1050cm^{-1}$。

b. $900\sim400cm^{-1}$区域。这个区域主要是一些重原子和一些基团的变形振动频率区。利用这一区域内苯环的=C—H面外变形振动吸收峰和在$2000\sim1650cm^{-1}$苯环的=C—H变形振动的倍频（或组合频）吸收峰，可以共同配合确定苯环的取代类型。某些吸收峰也可以用来确认化合物的顺反构型。

③ 常见官能团的特征频率。红外吸收光谱的特征频率反映了化合物结构特点，可以用来鉴定未知物的结构组成或确定其官能团。常见官能团的特征频率数据见表2-2-3。

表2-2-3　常见官能团的特征频率

化合物类型	振动类型	波数 σ/cm^{-1}
烷烃	C—H 伸缩振动	$2975\sim2800$
	CH_2 变形振动	~1465
	CH_3 变形振动	$1385\sim1370$
	CH_2 变形振动（4个以上）	~720
烯烃	=CH 伸缩振动	$3100\sim3010$
	C=CH 伸缩振动（孤立）	$1690\sim1630$
	C—H 变形振动（—C=CH_2）	~990 和 ~910
	C—H 变形振动（反式）	~970
	C—H 变形振动（=C=CH_2）	~890
	C—H 变形振动（反式）	~700
炔烃	≡C—H 伸缩振动	~3300
	C≡C 伸缩振动	~2150
	≡C—H 变形振动	$650\sim600$
芳烃	=CH—H 伸缩振动	$3020\sim3000$
	C=C 骨架伸缩振动	~1600 和 ~1500
	C—H 变形振动和δ环（单取代）	$770\sim730$ 和 ~1500
	C—H 变形振动（邻二位取代）	$770\sim735$
	C—H 变形振动和δ环（间二位取代）	~880，~780 和 ~690
	C—H 变形振动（对二位取代）	$850\sim800$
醇	O—H 伸缩振动	~3650 或 $3400\sim3300$（氢键）
	C—O 伸缩振动	$1260\sim1000$
醚	C—O—C 伸缩振动（脂肪烃）	$1300\sim1000$
	C—O—C 伸缩振动（芳烃）	~1250 或 ~1120

续表

化合物类型	振动类型	波数 σ/cm^{-1}
醛	O=C—H 伸缩振动	~2820 或 ~2720
	C=O 伸缩振动	~1725
酮	C=O 伸缩振动	~1715
	C—C 伸缩振动	1300~1100
酸	O—H 伸缩振动	3400~2400
	C=O 伸缩振动	~1760 或 ~1710（氢键）
	C—O 伸缩振动	1320~1230
酯	C=O 伸缩振动	1750~1735
	C—O—C 伸缩振动（乙酸酯）	1260~1230
	C—O—C 伸缩振动	1210~1160
胺	N—H 伸缩振动	3500~3300
	N—H 变形振动	1640~1500

④ 基团频率的影响因素。分子中化学键的振动频率不仅与其性质有关，还受分子的内部结构和外部因素影响。相同基团的特征吸收并不总在一个固定频率上。

a. 外部因素。外部因素主要指测定时物质的物理状态及溶剂效应等因素。

（a）测量时物质的物理状态。同一物质的不同状态，由于分子间相互作用力不同，所得到的光谱往往不同。气态时，分子密度小，分子间的作用力较小，可以发生自由转动，振动光谱上叠加的转动光谱会出现精细结构。光谱谱带的波数相对较高，谱带较低而宽。同一基团气态时的吸收频率大于其在液态和固态时的吸收频率。

液态时，分子密度较大，分子间的作用力较大，分子转动遇到阻力，因此转动光谱的精细结构消失，谱带变窄，更为对称，波数较低。例如，丙酮在气态时，羰基的吸收频率为 $1742\mathrm{cm}^{-1}$，而在液态时为 $1718\mathrm{cm}^{-1}$。

固态时，分子间的相互作用较为剧烈，光谱变得复杂，有时还会产生新的谱带。

（b）溶剂效应。在溶液中测定光谱时，溶剂的极性、溶质的浓度对光谱均有影响，尤其是溶剂的极性。在极性溶剂中，极性基团的伸缩振动由于受极性溶剂分子的作用，力常数减小，波数降低，而吸收强度增大；对于变形振动，由于基团受到束缚作用，变形所需能量增大，所以波数升高。当溶剂分子与溶质形成氢键时，光谱所受的影响更显著。因此，在红外光谱测定中，应尽量采用非极性溶剂。

此外，测量时的温度也会影响红外吸收峰的形状和数目。

b. 内部因素。内部因素主要指电子效应、氢键效应和振动耦合等。

（a）电子效应。电子效应包括诱导效应、共轭效应等，都是由化学键的电子分布不均匀引起的。

诱导效应：诱导效应能够引起分子中电子分布发生改变，从而改变化学键的力常数，使基团的特征频率发生位移。例如，当电负性较强的元素与羰基上的碳原子相连时，由于诱导效应，就会发生氧上的电子转移，导致 C=O 键的力常数变大，因而吸收峰向高波数方向移动。元素的电负性越强，诱导效应越强，吸收峰向高波数移动的程度越显著（图 2-2-7）。

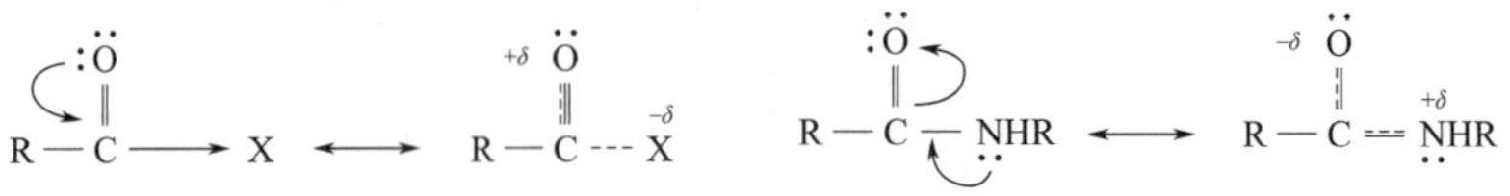

图 2-2-7 诱导效应

R—COR　　$\sigma_{C=O}=1715cm^{-1}$；　　R—COH　　$\sigma_{C=O}=1730cm^{-1}$；
R—COCl　　$\sigma_{C=O}=1800cm^{-1}$；　　R—COF　　$\sigma_{C=O}=1920cm^{-1}$；
F—COF　　$\sigma_{C=O}=1928cm^{-1}$；　　R—CONH$_2$　　$\sigma_{C=O}=1920cm^{-1}$；

共轭效应：共轭效应使共轭体系中的电子云密度平均化，结果使原来的双键略有伸长（电子云密度降低），力常数减小，使其吸收频率向低波数方向移动。例如酮的 C=O，因与苯环或碳碳双键共轭而使 C=O 的力常数减小，振动频率降低（图 2-2-8）。

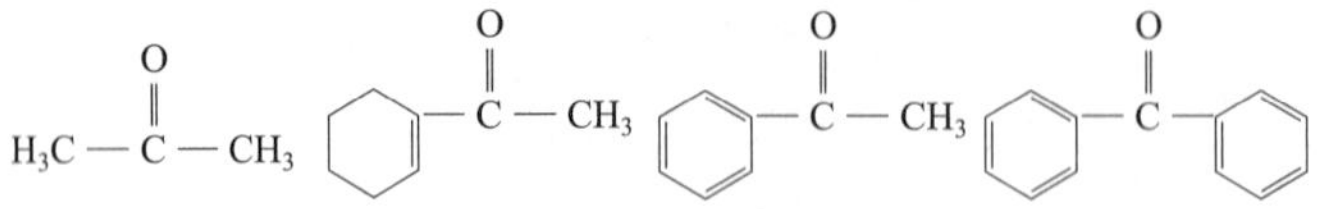

1715cm^{-1}　　1685cm^{-1}　　1680cm^{-1}　　1660cm^{-1}

图 2-2-8　共轭效应

(b) 氢键效应。氢键的形成使电子云密度平均化，从而使伸缩振动频率降低。分子间氢键如图 2-2-9 所示，分子内氢键如图 2-2-10 所示。

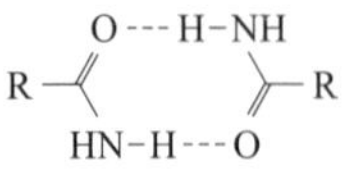

图 2-2-9　分子间氢键

	C=O 伸缩振动	N—H 伸缩振动	N—H 变形振动
游离状态	1690cm^{-1}	3500cm^{-1}	1620～1590cm^{-1}
形成氢键	1650cm^{-1}	3400cm^{-1}	1650～1620cm^{-1}

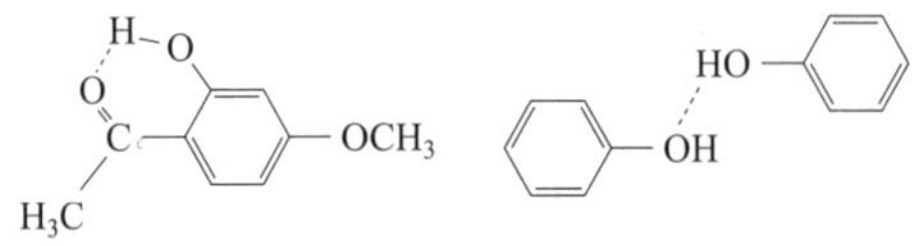

O—H 伸缩振动　　2835cm^{-1}　　3705～3125cm^{-1}

图 2-2-10　分子内氢键

(c) 振动耦合。分子中的基团或键的振动并不是独立进行的。如果两个振子属同一分子的一部分，而且相距很近，一个振子的振动会影响另一振子的振动，并组合成同相（对称）或异相（不对称）两种振动状态。前者的频率低于原来振子频率，后者的频率高于原来振子频率，造成原来频率的分裂。例：乙烷的 C—C 伸缩波数为 992cm^{-1}，而丙烷的 C—C 伸缩振动频率为 1054～867cm^{-1}。振动耦合常常出现在一些二羰基化合物中。例如，在酸酐中，由于两个羰基的振动耦合，$\nu_{C=O}$ 的吸收峰分裂成两个峰，分别出现在 1820cm^{-1} 和 1760cm^{-1}。

(d) 费米（Fermi）共振。当弱的倍频（或组合频）峰位于某强的基频吸收峰附近时，它们的吸收峰强度常常随之增加，或发生谱峰分裂。这种倍频（或组合频）与基频之间的振动耦合，称为费米共振。例如，在正丁基乙烯基醚（$C_4H_9-O-CH=CH_2$）中，烯基面外摇摆振动 w_{C-H}（$810cm^{-1}$）的倍频（约在 $1600cm^{-1}$）与烯基的 $\nu_{C=C}$ 发生费米共振，结果在 $1640cm^{-1}$ 和 $1613cm^{-1}$ 出现两个强的谱带。

(e) 空间位阻效应。由于空间位阻的影响，分子间羟基不容易缔合（形成氢键），羟基伸缩振动随着空间位阻变大，$\nu_{C=O}$ 向高波数位移（图 2-2-11）。

(f) 环张力效应。环越小，张力效应越大，环的张力越大，振动的频率就越高，基团频率向高波数区位移（图 2-2-12）。

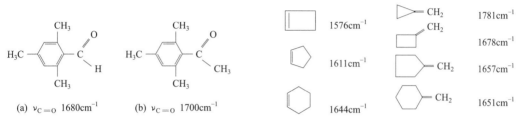

图 2-2-11　空间位阻效应　　　　　　图 2-2-12　环张力效应

(3) 吸收峰的强度　振动能级的跃迁概率和振动过程中偶极矩的变化是影响谱峰强弱的两个主要因素。从基态向第一激发态跃迁时，跃迁概率大，因此，基频吸收带一般较强。从基态向第二激发态的跃迁，虽然偶极矩的变化较大，但能级的跃迁概率小，因此，相应的倍频吸收带较弱。基频振动过程中偶极矩的变化越大，其对应的峰强度也越大。

化学键两端连接的原子的电负性相差越大，或分子的对称性越差，伸缩振动时，其偶极矩的变化越大，产生的吸收峰也越强。例如，$\nu_{C=O}$ 的强度大于 $\nu_{C=C}$ 的强度。

一般来说，反对称伸缩振动的强度大于对称伸缩振动的强度，伸缩振动的强度大于变形振动的强度。

5. 红外光谱的特点

① 应用范围广，提供信息多且具有特征性。依据分子红外光谱的吸收峰的位置，吸收峰的数目及其强度，可以鉴定未知物的分子结构或确定其化学基团；依据吸收峰的强度与分子组成或其化学基团的含量有关信息，可进行定量分析和纯度鉴定。

② 不受样品相态的限制，亦不受熔点、沸点和蒸气压的限制。无论是固态、液态、气态样品都能直接用红外光谱仪测定。

③ 样品用量少且可回收、不破坏试样、分析速度快、操作简便等。

④ 现在已经积累了大量的标准红外图谱，可供查阅。

二、红外分光光度计的结构

目前主要使用的红外光谱仪有两类，即色散型红外光谱仪和傅里叶变换红外光谱仪。傅里叶变换红外光谱仪具有快速、可靠、方便等优点，因而得到迅速发展和广泛使用。

1. 色散型红外光谱仪

色散型红外光谱仪的组成元件与紫外-可见分光光度计相似，但所用的材料、结构及性能等与后者不同，结构的排列顺序也略有不同，红外光谱仪的样品是放在光源和单色器之间（图 2-2-13），而紫外-可见分光光度计是放在单色器之后。

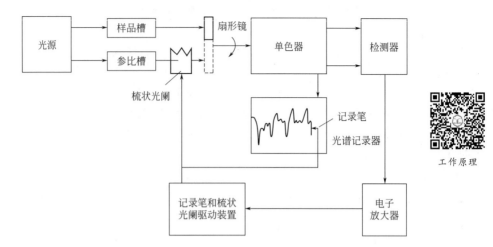

图 2-2-13　色散型红外光谱仪结构示意图

(1) 光源　红外光谱仪中所用的光源通常是一种惰性固体,用电加热使之发射高强度连续红外辐射。常用的有能斯特灯和硅碳棒等。

① 能斯特灯。能斯特灯是由氧化钍、氧化钇、氧化锆烧结制成,直径 1~3mm,长约 20~50mm 的中空棒或实心棒,室温下为非导体,但加热至 800℃ 时就成为导体并具有负的电阻特性。需要预先加热并设计电源电路能控制的电流强度,以免灯过热损坏。

② 硅碳棒。一般为两端粗中间细的实心棒,中间为发光部分,直径为 5mm,长约 50mm。与能斯特灯相反,硅碳棒具有正的电阻温度系数,不需要预热,电触点需冷却以防放电。

(2) 样品池　因玻璃、石英等材料不能透过红外线,红外吸收池要用可透过红外线的 NaCl、KBr、CsI、KRS-5 等制成窗片。表 2-2-4 列出了几种窗片材料的透光范围。

表 2-2-4　常用窗片材料的透光范围

材料	透光范围/μm	材料	透光范围/μm
NaCl	0.2~17	CaF	0.13~12
KBr	0.2~25	AgCl	0.2~25
CsI	1~50	KRS-5	0.55~40
CsRr	0.2~55		

(3) 单色器　与其他波长范围内工作的单色器类似,红外单色器也是由一个或几个色散元件(棱镜或光栅,目前已主要使用光栅)、可变的入射和出射狭缝,以及用于聚焦和反射光束的反射镜组成的。在红外仪器中一般不使用透镜,以免产生色差。另外,应根据不同的工作波长区域选用不同的透光材料来制作棱镜。

(4) 检测器　常用红外检测器有真空热电偶、热释电检测器、碲镉汞检测器等。

① 真空热电偶。由两根温差电位不同的金属丝焊接成两个接点:一个接点焊接在涂黑的金箔上,为热接点;另一个连接金属导线为冷接点。当红外线照射到涂黑的金箔上时,热接点温度上升,与冷接点之间产生温差电势,电流大小随红外线强弱而发生变化。

② 热释电检测器。此检测器利用硫酸三甘肽 [$(NH_2CH_2COOH)_3 \cdot H_2SO_4$,TGS] 的单晶薄片作为检测元件。将 TGS 薄片正面真空镀铬(半透明),背面镀金,形成两个电极。当红外辐射线照射到薄片上时,引起温度升高,TGS 极化度改变,表面电荷减少,相

当于"释放"了部分电荷，经放大，转变为电压或电流方式进行测量。

③ 碲镉汞检测器（MCT 检测器）。由宽频带的半导体碲化镉和半金属化合物碲化汞混合形成，可获得测量波段不同、灵敏度各异的各种 MCT 检测器，比 TGS 检测器有更短的响应时间和更高的灵敏度，但需要液氮冷却。因此，和热检测器相比，MCT 检测器更适合傅里叶变换红外光谱仪。

2. 傅里叶变换红外光谱仪

傅里叶变换红外光谱仪（FTIR）的工作原理（见图 2-2-14）和色散型红外光谱仪是完全不同的。它没有单色器和狭缝，利用一个迈克尔逊干涉仪获得入射光的干涉图，通过数学运算（傅里叶变换）把干涉图变成红外光谱图。

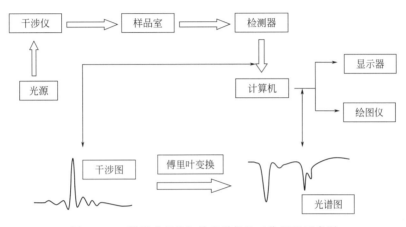

图 2-2-14　傅里叶变换红外光谱仪的工作原理示意图

（1）傅里叶变换红外光谱仪的组成　傅里叶变换没有色散元件，主要由光源（硅碳棒、高压汞灯）、迈克尔逊干涉仪、检测器、计算机和记录仪组成。核心部分为迈克尔逊干涉仪，它将从光源来的信号以干涉图的形式传输到计算机进行傅里叶变换的数学处理，最后将干涉图还原成光谱图。它与色散型红外光谱仪的主要区别在于干涉仪和电子计算机两部分。

（2）傅里叶变换红外光谱仪的基本原理　迈克尔逊干涉仪由一个动镜和一个定镜，以及分束器组成。动镜和定镜互相垂直，分束器是一块半透膜，放置在定镜和动镜之间 45°处，它能把来自光源的光束分成相等的两部分。当入射光照到分束器上，有 50% 的光透过分束器即透射光，另 50% 的光被分束器反射即反射光。透射光被动镜反射沿原路回到分束器上，被分束器反射到检测器；反射光被定镜反射沿原路透过分束器而到达检测器，这样在检测器上有两束相干涉光束（图 2-2-15）。动镜的移

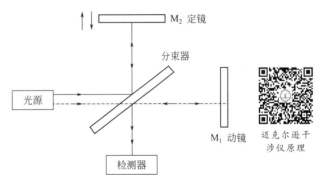

图 2-2-15　迈克尔逊干涉仪光学原理示意图

动，使两束光产生了光程差，当动镜移动距离是入射光的 $\lambda/4$ 时，则透射光的光程变化是 $\lambda/2$，在检测器上两束光的光位差为 180°，光程差为 $\lambda/2$，位相差 180°，发生相消干涉，亮度最小。凡动镜移动距离是 $\lambda/4$ 的奇数倍时，都会发生这种相消干涉，亮度最暗；当动镜的移动距离是 $\lambda/4$ 的偶数倍时，则发生相长干涉，亮度最亮。若动镜位置处于上述两种位移值

之间，则发生部分相消干涉，亮度介于两者之间。如果动镜以匀速向分束器移动即动镜扫描，动镜每移动 $\lambda/4$ 距离，信号强度就会从明到暗发生周期性变化（图 2-2-16）。

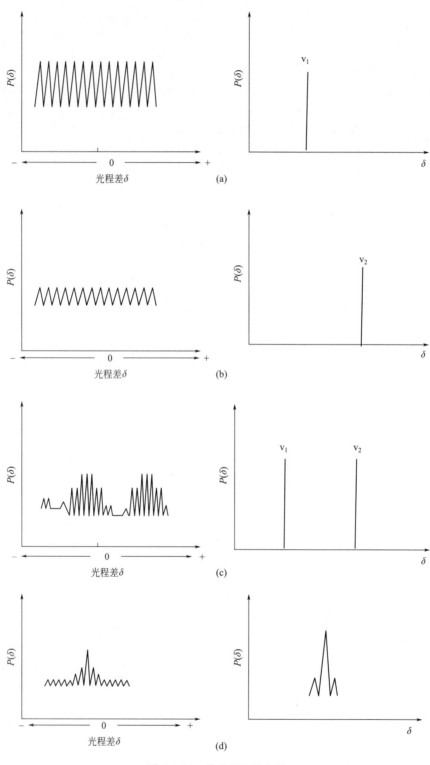

图 2-2-16　波的干涉示意图

当入射光为连续波长的多色光时，样品选择吸收某些波长的光，则干涉图发生变化，变得极为复杂。这种复杂的干涉图难以解释，需要经过计算机进行快速的傅里叶变换，才可以得到一般的透射比随波数变化的普通红外光谱图。

(3) 傅里叶变换红外光谱仪的特点

① 测量速度快。在几秒内就可完成一次红外光谱的测量工作，比色散型仪器快几百倍。扫描速率快，使得一些联用技术得到了发展。

② 能量大，灵敏度高。傅里叶变换红外光谱仪没有狭缝和单色器，反射镜面又大，因此到达检测器上的能量大，对于一般红外光谱不能测定的、散射很强的试样，采用漫反射附件可以获得满意的光谱。如薄层色谱的试样，可不经剥离，直接用傅里叶变换红外光谱仪测漫反射光谱。

③ 分辨率高。分辨率取决于动镜线性移动距离，距离增加，分辨率提高。傅里叶变换红外光谱仪在整个波长范围内具有恒定的分辨率，通常分辨率可达 $0.1cm^{-1}$，最高可达 $0.005cm^{-1}$。

④ 精确度高。在实际的傅里叶变换红外光谱仪中，除了红外光源的主干涉仪外，还引入激光参比干涉仪。用激光干涉条纹准确测定光程差，从而使波数更为准确。

⑤ 测定范围宽。傅里叶变换红外光谱仪测定的波数范围可达 $10000\sim10cm^{-1}$。

三、红外分光光度计的操作方法和注意事项

1. 样品制备

要获得一张高质量红外光谱图，除了仪器本身的因素外，还必须有合适的样品制备方法。

(1) 样品制备的要求

① 试样应该是单一组分的纯物质，纯度＞98%或符合商业规格才便于与纯物质的标准光谱进行对照。多组分试样应在测定前尽量预先用分馏、萃取、重结晶或色谱法进行分离提纯，否则各组分光谱相互重叠，难于判断。

② 试样中不应含有游离水。水本身有红外吸收，会严重干扰样品谱图，而且会侵蚀吸收池的盐窗。

③ 试样的浓度和测试厚度应选择适当，以使光谱图中的大多数吸收峰的透射比处于15%～75%。

(2) 样品制备方法

① 液体和溶液试样。通常使用液膜法和液体池法。

a. 液膜法。沸点较高（≥80℃）的试样，可以直接滴在两片盐片之间，形成液膜。对于一些吸收很强的液体，当用调整厚度的方法仍然得不到满意的谱图时，可用适当的溶剂配成稀溶液进行测定。一些固体也可以用溶液的形式进行测定。常用的红外光谱溶剂应在所测光谱区内本身没有强烈的吸收，不侵蚀盐窗，对试样没有强烈的溶剂化效应等。

b. 液体池法。沸点较低，挥发性较大的试样，可注入封闭液体池中，液层厚度一般为 $0.01\sim2mm$。

② 固体试样。通常使用压片法、调糊法和薄膜法。

a. 压片法。将 $0.5\sim1mg$ 试样与 $100\sim200mg$ 纯 KBr 研细均匀，置于模具中，用 $5\times10^7\sim10\times10^7Pa$ 压力在油压机上压成透明薄片，即可用于测定。试样和 KBr 都应经干燥处理，研磨至粒度＜$2\mu m$，以免散射光影响。

b. 调糊法。将干燥处理后的试样研细，与液体石蜡或全氟代烃（氯丁二烯）混合，调成糊状，夹在盐片中测定。

c. 薄膜法。主要用于高分子化合物的测定。可将它们直接加热熔融后涂制或压制成膜，

也可将试样溶解在低沸点的易挥发溶剂中，涂在盐片上，待溶剂挥发后成膜测定。

③ 气体样品。气态样品可在玻璃气槽内进行测定，玻璃气槽两端粘有红外透过的 NaCl 或 KBr 窗片。先将气槽抽真空，再将试样注入。

2. 红外光谱仪操作步骤

图 2-2-17　Nicolet iS50 傅里叶变换红外光谱仪

国内外红外光谱仪型号多样，性能各异，但是操作步骤相似。以 Thermo Fisher Scientific 公司的 Nicolet iS50 傅里叶变换红外光谱仪为例（图 2-2-17），其操作步骤如下。

(1) 适用范围　红外光谱仪适用于液体、固体、气体、金属材料表面涂层等样品。它可以检测样品的分子结构特征，对物质进行定性鉴别。

(2) 方法原理　红外光谱是根据物质吸收辐射能量后引起分子振动的能级跃迁，记录跃迁过程而获得该分子的红外吸收光谱。

(3) 环境要求　推荐室内温度：18～25℃。相对湿度：≤60%。

(4) 操作步骤

① 开机。开启电源稳压器，打开电脑、打印机及仪器电源。建议在操作仪器采集谱图前，先让仪器稳定 20min 以上。

② 仪器自检。双击 打开软件后，仪器将自动检测并在右上角 " " 出现绿色 " "。这样表示电脑和仪器通讯正常。

③ 软件操作。

a. 进入【采集】菜单的【实验设置】，进入【诊断】（图 2-2-18）观察红外信号是否正常。

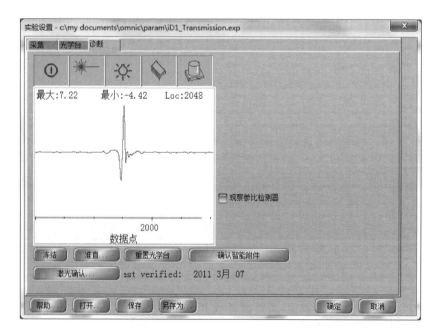

图 2-2-18　Nicolet iS50 傅里叶变换红外光谱仪的诊断界面

b. 将背景样品放入样品仓或以空气为背景，点击 ![Col Bkg] 采集背景光谱（背景采集的顺序要同采集参数中"背景光谱管理"一致）。

c. 将测试样品放入样品舱，点击 ![Col Smp] 采集红外光谱。

d. 需要时，点击 ![Bsln Cor] 自动校正基线，或进行平滑处理等其他数据处理。

e. 需要时，点击 ![谱图检索] 进行谱图检索和红外谱图解析。

f. 点击 ![Find Pks] 标识谱峰。

g. 点击 ![打印(P)] 打印谱图。

④ 关机。

a. 如果不用24h通电，就直接把仪器电源关闭。如果想防止仪器受潮，要24h通电，就打开【采集】下面【实验设置】中的【光学台】，再打开右侧【光源】选项，选择【关】，这样可以关闭红外光源，延长光源寿命，然后【确定】，最后点击 ![X] 退出OMNIC软件（图2-2-19）。

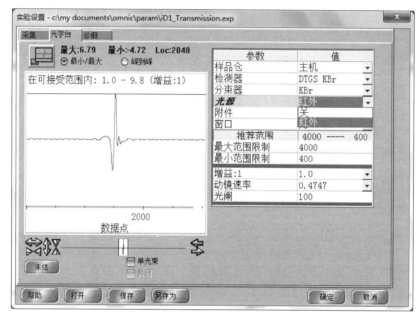

图2-2-19　Nicolet iS50傅里叶变换红外光谱仪的光学台界面

b. 单击［开始］菜单，关闭计算机，并关闭显示器和打印机电源等。

四、红外分光光度计的应用

红外光谱法广泛应用于有机化合物的定性鉴定、结构分析和定量分析。

1. 定性分析

（1）已知化合物和官能团的结构鉴定　已知化合物的红外谱图与标准谱图进行对照，或者与文献上的谱图进行比对是红外光谱用于化合物结构分析的重要应用之一。与标准谱图进行对照时应采用相同的测试条件，如果两张谱图各吸收峰的位置和形状完全相同，峰的相对强度也一样，就可以认为此化合物是该标准物质。如果两张谱图不一样，或者峰位置不同，则说明两者不为同一化合物，或样品可能含有杂质。使用文献上的谱图或红外光谱数据对照时，应当注意试样的物态、结晶状态、溶剂、测定条件以及所用仪器类型等方面的异同。

(2) 未知化合物结构分析 测定未知物的结构是红外光谱法定性分析的一个重要用途。红外谱图解析是根据实验所测绘的红外光谱图吸收峰位置、强度和形状,利用基团振动频率与分子结构的关系,确定吸收带的归属,确认分子中所含的基团或化学键,进而推定分子的结构的过程。谱图解析步骤如下:

① 准备工作。在解析未知物光谱之前,首先对样品进行详尽地了解,如样品的来源、形态、颜色、气味等,它们往往是判断未知物结构的佐证。同时要了解样品的分子量、沸点、熔点、折射率、旋光率等物理常数,用来佐证谱图解析结果。

② 确定未知物的不饱和度。由元素分析的结果可求出化合物的经验式,由分子量可求出其化学式,并求出不饱和度。从不饱和度可推出化合物可能的范围。

不饱和度表示有机分子中碳原子的饱和程度,计算不饱和度的经验公式为:
$$U = 1 + n_4 + 1/2(n_3 - n_1) \tag{2-2-5}$$

式中,n_1、n_3 和 n_4 分别为分子式中一价、三价和四价原子的数目。通常规定双键(C=C、C=O 等)和饱和环状结构的不饱和度为 1,三键(C≡C、C≡N 等)的不饱和度为 2,苯环的不饱和度为 4(可以理解为一个环加三个双键),链状饱和烃的不饱和度则为零。

③ **谱图解析** 获得红外吸收光谱图后,即可进行谱图的解析。谱图解析并没有一个确定的程序可循,但一般要注意以下问题。

a. 一般顺序。通常先观察官能团区(4000~1300cm^{-1}),可借助于手册或书籍中的基团频率表,对照谱图中基团频率区内的主要吸收带,找到各主要吸收带的基团归属,初步判断化合物中可能含有的基团和不可能含有的基团及分子的类型。然后再查看指纹区(1300~400cm^{-1}),进一步确定基团的存在及其连接情况和基团间的相互作用。

b. 根据频率位移值考虑邻接基团及其连接方式。邻接原子的性质连接方式(连接位置)对基团的特征频率有影响,会使基团的特征频率发生位移。如氢键、共轭体系及诱导作用等都使基团的特征频率发生位移,因此,可根据频率位移考虑邻接基团的性质(是否是电负性基团取代),确定连接方式,进而推断分子结构。

c. 与标准谱图对照。对于所推断的分子结构必须与标准谱图对照(注意实验所得谱图与标准谱图的条件必须一致,如试样的状态及制样方法等)。谱图上峰数、峰位、峰型及峰强弱次序必须与标准谱图一致,才能推断化合物与标准物质为同一物质。若没有标准谱图可查,则可用已知的标准试样得到的谱图来对照。

【例题 2-2-3】 未知物分子式为 C_6H_{14},其红外谱图如下,试推其结构。

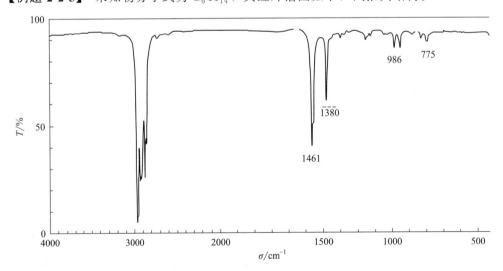

解：从谱图看，谱峰少，峰形尖锐，谱图相对简单，化合物可能为对称结构。

从分子式可看出该化合物为烃类，计算不饱和度：

$$U = 1 + n_4 + 1/2(n_3 - n_1) = 1 + 6 + (0 - 14)/2 = 0$$

表明该化合物为饱和烃类。由于 $1380 cm^{-1}$ 的吸收峰为一个单峰，表明有二甲基存在。$775 cm^{-1}$ 的峰表明亚甲基基团是独立存在的。因此结构式应为

$$\begin{array}{c} CH_3 \\ | \\ CH_3-CH_2-CH-CH_2-CH_3 \end{array}$$

由于化合物分子量较小，精细结构较为明显。当化合物的分子量较高时，由于吸收带的相互重叠，其红外吸收带较宽。

谱带归属（括号内为文献值）

$3000 \sim 2800 cm^{-1}$：饱和 C—H 的反对称伸缩振动（甲基为 $2960 cm^{-1}$ 和 $2872 cm^{-1}$，亚甲基为 $2926 cm^{-1}$ 红外 $2853 cm^{-1}$）。

$1461 cm^{-1}$：亚甲基和甲基弯曲振动（分别为 $1470 cm^{-1}$ 和 $1460 cm^{-1}$）。

$1380 cm^{-1}$：甲基弯曲振动（$1380 cm^{-1}$）。

$775 cm^{-1}$：乙基中—CH_2—的平面摇摆振动（$780 cm^{-1}$）。

【例题 2-2-4】 未知物分子式为 C_4H_5N，其红外谱图如下图所示，试推其结构。

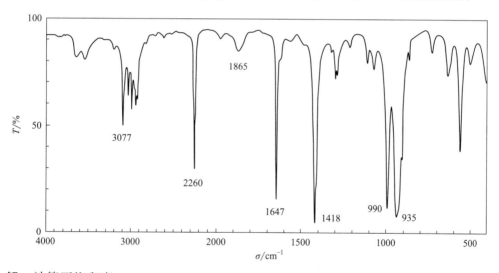

解：计算不饱和度：

$$U = 1 + n_4 + 1/2(n_3 - n_1) = 1 + 4 + (1 - 5)/2 = 3$$

由不饱和度分析，分子中可能存在一个双键和一个三键。由于分子中含 N，可能分子中存在—CN 基团。

由红外谱图可知：谱图的高频区的 $2260 cm^{-1}$，为氰基的伸缩振动吸收；$1647 cm^{-1}$ 为乙烯基的—C=C—伸缩振动吸收。可推测分子结构为

$$CH_2=CH-CH_2-CN$$

由 $1865 cm^{-1}$、$990 cm^{-1}$、$935 cm^{-1}$ 的吸收说明有末端乙烯基。

$1418 cm^{-1}$：亚甲基的弯曲振动（$1470 cm^{-1}$，受到两侧不饱和基团的影响，向低频率方向位移）和末端乙烯基弯曲振动（$1400 cm^{-1}$）。说明推测正确。

【例题 2-2-5】 未知物分子式为 C_7H_9N，其红外谱图如下图所示，试推其结构。

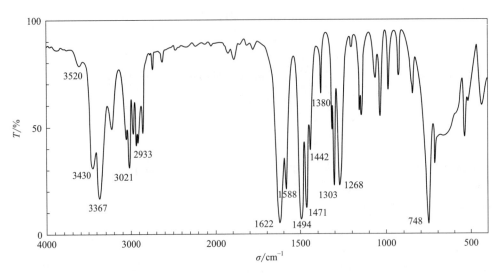

解：计算不饱和度

$$U = 1 + n_4 + 1/2(n_3 - n_1) = 1 + 7 + (1-9)/2 = 4$$

不饱和度为 4，可能分子中有多个双键，或含有一个苯环。

3520cm^{-1} 和 3430cm^{-1}：两个中等强度的吸收峰应为—NH$_2$ 的反对称和对称伸缩振动（3500cm^{-1} 和 3400cm^{-1}）。

1622cm^{-1}、1588cm^{-1}、1494cm^{-1}、1471cm^{-1}：苯环的骨架振动（1600cm^{-1}、1585cm^{-1}、1500cm^{-1} 及 1450cm^{-1}），证明结构中有苯环存在。

748cm^{-1}：苯环取代为邻位（770～735cm^{-1}）。

1442cm^{-1} 和 1380cm^{-1}：甲基弯曲振动（1460cm^{-1} 和 1380cm^{-1}）。

1268cm^{-1}：伯芳胺的 C—N 伸缩振动（1340～1250cm^{-1}）。

由以上信息可以推测该化合物为邻甲苯胺，结构式为：

2. 定量分析

红外光谱定量分析法与其他定量方法相比，存在不少缺点，因此只在特殊情况下使用，常常用于分析混合物中某组分。和其他吸收光谱分析（紫外-可见光分光光度法）一样，红外光谱定量分析是根据物质组分的吸收峰强度来进行的，其理论依据仍然是朗伯-比尔定律。用红外光谱作定量分析，优点是红外光谱的谱带较多，选择的余地大，所以能方便地对单组分和多组分进行定量分析。此外，红外光谱法不受样品状态的限制，各种气体、液体和固态物质，均可用红外光谱法进行定量分析。

吸光度的测定通常采用基线法，就是用基线来表示吸收峰不存在时的背景吸收。一般情况下可以通过吸收峰两侧最大透过率处作切线，作为该谱峰的基线，则分析波数处的垂线与基线的交点，与最高吸收峰顶点的距离为峰高。基线的取法应当根据具体情况具体分析，基线取得是否合理对分析结果的准确性、重复性等都有影响。

五、红外分光光度计的维护及保养

一台红外仪器如果管理和维护工作做得好，一般能正常使用 10 年以上。如果能精心保养和维护仪器，用上 15～20 年也是有可能的。实践证明，只要使用得当，傅里叶变换红外光谱仪用上十几年,仪器的分辨率和信噪比没有发生明显的下降。因此,保养和维护好仪器是延长仪器使用寿命的重要环节。

1. 红外光谱仪的日常管理和维护

红外光谱仪是一种可以连续工作的仪器。在国外,红外光谱仪在周末和节假日通常都不关机,只有在通知停电时才关机。现在的红外光谱仪,如果是机械轴承干涉仪,在软件设计上都包含有睡眠模式(sleep mode),即在仪器停止采集光谱数据后,过了一定的时间,干涉仪的动镜会自动地停止移动,这样可以延长干涉仪的使用寿命。

红外光谱仪开机后很快就能稳定,光源通电 15min 后,能量就能达到最高值,开机 30min 后即可以测试样品。为了延长仪器的寿命,下班后最好关机,将供电电源全部断掉,这样能够确保仪器的安全。红外仪器的电源变压器、红外光源、He-Ne 聚光器以及线路板都是有寿命的,所以仪器不使用时,最好处于关机状态。

在夏季,空气相对湿度太大,对仪器非常不利,如果仪器天天使用,即使空气相对湿度大,对仪器也不会造成影响,但如果仪器长期不使用,很容易损坏,因此在夏天,即使不使用仪器,每周至少应给仪器通电几个小时,赶掉仪器内部各部件的潮气。有些红外光谱仪除了样品仓外,其余部分为密闭体系,并放入干燥剂除湿。要经常观察干燥剂的颜色,及时处理和更换失效的干燥剂。如果仪器不是密闭体系,最好在样品仓中放置硅胶袋,并经常将硅胶袋放入 120℃ 烘箱中烘烤。硅胶烘烤后,在放入样品仓之前应冷却至室温。

如果所使用的红外光谱仪既能测试中红外,又能测试远红外或近红外,这样的仪器在内部结构上保留有存放分束器的位置。更换分束器时,应轻拿轻放,并将更换下来的分束器放置在存放分束器的位置上,这样能保证分束器的温度与仪器内部的温度一致,更换分束器后能马上进行测试。

光学台中有双检测器位置时,中红外 DTGS/KBr 检测器一般是固定不动的。如果有多种检测器,如 MCT/A 碲镉汞/光电导型、DTGS(氘代硫酸三甘肽)/聚乙烯、PbSe 等,除了光学台中安放两个检测器外,多余的检测器应保存在大的干燥器里,这样既能使检测器保持干净,又能防潮。MCT/A 检测器使用几年后,真空度可能会降低。灌满液氮后的 MCT/A 检测器,如果液氮保存时间少于规定值,应将检测器重新抽真空,抽真空需要有特殊的接口,真空度达到 $5×10^{-4}$ Torr(约 $6.67×10^{-2}$ Pa)即可。更换 MCT/A 检测器时应轻拿轻放,以免碰撞、震裂检测器窗口。往 MCT/A 检测器中加液氮时应避免液氮溢出,液氮溅在检测器窗口上会使 ZnSe 晶体出现裂痕。

对红外显微镜要注意防尘,红外显微镜不使用时,应罩上防尘罩。光学台中的平面反射镜和聚集用的抛物镜,如果上面附有灰尘,只能用洗耳球或氮气将灰尘吹掉。吹不掉的灰尘不能用有机溶剂冲洗,更不能用镜头纸擦掉,否则会降低镜面的反射率。在用显微镜测试样品时,应注意,不要让样品或杂物掉在聚光器镜面上。

如果干涉仪使用的是空气轴承,推动空气轴承的气体必须是干燥的、无尘的、无油的,可以使用普氮或专供红外仪器使用的空气压缩机提供的压缩空气。如果由实验室压缩空气系统提供压缩空气,所使用的压缩机必须是无油空压机。压缩空气进入空气轴承之前,必须经过干燥和过滤,否则会沾污空气轴承,使空气轴承不能正常工作。吹扫光学台用的气体,也应干燥、无油、无尘。

远距离搬动红外光谱仪时,应将干涉仪中的动镜固定住,以免搬动时因剧烈振动损坏轴承。

使用水冷型红外光源时，为了节约水资源，应使用循环冷却水泵供水。循环水泵需用去离子水或蒸馏水，并在水中加入防冻剂和去生物剂。应定期检查供水软管和接口，防止因水管长期使用而老化，造成跑水等事故。

2．红外光谱仪常见故障的处理

傅里叶变换红外光谱仪不能正常工作时，仪器的管理和维护人员或分析测试工作者应该检查原因。如果是仪器的硬件损坏，最好是请仪器公司的维修工程师来处理，如果不是硬件的问题，可以自行处理。傅里叶变换红外光谱仪常见故障、故障产生的原因和处理方法见表 2-2-5。

表 2-2-5 傅里叶变换红外光谱仪常见故障、故障产生的原因和处理方法

常见故障	故障产生的原因	处理方法
干涉仪不扫描，不出现干涉图	计算机与红外仪器通信失败	检查计算机与仪器的连接线是否连接好，重新启动计算机和光学台
	更换分束器后没有固定好或没有到位	将分束器重新固定
	红外仪器电源输出电压不正常	检查仪器面板上指示灯和各种输出电压是否正常
	分束器损坏	请仪器公司维修工程师检查，更换分束器
	控制电路板元件损坏	请仪器公司维修工程师检查，更换电路板元件
	空气轴承干涉仪未通气或气体压力不够高	通气并调节气体压力
	外光路转换后，穿梭镜未移动到位	光路反复切换、重试
	室温太低或太高	用空调调节室温
	He-Ne 激光不亮或能量太低	检查激光器是否正常
	软件出现问题	重新安装红外软件
干涉图能量太低	分束器出现裂缝	请仪器公司维修工程师检查，更换分束器
	光阑孔径太小	增大光阑孔径
	光路没有准直好	自动准直或动态准直
	光路中有衰减器	取下光路衰减器
	检测器损坏或 MCT 检测器无液氮	请仪器公司维修工程师检查，更换检测器或添加液氮
	红外光源能量太低	更换红外光源
	红外反射镜太脏	请仪器公司维修工程师清洗
	非智能红外附件位置未调节好	调整红外附件位置
干涉图能量溢出	光阑孔径太大	缩小光阑孔径
	增益太大或灵敏度太高	减小增益或降低灵敏度
	动镜移动速度太慢	重新设定动镜移动速度
	使用高灵敏度检测器时未插入红外衰减器	插入红外衰减器
干涉图不稳定	控制电路板元件损坏或疲劳	请仪器公司维修工程师检查
	水冷光源未通冷却水	通冷却水
	液氮冷却检测器真空度降低，窗口有冷凝水	MCT 检测器重新抽真空
	打开样品室盖子后气流不稳定	待干涉图稳定后才能采集数据

续表

常见故障	故障产生的原因	处理方法
空气背景单光束光谱有杂峰	光学台中有污染气体	吹扫光学台
	使用红外附件时,附件被污染	清洗红外附件
	反射镜、分束器或检测器上有污染物	请仪器公司维修工程师检查
空光路检测时基线漂移	开机时间不够长,仪器尚未稳定	开机1h后重新检测
	高灵敏度检测器(如MCT等)工作时间不够长	等检测器稳定后再测试

技能训练一　KBr压片法测定固体样品的红外光谱

【训练目标】

1. 掌握红外吸收光谱法的基本原理。
2. 掌握Nicolet5700智能傅里叶红外光谱仪的操作方法。
3. 掌握用KBr压片法制备固体样品进行红外光谱测定的技术和方法。
4. 了解基本且常用的KBr压片制样技术在红外光谱测定中的应用。
5. 通过谱图解析及标准谱图的检索,了解由红外光谱鉴定未知物的一般过程。

【原理】

红外吸收光谱法是通过研究物质结构与红外吸收光谱间的关系对物质进行分析的方法,红外光谱可以用吸收峰谱带的位置和峰的强度加以表征。测定未知物结构是红外光谱定性分析的一个重要用途。根据实验所测绘的红外光谱图的吸收峰位置、强度和形状,利用基团振动频率与分子结构的关系,来确定吸收带的归属,确认分子中所含的基团或键,并推断分子的结构,鉴定的步骤如下。

(1) 对样品做初步了解,如样品的纯度、外观、来源,元素分析结果,物理性质(分子量、沸点、熔点)。

(2) 确定未知物不饱和度,以推测化合物可能的结构。

(3) 图谱解析:①首先在官能团区(4000~1300cm^{-1})搜寻官能团的特征伸缩振动;②再根据指纹区(1300~400cm^{-1})的吸收情况,进一步确认该基团的存在以及与其他基团的结合方式。

【仪器和试剂】

1. 仪器

美国热电公司Nicolet5700智能傅里叶红外光谱仪;hY-12型手动液压式红外压片机及配套压片模具,磁性样品架,红外灯干燥器,玛瑙研钵。

2. 试剂

苯甲酸样品(分析纯),KBr(光谱纯),无水丙酮,无水乙醇。

【训练步骤】

1. 红外光谱仪的准备

(1) 打开红外光谱仪电源开关,待仪器稳定30min以上,方可测定。

(2) 打开计算机，选择 Windows98 系统，打开 omnIce.s.p 软件；在 "collect" 菜单下的 "experiment set-up" 中设置实验参数。

(3) 实验参数设置：分辨率 4cm^{-1}，扫描次数 32，扫描范围 4000～400cm^{-1}；纵坐标为 Transmittance。

2. 固体样品的制备

(1) 取干燥的苯甲酸试样约 1mg 于干净的玛瑙研钵中，在红外灯下研磨成细粉，再加入约 150mg 干燥且已研磨成细粉的 KBr 一起研磨至二者完全混合均匀。混合物粒度约为 2μm 以下［样品与 KBr 的比例为（1∶100）～（1∶200）］。

(2) 取适量的混合样品于干净的压片模具中，堆积均匀，用手压式压片机用力加压约 30s，制成透明试样薄片。

3. 样品的红外光谱测定

(1) 小心取出试样薄片，装在磁性样品架上，放入 Nicolet5700 智能傅里叶红外光谱仪的样品室中，在选择的仪器程序下进行测定。通常先测 KBr 的空白背景，再将样品置于光路中，测量样品红外光谱图。

(2) 扫谱结束后，取出样品架，取下薄片，将压片模具、试样架等擦洗干净置于干燥器中保存好。

4. 数据处理

(1) 对所测谱图进行基线校正及适当平滑处理，标出主要吸收峰的波数值，储存数据后，打印谱图。

(2) 用仪器自带软件对图谱进行检索，并判别各主要吸收峰的归属，得出化合物的结构，并与已知结构进行对比。

【数据处理】

具体苯甲酸样品的红外谱图见附图，下表是对谱图的分析。

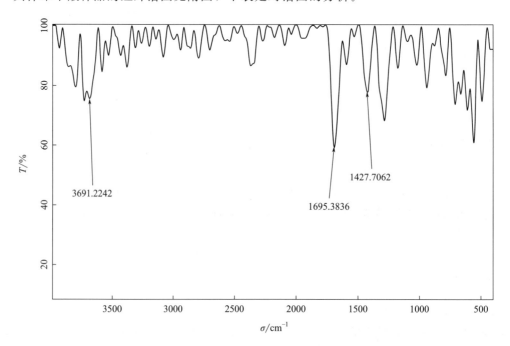

苯甲酸的特性吸收及对应基团（KBr 压片）

特征吸收峰/cm^{-1}	振动类型	对应基团
706.8、669.8	苯环上的碳氢的面外弯曲振动	—CH
1179.4、1127.1、1067.8	苯环上的碳氢的面内弯曲振动	—CH
1289.8	碳氧键的伸缩振动	—C—O
1421.4	碳氧氢的变形振动	—C—O—H
1590.2cm^{-1}左右四个呈马鞍状的吸收峰	碳碳双键的振动	—C=C—
1688.6	羰基的伸缩振动	—C=O
1800～2300(四个吸收峰)	苯环上碳氢面外弯曲振动频率吸收带	—CH
3007.8、2835.0、2674.5、2558.3	—OH 缔合	—OH
3068.0	苯环上的碳氢伸缩振动	—CH

技能训练二　KBr 压片法测定乙酰胺的结构

【训练目标】

1. 学习用红外吸收光谱进行有机化合物的结构分析。
2. 掌握 KBr 压片法测定固体试样的方法。
3. 熟悉傅里叶变换红外光谱仪的工作原理及其使用方法。

【原理】

具有红外活性的化合物分子中含有共价键，这些共价键在不停地进行着伸缩和弯曲振动，其振动频率由所含原子的质量和连接它们的化学键的种类决定。分子的各种振动频率与红外线的频率在同一范围。当某一振动频率恰好等于红外线的某一频率时，这一频率的红外线被分子吸收，结果分子振动的振动幅度随之增大。由于分子获得的光能立即以热能形式失去，所以吸收光的逆过程不存在，这样就得到了红外光谱。具有相同化学键的原子基团，其基本振动频率吸收峰（简称基频峰）基本上出现在同一频率区域内，但又有所不同。这是因为同一类型原子基团，在不同化合物分子中所处的化学环境有所不同，使基频峰频率发生一定移动。因此，化合物的红外活性不同时，可产生不同的红外光谱，从而可用标准物对照或标准谱图查对法来进行化合物的定性分析。也可由试样的红外光谱图找出主要吸收峰的归属，即属于哪种化学键的什么振动类型，从而确定化合物分子的结构单元，最终确定其结构。

【仪器和试剂】

1. 仪器

傅里叶变换红外光谱仪，ID1Transmission 附件，DF-4 型压片机，HF-12 压片模具，玛瑙研钵。

2. 试剂

KBr（分析纯），乙酰胺（分析纯）。

【训练步骤】

1. KBr 压片法测定乙酰胺

(1) 纯 KBr 晶片的制作。取 KBr 150mg 左右，置于洁净的玛瑙研钵中，充分研细至颗

粒粒度约 $2\mu m$，然后转移到压片模具上。放好各部件后，把压片模具置于压片机中央，并旋转压力丝杆手轮，压紧压模，顺时针旋转放油阀到底，上下移动压把，加压开始。当压力加到 20MPa 时，停止加压，维持 2min，逆时针旋转放油阀，加压解除，旋松压力丝杆手轮，取出压模，即可得到透明的 KBr 晶片。将晶片放到试样架上，插到样槽的合适位置中，用于仪器采集背景，也可以空气为背景。

（2）乙酰胺试样的制作。取干燥的乙酰胺试样 1～2mg 置于玛瑙研钵中，充分研细，再加入 150mg KBr，研磨至完全混匀，颗粒粒度约为 $2\mu m$。取出混合物装入压模内，置于压片机上，20MPa 压力下压制 2min，制成透明试样薄片。

（3）试样的测定。将试样薄片装在试样架上，插入红外光谱仪试样池的光路中，采集透射光谱。

（4）采集结束后，取出试样架，取出薄片，按要求将模具、试样架等擦净收好。

2. 对采集得到的乙酰胺红外光谱图进行分析，找出主要吸收峰的归属，填入下表中。

乙酰胺的主要吸收峰及其归属

编号	频率/cm^{-1}	原子基团及其振动类型	结构单元	备注
			甲基—CH_3	
			酰胺基—$CONH_2$	

习题

1. 红外吸收光谱分析法的特点有哪些？
2. 红外吸收光谱与紫外吸收光谱的区别有哪些？
3. 产生红外吸收的条件是什么？是否所有分子振动都会产生红外吸收？为什么？物质吸收红外线应满足什么条件？
4. 影响红外吸收峰的峰位置的因素有哪些？
5. 特征区和指纹区有何不同？
6. 解释实际上红外吸收谱带（吸收峰）数目比理论计算的振动数目少的原因。
7. 红外吸收光谱法对试样有哪些要求？
8. 下列两个化合物的 C=O 的伸缩振动频率哪一个大，哪一个小，为什么？

$$\underset{(a)}{Cl-\overset{\overset{O}{\|}}{C}-Cl} \qquad \underset{(b)}{F-\overset{\overset{O}{\|}}{C}-F}$$

9. 下列哪一个化合物 $\nu_{C=O}$ 吸收带在高频率？为什么？

(a) 苯甲醛   (b) 4-二甲氨基苯甲醛

10. KBr 压片制样有时会造成谱图基线倾斜，为什么？什么样的固体样品不适合采用 KBr 压片制样？

11. 乙烷 C—H 键，$k=5.1\text{N/cm}$，计算乙烷 C—H 键的振动频率（cm^{-1}）。

12. 在烷烃中，C—C、C=C、C≡C 各自伸缩振动吸收谱带范围如下，C—C 1200～800cm^{-1}　C=C 1667～1640cm^{-1}　C≡C 2660～2100cm^{-1} 请以它们的最高值为例，计算一下单键、双键、三键力常数 k 之比。

13. 某化合物分子式为 $C_8H_8O_2$，IR 谱图如下，推测其结构。

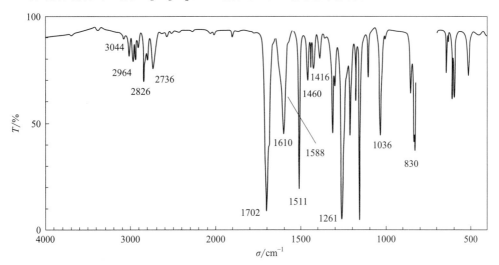

14. 有一经验式为 C_3H_6O 的液体，其红外光谱图如下，试分析可能是哪种结构的化合物。

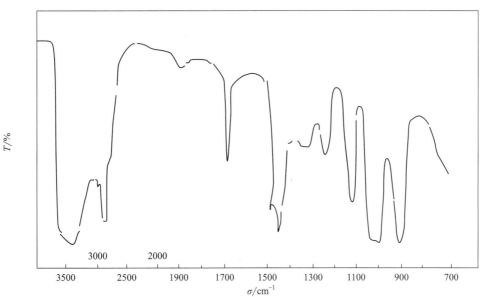

项目三 原子吸收光谱法

一、原子吸收分光光度仪原理

1. 原子吸收光谱的产生

原子吸收光谱法（atomic absorption spectrometry，AAS）是基于被测元素基态原子在蒸气状态，对其原子共振辐射的吸收进行元素定量分析的方法。

原子是由原子核和绕核运动的电子组成的，原子核外电子按其能量的高低分层分布而形成不同的能级，因此，一个原子核可以具有多种能级状态。能量最低的能级状态称为基态（$E_0=0$），其余能级称为激发态能级，而能量最低的激发态则称为第一激发态。

正常情况下，原子处于基态，核外电子在各自能量最低的轨道上运动。如果将一定外界能量如光能提供给该基态原子，当外界光能量 E 恰好等于该基态原子中基态和某一较高能级之间的能级差 ΔE 时，该原子将吸收这一特征波长的光，外层电子由基态跃迁到相应的激发态，而产生原子吸收光谱。电子跃迁到较高能级以后处于激发态，但激发态电子是不稳定的，大约经过 10^{-8} s 以后，激发态电子将返回基态或其他较低能级，并将电子跃迁时所吸收的能量以光的形式释放出去，这个过程产生原子发射光谱。

由此可知，原子吸收光谱过程吸收辐射能量，而原子发射光谱过程则释放辐射能量。核外电子从基态跃迁至第一激发态所吸收的谱线称为共振吸收线，简称共振线。电子从第一激发态返回基态时所发射的谱线称为第一共振发射线。由于基态与第一激发态之间的能级差最小，电子跃迁概率最大，故共振吸收线最易产生。对多数元素来讲，共振线是所有吸收线中最灵敏的，在原子吸收光谱分析中通常以共振线为测定线。

2. 原子吸收光谱轮廓

一束频率为 ν 强度为 I_0 的光通过厚度为 L 的原子蒸气，部分光被吸收，部分光被透过，透过光的强度 I_ν 服从朗伯定律

$$I_\nu = I_0 \mathrm{e}^{-k_\nu L} \tag{2-3-1}$$

式中，k_ν 是基态原子对频率为 ν 的光的辐射吸收系数。不同元素原子吸收不同频率的光。透过光强度与吸收光频率的关系，如图 2-3-1。

由图 2-3-1 可知，在频率 ν_0 处透过光强度最小，即吸收最大。

若将吸收系数 k 对频率 ν 作图，所得曲线为吸收线轮廓（如图 2-3-2）。原子吸收线轮廓以原子吸收谱线的中心频率 ν_0（或中心波长）和半宽度 $\Delta\nu$ 表征。中心频率 ν_0 由原子能级

决定。半宽度是中心频率位置，吸收系数极大值 k_0 一半处，谱线轮廓上两点之间频率或波长的距离。

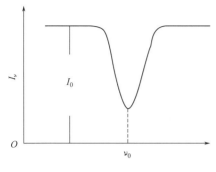

图 2-3-1　I_ν 与 ν 的关系

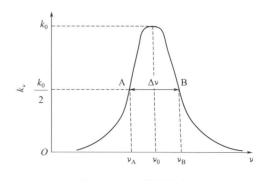

图 2-3-2　吸收线轮廓

谱线具有一定的宽度，主要有两方面的因素：一方面是由原子性质所决定的，例如，自然宽度；另一方面是外界影响所引起的，例如，多普勒变宽、压力变宽等。

（1）自然宽度　没有外界影响，谱线仍有一定的宽度，称为自然宽度。它与激发态原子的平均寿命有关，平均寿命越长，谱线宽度越窄。不同谱线有不同的自然宽度，多数情况下约为 10^{-5} nm。

（2）多普勒变宽　辐射原子处于无规则的热运动状态，因此，辐射原子可以看作运动的波源。这一不规则的热运动与观测器之间形成相对位移运动，从而发生多普勒效应，使谱线变宽。这种谱线的所谓多普勒变宽，是由热运动产生的，所以又称为热变宽，一般可达 10^{-3} nm，是谱线变宽的主要因素。

（3）压力变宽　由于辐射原子与其他粒子（分子、原子、离子和电子等）间的相互作用而产生的谱线变宽，统称为压力变宽。压力变宽通常随压力增大而增大。在压力变宽中，凡是同种粒子碰撞引起的变宽叫 Holtzmark（霍尔兹马克）变宽；凡是由异种粒子引起的变宽叫 Lorentz（洛伦茨）变宽。

此外，外电场或磁场作用，能引起能级的分裂，从而导致谱线变宽，这种变宽称为场致变宽。

（4）自吸变宽　由自吸现象而引起的谱线变宽称为自吸变宽。空心阴极灯发射的共振线被灯内同种基态原子所吸收，产生自吸现象，从而使谱线变宽。灯电流越大，自吸变宽越严重。

二、原子吸收分光光度仪结构

原子吸收法所使用的分析仪器称为原子吸收光谱仪或原子吸收分光光度计。目前国内外生产的原子吸收分光光度计的类型和品种很多。虽然不同类型和品种的原子吸收分光光度计的具体结构有许多差异，但是设计所依据的基本原理及基本要求是一致的。原子吸收分光光度计主要有单光束和双光束两种类型，其基本构造原理如图 2-3-3 所示。由图可见，如果将原子化器看作是分光光度计中的比色皿，则其仪器的构造原理与一般的分光光度计是类似的，即一般由光源、原子化系统、光学系统及检测系统四个主要部分组成。

1. 光源

光源的作用是发射出能为被测元素吸收的特征波长谱线。对光源的基本要求是：发射的

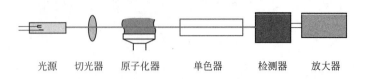

(a) 单光束原子吸收光谱仪结构示意图

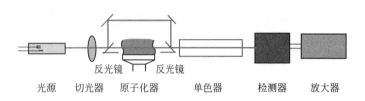

(b) 双光束原子吸收光谱仪结构示意图

图 2-3-3　原子吸收分光光度计构造图

特征波长的半宽度要明显小于吸收线的半宽度，辐射强度大，背景低，稳定性好，噪声小以及使用寿命长。由于原子吸收谱线很窄（0.002～0.005nm），并且每一种元素都有自己特征谱线，故原子吸收光谱法是一种选择性很好的分析方法。

原子吸收光谱法使用的是锐线光源，且每一种可测定元素都要有其特征波长的锐线光源，因此原子吸收光谱仪需要配备多种发射不同波长的光源灯。

蒸气放电灯、无极放电灯和空心阴极灯都能满足上述要求。但是前两者只能应用于某几种元素，而空心阴极灯几乎可以应用于可测定的所有元素，并且也是目前应用最为广泛的光源灯。

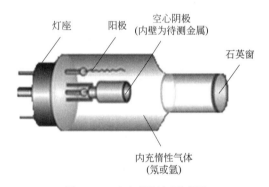

图 2-3-4　空心阴极灯示意图

空心阴极灯又称元素灯，是原子吸收分析中最常用的光源灯，其结构如图 2-3-4 所示。有一个阳极和一个空心圆筒形阴极，两电极密封于充有低压（0.1～0.7kPa）惰性气体的带有光学窗口（波长在 350nm 以下用石英，波长在 350nm 以上则用光学玻璃）的玻璃壳中。

2．原子化器

在原子吸收光谱仪中常用的原子化技术有两种：火焰原子化和电热原子化。此外还有一些特殊的原子化技术如氢化物原子化法、冷原子蒸气原子化等。

(1) 火焰原子化　火焰原子化器的功能是提供能量，使试样干燥、蒸发和原子化。入射光束在这里被基态原子吸收，因此也可把它视为"吸收池"。

火焰原子化器必须具有足够高的原子化效率，良好的稳定性和重现性，操作简单及低的干扰水平等特点。其结构如图 2-3-5 所示。

火焰原子化法中，常用的是预混合型原子化器，由雾化器、雾化室和燃烧器三部分组成。

① 雾化器。原子吸收法中所采用的雾化器是一种气压式，将试样转化成气溶胶的装置。典型的雾化器结构如图 2-3-6 所示。

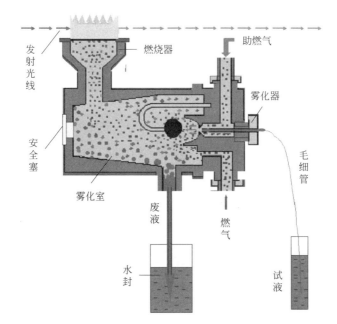

火焰原子吸收分光光度计原理

图 2-3-5　火焰原子化器结构示意图

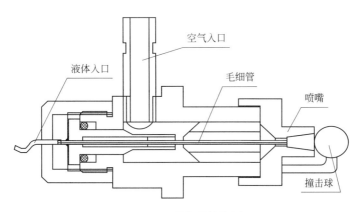

图 2-3-6　雾化器结构图

当气体从喷雾器喷嘴高速喷出时，试液变成细雾。雾粒越细、越多，在火焰中生成的基态自由原子就越多，原子化效率越高。目前，应用最广的是气动同心型喷雾器。喷雾器喷出的雾滴碰到玻璃撞击球上，可被撞碎，产生进一步细化作用。目前，喷雾器多采用不锈钢、聚四氟乙烯或玻璃等制成。

② 雾化室。雾化室的作用主要是去除大雾滴，并使燃气和助燃气充分混合，以便在燃烧时得到稳定的火焰。其中的扰流器可使雾滴变细，同时可以阻挡大的雾滴进入火焰。一般的喷雾装置的雾化效率为 5%～15%。

③ 燃烧器。试液的细雾滴进入燃烧器，在火焰中经过干燥、熔化、蒸发和离解等过程后，产生大量的基态自由原子及少量的激发态原子、离子和分子。通常要求燃烧器的原子化程度高、火焰稳定、吸收光程长、噪声小等。燃烧器有单缝和三缝两种。燃烧器的缝长和缝宽，应根据所用燃料确定。目前，单缝燃烧器应用最广。

燃烧器多为不锈钢制造。燃烧器的高度应能上下调节，以便选取适宜的火焰部位测量。为了改变吸收光程，扩大测量浓度范围，燃烧器可旋转一定角度。

(2) 电热原子化　火焰原子化的主要缺点是雾化效率低，仅有约 10% 的试液进入火焰被原子化，而其余约 90% 的试液都作为废液由废液管排出，因而其原子化效率也不高。显然，这样低的原子化效率成为提高原子吸收法检测灵敏度的一大障碍。而电热原子化方式可以使这一问题得到大大改善，使灵敏度提高了几个数量级，检出限可达 10^{-14} g，因而得到较多的应用。电热原子化器常用的是石墨炉原子化器，如图 2-3-7 所示。

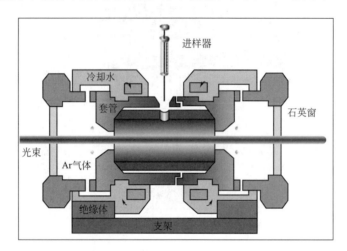

图 2-3-7　石墨炉原子化器示意图

石墨炉原子化器是将一支长 28～50mm、外径 8～9mm、内径 5～6mm 的石墨管用电极夹固定在两个电极之间，管的两端开口，安装时使其轴线刚好与光路重合，使光束由此经过，以便置于其间的样品被原子化之后所产生的基态原子蒸气对其产生吸收。石墨管壁一侧有三个直径 1～2mm 的小孔，中间的一个作为进样孔，用以注入试样（液体或固体粉末）。为了防止石墨管氧化，需要自三个小孔不断通入惰性气体（氩气或氮气），排除空气的情况下使大电流（300A）通过石墨管实现原子化。两端以石英制成透光窗以使光束由此通过。管外有水冷套以使一次测定结束后能迅速将石墨管温度降至室温。

石墨炉原子化器采取程序升温的方式，分为干燥、灰化、原子化、净化四个步骤，由程序控制，自动进行，如图 2-3-8 所示。

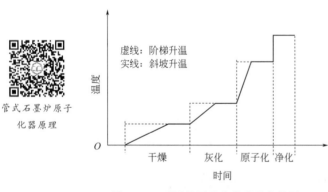

图 2-3-8　石墨炉原子化器升温曲线图

由两端的电极通电加热。可先通一小电流，在 100℃ 左右进行试样的干燥，以去除溶剂和试样中的易挥发杂质，防止溶剂的存在导致灰化和原子化过程中试样的飞溅；在 300～1500℃ 进行灰化，以进一步除去有机物和低沸点无机物等基体成分，减少基体对待测元素的干扰；然后升温，进行试样的原子化，原子化温度随被测元素而异，最高温度可达 2900℃ 左右。每次进样量，液体 5～100μL，固体 20～40μg。待测元素在极短时间内即被充分原子化并产生吸收信号，由快速响应的记录器加以记录。测定完成后，需在下一次进样之前，将石墨管加热到 3000℃ 左右的高温进行除残，挥发掉前一试样所遗留的成分，从而减少或除去前一试样对后一试样产生的记忆效应。

石墨炉原子化器的升温方式分为如图 2-3-8 所示的阶梯式和斜坡式。后者能使试样更有效灰化，减少背景干扰，还能以逐渐升温的方式来控制化学反应速度，对测定难挥发性元素更为有利。

(3) 其他原子化技术　对于砷、硒、汞等及其他一些特殊元素，可以利用较低温度下的某些化学反应来使其原子化。

① 氢化物原子化法。氢化物原子化法也称氢化物发生法。这种方法是"低温"原子化法的一种，主要用来测定 As、Sb、Bi、Sn、Ge、Se、Te 及 Pb 这 8 个在常温下经过化学反应可以形成氢化物的元素，Cd 和 Zn 形成气态组分，Hg 形成原子蒸气。当上述元素在较低温度下于酸性介质中与强还原剂硼氢化钠（钾）反应时，生成了气态的氢化物。例如：

$$AsCl_3 + 4NaBH_4 + HCl + 8H_2O = AsH_3 + 4NaCl + 4HBO_2 + 13H_2\uparrow$$

将此氢化物导入原子化系统中即可进行原子吸收光谱测定。因此，这类方法的实验装置包括氢化物发生器和原子化装置两个部分。

氢化物发生法由于还原转化为氢化物时的效率高，生成的氢化物可在较低的温度（一般为 700~900℃）原子化，且氢化物生成的过程本身又同时是个分离过程，因而此法具有高灵敏度（砷、硒的检测限可达 1ng）、较少的基体干扰和化学干扰等优点。

② 冷原子化法。该法也称为冷原子吸收法。此法首先是将试液中的汞离子用氯化亚锡或盐酸羟胺还原为单质汞，然后利用其沸点低的特性用空气流将汞蒸气带入具有石英窗的气体吸收管中完成原子吸收光谱测定。本法的灵敏度和准确度都较高（可检出 0.01μg 的汞），是测定痕量汞的好方法。

三、原子吸收分光光度仪操作

以岛津 AA-6880 原子吸收光谱仪为例，原子吸收分光光度仪的操作如下：

1. 开机步骤

① 分别打开 AA-6880 主机、GFA-6880、ASC-6880 的电源。
② 分别打开空压机电源（压力 0.35MPa）、冷却水循环机电源。
③ 分别打开乙炔气、氩气的主阀。（乙炔设置为 0.09MPa，氩气设置为 0.35MPa，由于管道内有气体，刚开机时管道压力表的值大于设定压力属于正常。）
④ 打开计算机上的 WizAArd 软件。点击【操作】【测量】，弹出登录窗口，输入登录 ID：admin。点击【确定】。弹出元素向导选择窗口，点击【取消】。
⑤ 联机：点击菜单【仪器】【连接】，仪器开始初始化检查。
⑥ 自动初始化选项无需操作，如图 2-3-9 所示。

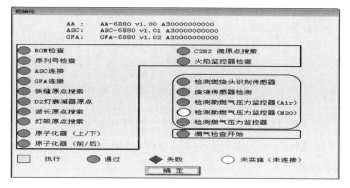

图 2-3-9　AA-6880 软件初始化窗口

⑦ 自动初始化结束，出现调节气体窗口，设定好燃气和助燃气压力后，点击【关闭】，如图 2-3-10 所示。

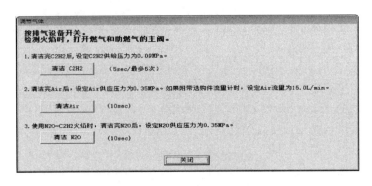

图 2-3-10　AA-6880 软件调节气体窗口

⑧ 手动初始化检查项目，按照仪器出现的提示，依次完成下面的步骤，完整初始化检查（每月做一次）：

是—（提盖子）确定—（放盖子）确定—确定—否—确定—检测—确定—确定；按照仪器出现的提示，依次完成下面的步骤，简易初始化检查（每次开机都做）：

否—确定—否—确定—检测—确定—确定。

⑨ 火焰日常检查项目项逐项打钩，并确定，如图 2-3-11 所示。

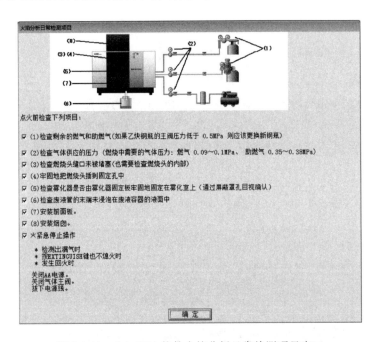

图 2-3-11　AA-6880 软件火焰分析日常检测项目窗口

⑩ 仪器进入 8min 漏气检查阶段，在此期间，仪器不能点火。

⑪ 8min 后，弹出【未检测到漏气】窗口，点击【确定】。

2．火焰法操作步骤

① 联机成功后，点击菜单：【参数】【元素选择向导】，如图 2-3-12 所示。

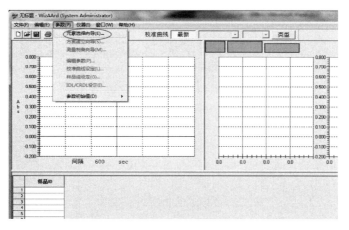

图 2-3-12　AA-6880 软件元素选择向导窗口

② 弹出元素选择窗口，点击【选择元素】，如图 2-3-13 所示。

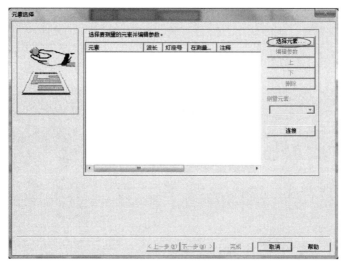

图 2-3-13　AA-6880 软件元素选择窗口

③ 在下拉菜单或者【周期表】里选择需要测量的元素。选择【火焰连续法】，选择【普通灯】，并点击【确定】，如图 2-3-14 所示。

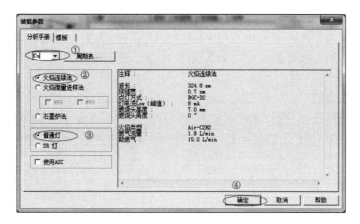

图 2-3-14　AA-6880 软件装载参数窗口

④ 点击【完成】，如图 2-3-15 所示。

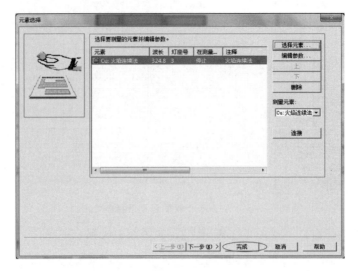

图 2-3-15　AA-6880 软件元素选择完成窗口

⑤ 点击菜单中的【参数】【编辑参数】，如图 2-3-16 所示。

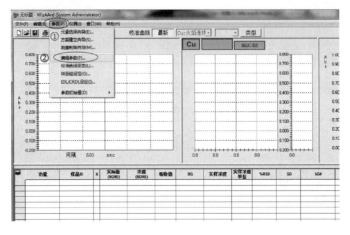

图 2-3-16　AA-6880 软件编辑参数窗口

⑥ 在【光学参数】里，点击【谱线搜索】，如图 2-3-17 所示。
⑦ 等待谱线搜索和光束平衡均出现"OK"，点击【关闭】关闭窗口，如图 2-3-18 所示。
⑧ 进入【重复测定条件】窗口，设定重复次数、最大重复次数和 RSD 界限分别为 2、3、7，如图 2-3-19 所示。
⑨ 在【测量参数】里，设置重复次序为 SM-M-M-，如图 2-3-20 所示。
⑩ 点击【校准曲线参数】：设置浓度单位，并确定，如图 2-3-21 所示。
⑪ 点击【参数】【样品组设定】。在该窗口设定实样浓度单位，并确定，如图 2-3-22 所示。
⑫ 在工作表里分别设定好 AUTOZERO（自动调零），BLK（试剂空白），STD（标准样品），UNK（未知样品），如图 2-3-23 所示。
注：设置完第一个 STD 后跳出一个窗口，点击【确定】。

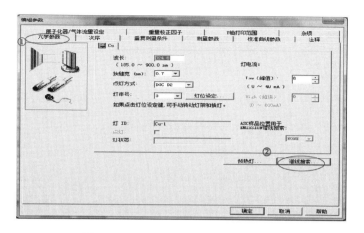

图 2-3-17　AA-6880 软件光学参数窗口

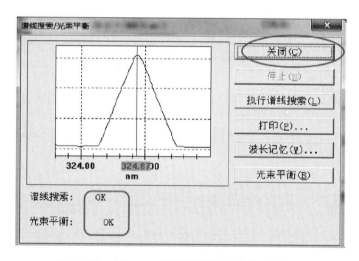

图 2-3-18　AA-6880 软件谱线搜索/光束平衡窗口

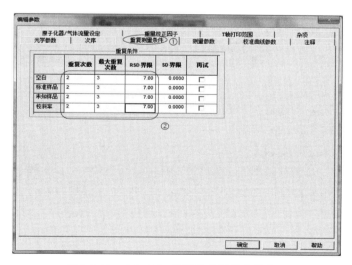

图 2-3-19　AA-6880 软件重复测量条件窗口

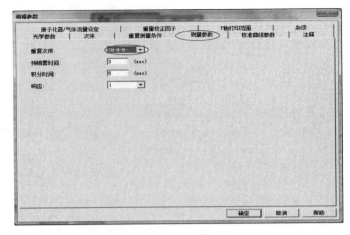

图 2-3-20　AA-6880 软件测量参数窗口

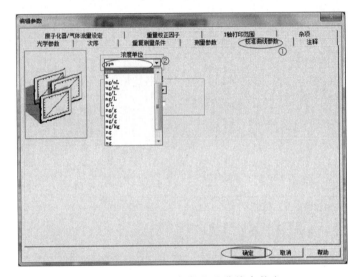

图 2-3-21　AA-6880 软件校准曲线参数窗口

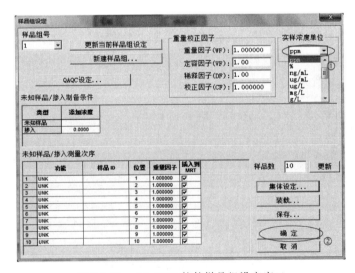

图 2-3-22　AA-6880 软件样品组设定窗口

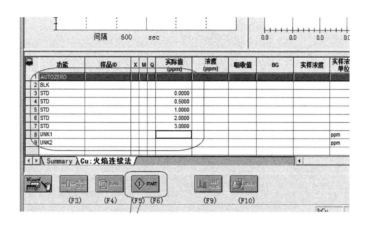

图 2-3-23　AA-6880 软件工作表窗口

⑬ 同时按下仪器面板上两个点火键（PURGE 和 IGNITE），点燃火焰，燃烧头预热 15min。放置纯水到吸样口，点击【START】开始测量。并按次序放入对应的试样后，观察仪器读数稳定后，点击【START】。注意：每次进样完高浓度样品后，请用纯水冲洗吸样口，并点击【自动调零】。

⑭ 测量结束后，按仪器前面的粉色熄火键（EXTINGUISH），仪器熄火。

⑮ 文件保存：点击【文件】【另存为】，将文件保存在电脑里的文件夹里，文件默认格式为 aa 格式。也可以将设置的参数保存为模板，方便下次调用该模板，保存格式为 taa 格式，如图 2-3-24 所示。

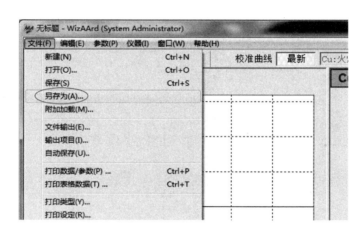

图 2-3-24　AA-6880 软件样品保存窗口

⑯ 打印类型设置：点击【文件】【打印类型】。根据需要【设定打印类型】和【细节】，将需要打印的项目勾选，并确定，如图 2-3-25 所示。

⑰ 文件打印：点击【文件】【打印数据/参数】，或者点击【打印表格数据】，选择实验类型，点击【确定】，完成打印，如图 2-3-26 所示。

3. 石墨炉法操作步骤

① 联机成功后，拿掉烟囱，将自动进样器（ASC）推到右边，锁死，点击【参数】【元素选择向导】如图 2-3-27 所示。

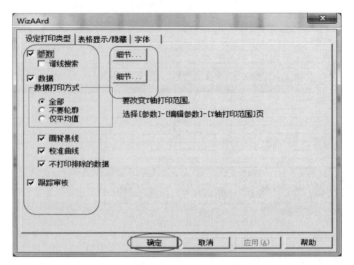

图 2-3-25　AA-6880 软件样品打印窗口

图 2-3-26　AA-6880 软件打印表格数据窗口

图 2-3-27　AA-6880 软件元素选择向导窗口

② 弹出元素选择窗口，点击【选择元素】，如图 2-3-28 所示。

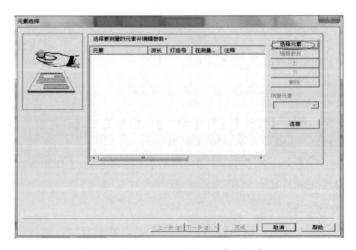

图 2-3-28　AA-6880 软件元素选择窗口

③ 在下拉菜单或者周期表里选择需要测量的元素。选择【石墨炉法】，选择【普通灯】，【使用 ASC】选项打勾，并点击【确定】，如图 2-3-29 所示。

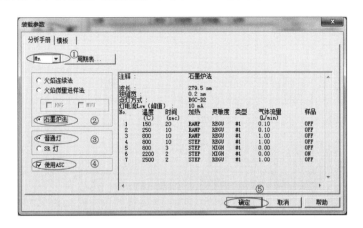

图 2-3-29　AA-6880 软件装载参数窗口

④ 点击【完成】（暂时不要下一步），如图 2-3-30 所示。

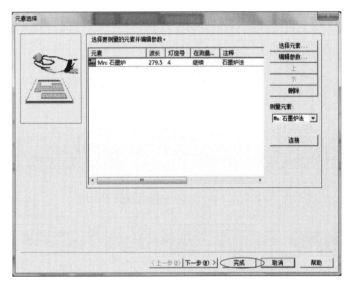

图 2-3-30　AA-6880 软件元素选择完成窗口

⑤ 点击【参数】里的【编辑参数】，如图 2-3-31 所示。
⑥ 在【光学参数】里，点击【谱线搜索】，如图 2-3-32 所示。
⑦ 等待谱线搜索和光束平衡均出现 OK，点击【关闭】关闭谱线搜索窗口，如图 2-3-33 所示。
⑧ 点击【校准曲线参数】，设置浓度单位，并点击【确定】，如图 2-3-34 所示。
⑨ 点击【参数】【样品组设定】，如图 2-3-35 所示。
⑩ 设定实样浓度单位，样品体积，点击【确定】，如图 2-3-36 所示。
⑪ 在工作表里的【功能】列分别设定好 AUTOZERO（自动调零）、BLK（试剂空白）、STD（标准样品）、UNK（未知样品），在【实际值】列输入标准样品的实际浓度值，在【位置】列输入各个样品放置在自动进样器中的位置号码，根据标准样品 STD 的浓度值，计

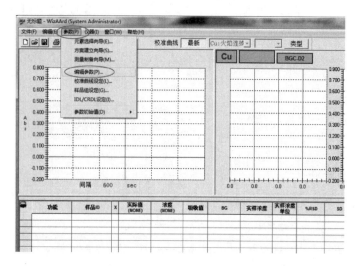

图 2-3-31　AA-6880 软件编辑窗口

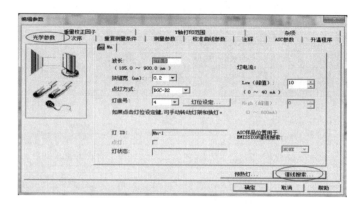

图 2-3-32　AA-6880 软件谱线搜索窗口

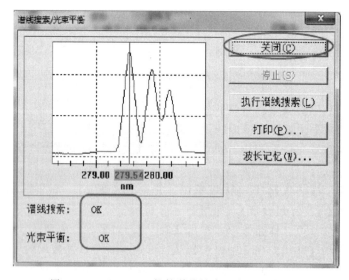

图 2-3-33　AA-6880 软件谱线搜索和光速平衡窗口

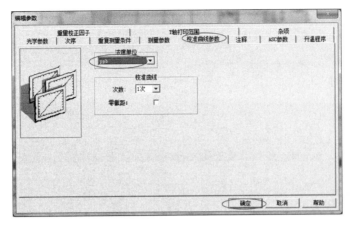

图 2-3-34　AA-6880 软件标准曲线参数窗口

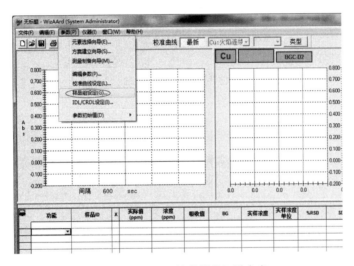

图 2-3-35　AA-6880 软件样品组设定窗口 1

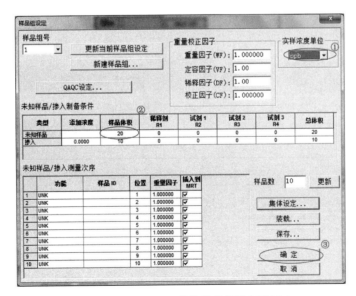

图 2-3-36　AA-6880 软件样品组设定窗口 2

算并输入每行样品体积和稀释剂体积，确保总体积为 $20\mu L$。

注：设置完第一个 STD 后跳出一个窗口，点击【确定】，如图 2-3-37 所示。

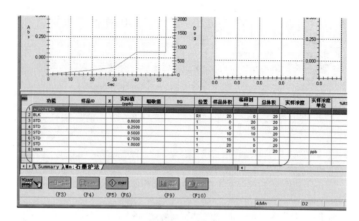

图 2-3-37　AA-6880 软件工作表窗口

⑫ 调整石墨炉管口位置。

a. 拧松石墨炉导轨螺丝，点击【仪器】【石墨炉喷嘴位置】【确定】【确定】【确定】，如图 2-3-38 所示。

图 2-3-38　AA-6880 软件自动进样器调节窗口

b. 检查自动进样器喷嘴位置，进样管移动到石墨炉上方，通过【向上移动】和【向下移动】按键，调节 ASC 位置调节旋钮，使喷嘴处于注入孔中心，通过小镜子观察到喷嘴距离注入孔底部约 1mm 时，小心拧紧导轨固定螺丝，点击【确定】【确定】，喷嘴位置调节完毕，如图 2-3-39 所示。

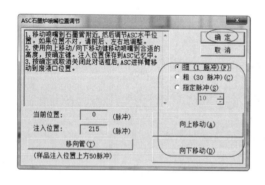 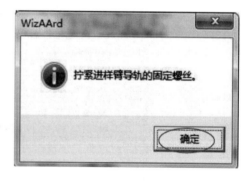

图 2-3-39　AA-6880 软件石墨炉喷嘴位置调节窗口

⑬ 实验测量，每次正常测量之前请在该模式下测量数次，确保吸光度稳定（该数据仅供参考，不保存），确保仪器工作正常，关闭该窗口，如图 2-3-40 所示。

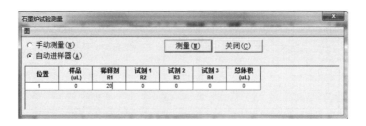

图 2-3-40　AA-6880 软件石墨炉试验测量窗口

手动测量模式下，点击【测量】，ASC 不动，如果石墨炉升温测量值很小，说明石墨管无污染。

自动进样器模式下，设置进样纯水 $20\mu L$，点击【测量】用 ASC 进样纯水，如果测量值很小，说明纯水无污染。

⑭ 正常测试，点击开始【START】【确定】，开始测量，如图 2-3-41 所示。

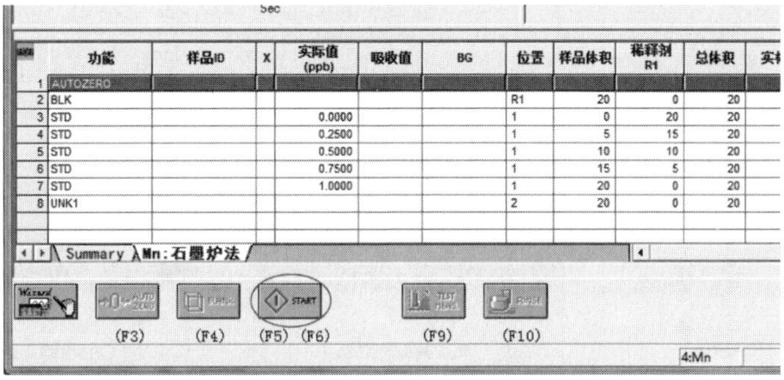

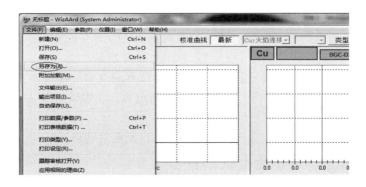

图 2-3-41　AA-6880 软件测量窗口

⑮ 测量结束后，点击【文件】【另存为】，将文件保存在电脑的文件夹里，文件默认格式为 aa 格式。也可以将设置的参数保存为模板，方便下次调用该模板，保存格式为 taa 格式，如图 2-3-42 所示。

图 2-3-42　AA-6880 软件测量结果保存窗口

⑯ 打印类型设置：点击【文件】【打印类型】，根据需要设置打印类型，将需要打印的项目打勾，并确定，如图 2-3-43 所示。

图 2-3-43　AA-6880 软件测量数据打印窗口　　　图 2-3-44　AA-6880 软件石墨炉打印窗口

⑰ 然后点击【打印数据/参数】，或者点击【打印表格数据】选择实验类型，点击【确定】，完成打印，如图 2-3-44 所示。

4. 关机步骤

① 如果乙炔管道没有余气，直接执行步骤 6；如果乙炔管有余气，首先在火焰状态下，同时按下两个点火键（PURGE 和 IGNITE），点燃 $Air-C_2H_2$ 火焰。

② 选择菜单栏的【仪器】【余气燃烧】。

③ 如果显示以下信息，确认后单击【确定】，如图 2-3-45 所示。

  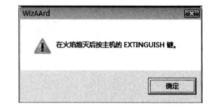

图 2-3-45　AA-6880 软件　　　图 2-3-46　AA-6880 软件　　　图 2-3-47　AA-6880 软件
　　余气燃烧窗口　　　　　　　　　关气窗口　　　　　　　　　　关机窗口

④ 如果显示以下信息，关闭乙炔气体的主阀，然后单击【确定】，如图 2-3-46 所示。充分排放出乙炔气体后，火焰熄灭。

⑤ 观察乙炔压力表到零，按下仪器上的熄火键（EXTINGUISH）。助燃气（空气）从燃烧头停止放出。点击下面窗口的【确定】，如图 2-3-47 所示。

⑥ 点击【仪器】【连接】【确定】【确定】，断开仪器和电脑的连接。关闭软件。

⑦ 关闭 AA-6880、GFA-6880、ASC-6880 仪器电源。（如果 ASC-6880 喷嘴没有复位，手动将 ASC-6880 喷嘴复位到清洗槽）。

⑧ 关闭冷水机，关闭氩气，关闭空压机（空压机断电后须排气）。

四、原子吸收分析测定条件的优化

在进行原子吸收分光光度计分析时，为了获得较好的灵敏度、重现性和准确的测定结果，对测定条件的选择也非常重要。

1. 分析吸收线的选择

每种元素的基态原子都有若干条吸收线，为了在测定中获得较高的灵敏度，通常选用其中的最灵敏线（共振吸收线）作为测定分析吸收线。但有时当测定浓度较高时，或为了避免邻近光谱线的干扰，也可以选择次灵敏线（非共振吸收线）作为分析吸收线。例如，试样中铷的测定，其最佳测定灵敏线为780.0nm，但为了避免钠、钾的干扰，可选用次灵敏线794.0nm作为测定吸收线；在测定As、Se、Hg等元素时，其共振线处于远紫外区，此时火焰的吸收很强烈，因而不宜选用这些元素的共振线作为分析线。有时即使共振线不受干扰，在实际工作中，也未必选用共振线。例如在分析高浓度样品时，为了保证工作曲线的线性范围，选择次灵敏线作为分析线也是不错的选择。最适宜的分析线的选择，应视具体情况通过多次的试验加以确定。表2-3-1列出了常用的元素分析线，供参考选用。

表2-3-1 原子吸收分光光度法中常用的元素分析线

元素	灵敏线	次灵敏线	元素	灵敏线	次灵敏线
Ag	328.1	338.3	Er	400.8	415.1,381.0,393.7,397.4
Al	309.3	308.2,309.3,394.4,396.2	Eu	459.4	311.1,321.1,462.7,466.2
As	189.0	193.7,197.2	Fe	248.3	208.4,248.6,252.3,302.1
Au	242.8	267.6,274.8,312.3	Ga	287.4	294.4,403.3,417.2
B	249.7	249.8	Gd	368.4	371.4,371.7,378.3,407.9
Ba	553.5	270.3,307.2,350.1,388.9	Ge	265.2	259.3,271.0,275.5
Be	234.9	313.0,313.1	Hf	307.3	286.6,290.4,302.1,377.8
Bi	223.1	206.2,222.8,227.7,306.8	Hg	185.0①	253.7
Ca	422.7	239.4,272.2,393.4,396.8	Ho	410.4	405.4,410.1,412.7,417.3
Co	240.7	242.5,304.4,352.7,252.1	In	303.9	256.0,325.6,410.5,451.1
Cr	357.9	359.3,360.5,425.4,427.5	Ir	264.0	263.9,266.5,285.0,237.3
Cs	852.1	894.4,455.5,459.3	K	766.5	404.4,404.7,769.9
Cu	324.8	216.5,217.9,218.2,327.4	La	550.134	357.4,392.8,407.9,495.0
Dy	421.2	419.5,404.6,394.5,394.5	Li	670.8	274.1,323.3
Mg	385.2	279.6,202.6,230.3	Lu	336.0	308.1,328.2,331.2,356.8
Mn	279.5	222.2,280.1,403.3,403.4	Se	196.1	204.0,206.2,207.5
Mo	313.3	317.0,319.4,386.4,390.3	Si	251.6	250.7,251.4,252.4,252.9
Na	589.0	330.2,330.3,589.6	Sm	429.7	476.0,520.1,528.3
Nb	334.4	334.9,358.0,408.0,412.4	Sn	224.6	235.4,286.3
Nd	463.4	468.4,489.7,492.5,562.1	Sr	460.7	242.80,256.9,293.2,407.8
Ni	232.0	231.1,231.1,233.7,323.2	Ta	271.5	255.9,264.7,277.6
Os	290.9	305.9,790.1	Tb	432.6	390.1,431.9,433.8
Pb	217.0	202.2,205.3,283.3	Te	214.3	225.9,238.6
Pd	247.6	244.8,276.3,340.5	Ti	364.2	319.0,363.5,365.3,399.7
Pr	495.1	491.4,504.6,513.3	Tl	276.8	231.6,238.0,258.0,377.6
Pt	265.9	214.4,248.7,283.0,306.5	U	351.5	355.1,358.5,394.4,415.4
Rb	780.0	420.2,421.6,794.8	V	318.4	382.9,318.5,437.9
Re	346.0	345.2,242.8,346.5	W	255.1	265.7,268.1,294.7
Rh	343.5	339.7,350.3,369.2,370.1	Y	407.8	410.2,412.8,414.3
Ru	349.9	372.8,379.9	Yb	398.799	266.5,267.2,346.4
Sb	217.6	206.8,212.7,231.1	Zn	213.9	202.6,206.2,307.2
Sc	391.2	327.0,290.7,402.0,402.4	Zr	360.2	301.2,303.0,354.8

① 为真空紫外线，通常条件下不能应用。

2. 光谱通带宽度的选择

光谱通带宽度实际上是指狭缝的宽度。光谱通带选择的原则以吸收附近无干扰谱线存在并能够分开最近的非共振线为宜。适当放宽狭缝宽度,可以增加测量的能量,提高信噪比和测定的稳定性;而过小的光谱通带使可利用的光强度减弱,不利于测定。在保证有一定强度的情况下,光谱通带应适当调窄一些,一般在 0.5～4nm 选择。

合适的光谱通带宽度可以通过实验的方法确定。具体方法是:逐渐改变单色器的狭缝宽度,直至使检测器输出信号最强,即吸光度最大为止。当然,还可以根据文献资料进行确定。测定每一种元素都需要选择合适的通带,对谱线复杂的元素,如 Fe、Co、Ni 等就要采用较窄的通带,否则,会使工作曲线线性范围变窄。不引起吸光度减小的最大光谱通带宽度,即为合适的光谱通带宽度。

3. 空心阴极灯电流的选择

空心阴极灯的发射特征与灯电流有关,一般为了获得稳定的特征波长,在正式测定前空心阴极灯要预热 10～30min。

空心阴极灯性能参数表中所给出的最大电流,系指可以应用的最大平均电流。在应用调制波形时,峰值电流应限制在 4 倍最大电流范围之内。使用峰值电流高于电流最大值将严重缩短灯的寿命或引起永久性损坏。灯的工作电流应是光强度、信噪比和灯的寿命的最佳组合值,虽然对于一些元素,在较高电流下可以提供稍好的信噪比和较低的检出限,但这必然引起分析灵敏度的损失和灯的寿命的减少。

4. 原子化条件的选择

(1) 火焰原子化条件的选择

火焰的类型不同,其最高温度(见表 2-3-2)及对光的透过性(见表 2-3-3)均不相同。测定不同的元素,应选用不同的火焰类型。

表 2-3-2 常用的火焰类型及其最高温度

火焰类型	最高温度/℃	火焰类型	最高温度/℃
空气-乙炔	2500	空气-氢气	2373
氧化亚氮-乙炔	2990	空气-丙烷	2198

表 2-3-3 不同火焰对 As 在 193.7nm 处的吸收

火焰	吸收率	火焰	吸收率
空气-乙炔(氧化性)	0.72	空气-氢气	0.36
空气-乙炔(化学计量性)	0.64	氩气-氢气	0.09
空气-乙炔(还原性)	0.56		

空气-乙炔火焰是目前应用最广泛的一种火焰,燃烧稳定、重复性好、噪声低,除 Al、Ti、Zr、Ta 等之外,对多数元素都有足够的测定灵敏度。但不足之处是对波长在 230nm 以下的辐射有明显的吸收,特别是发亮的富燃火焰,由于存在未燃烧的碳粒,火焰发射和自吸收增强,噪声增大。

氧化亚氮-乙炔的主要特点是燃烧速度低,火焰温度高,适合容易形成难溶氧化物如 B、Be、Al、Sc、Y、Ti、Zr、Hf、Nb、Ta 等元素的测定。同时,氧化亚氮-乙炔火焰的温度高,可以减少测定某些元素时的化学干扰。例如用空气-乙炔火焰测定钙和钡时,磷酸盐有干扰，铝对测定镁有干扰；而用氧化亚氮-乙炔火焰时，100 倍磷也不干扰钙的测定，1000 倍的铝也不干扰镁的测定。

空气-氢气火焰由于温度低、背景小，特别是在 230nm 以下，火焰的自吸收较低，适用于共振线在这一波段的元素，如 Zn、Cd、Pb、Sn 等元素的测定。

空气-丙烷或岩石火焰是早期原子吸收光谱分析中常用的一种火焰，其特点是火焰燃烧速度较慢，火焰的温度较低，干扰效应较大。这种火焰主要用于生成化合物易于挥发和解离的元素的测定，如 Cd、Zn 等。

（2）燃气-助燃气比的选择 按火焰燃气和助燃气比例的不同，可将火焰分为三类：化学计量火焰、富燃火焰和贫燃火焰。

① 化学计量火焰。由于燃气与助燃气之比与化学反应计量关系相近，又称其为中性火焰。此火焰温度高、稳定、干扰小、背景低。

② 富燃火焰。燃气大于化学计量的火焰，又称还原性火焰。火焰呈黄色，层次模糊，温度稍低，火焰的还原性较强，适合于易形成难离解氧化物元素的测定。

③ 贫燃火焰。又称氧化性火焰，即助燃比大于化学计量的火焰。氧化性较强，火焰呈蓝色，温度较低，适于易离解、易电离元素的原子化，如碱金属等。

最佳燃助比的选择实验方法：一般是在固定助燃器的条件下，改变燃气流量，绘制吸光度和燃气流量的关系曲线（图 2-3-48）。吸光度大，而且又比较稳定时的燃气流量，就是最佳燃助比。

（3）燃烧器高度的选择 通过对燃烧器高度的选择控制光源光束通过火焰的区域。在火焰区内，自由原子浓度随火焰高度的分布是不同的，随火焰条件而变化。因此必须调节燃烧器的高度，使测量光束从自由原子浓度大的区域内通过，可以得到较高的灵敏度。

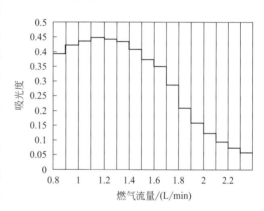

图 2-3-48 吸光度随燃气流量的变化曲线

（4）试样提升量的选择 试样提升量受吸入毛细管内径和长度以及压缩空气压强和样品的黏度等因素的影响，应仔细调节与选择。若吸入样品量太少，吸收信号弱，测量灵敏度下降，不便于测量；若吸入样品量太多，导致雾化效率下降，对火焰产生冷却效应。在实际工作中，应测定吸光度随进样量的变化，达到最满意的吸光度的进样量，即为应选择的进样量。

（5）非电热原子化条件的选择

① 石墨管的选择。目前常用的石墨管有：普通石墨管、热解石墨管和石墨管平台。可根据测定元素以及待测样品基体的复杂程度而选用。

a. 普通石墨管。这种石墨管最高使用温度为 3000℃，适用于一般中低温原子化的元素（如 Li、Na、K、Rb、Cs、Ag、Al、Be、Mg、Zn、Cd、Hg、Ga、In、Tl、Si、Ge、Sn、Pb、As、Sb、Bi、Se、Te 等）。普通石墨管由于具有碳活性，对于通过碳还原而原子化的元素（如 Ge、Si、Sn、Al、Ga、P）测定十分有利。但是，某些元素在高温下同石墨结合产生炭化物，具有很高的沸点并且难以解离，所以在测定这一部分元素时应尽量避免采用普通石墨管。同时，由于金属元素原子在炽热的石墨中有所损失，致使测定的灵敏度有所降低。

b. 热解石墨管。可显著提高中挥发元素（如 Cr、Ni 和 Fe）以及难挥发元素（如 Mo 和

V）的灵敏度，适用于易形成炭化物的元素（如 Ba、Ca、Co、Cr、Cu、Li、Mn、Mo、Ni、Pd、Pt、Rh、Sr、Ti、V 和稀土元素）的分析。这是因为热解石墨管表面超高密度的碳涂层大大抑制了炭化物的形成，同时使金属元素原子不能渗入石墨层，这样也增加了原子吸收测定的灵敏度。

c. 石墨管平台。考虑到管壁蒸发的温度不均匀性，L'vov 将全热解石墨片置于石墨管中，与管壁紧密接触，在加热石墨管时，平台由管内壁辐射加热置于平台上的样品。其加热时间是滞后的，因此，样品在平台上的蒸发和原子化也会滞后于常规石墨管壁的原子化过程。由于样品滞后加热，蒸发到温度高和稳定的气相中后（图 2-3-49），有利于待测元素原子化合与基体的分离，便于积分测量。所以石墨管平台适用于基体复杂的元素的分析。W. Slavin 等将 L'vov 平台实现了商品化，Perkin-Elmer 公司制作了商品化的热解石墨炉平台，见图 2-3-50。

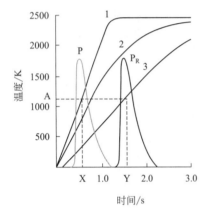

图 2-3-49　管壁和平台的蒸发曲线
1—管壁温度；2—其相温度；3—平台温度
P—管壁蒸发的峰；P_R—平台蒸发的峰

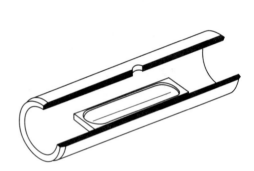

图 2-3-50　Perkin-Elmer 的热解石墨炉平台

② 升温方式和升温速率的选择。升温方式有阶梯和斜坡两种方式，选择的原则如下。

干燥阶段一般选择斜坡升温，可以避免干燥期间试样喷溅流失。对于多组分混合样品，干燥温度太高会使沸点组分过分受热而发生喷溅，干燥温度过低又会使高沸点组分蒸发不完全，到灰化时发生喷溅。另外温度陡然上升，往往使试样流散造成样品不集中，吸收灵敏度降低。而斜坡升温能克服这一缺点，它使多组分样品中的每一组分都受到加热，溶剂逐步蒸发，处理完全，斜坡升温还能避免一些黏度较大的样品"冒泡"。

灰化阶段一般选择斜坡升温，可以有效消除分子吸收的影响。在灰化阶段，采用阶梯式灰化程序，温度陡然上升，往往造成"灰化"损失（易挥发元素尤为严重），而且不能很好去除分子吸收因素，在原子化期间，使被测信号叠加有分子吸收信号，结果偏离。而采用斜坡升温就能在不同温度下有效地灰化不同组分，大大改善分子吸收因素的"残留"，分子吸收干扰被测信号得到有效消除。

原子化阶段使用阶梯升温还是斜坡升温方式，应根据背景吸收的大小去选择。阶梯方式在一般测量中使用，斜坡方式一般在背景吸收超过能扣除范围时采用，如待测元素和共存物质的蒸发温度几乎没有什么差别或共存物质的蒸发温度高于待测元素；在原子化阶段，当共存物质完全蒸发时待测元素部分蒸发时，采用斜坡升温方式可以分开共存物质的蒸发和待测元素的蒸发。这种分离效果可以通过降低升温速率而增强，降低共存物质的蒸发速度也能有效地降低背景吸收。

对于待测元素的干燥和灰化，一般采用较慢的升温方法（用电流或电压控制温度）。对于待测元素的原子化，最好采用快速升温方法（用光学温度控制方式，见图 2-3-51）。因为原子化加快有利于原子云密度的提高，从而提高灵敏度。用于原子化的温度不应超过所需的原子化温度，因为在较高的温度，吸收物质通过扩散而造成的损失将会增加。最理想的是采用"无限"快的升温速率升至刚超过所需的原子化温度。快速升温的主要优点是：

a. 降低原子化的温度，如图 2-3-52，铜采用超快速升温在温度为 2200℃ 达到最高灵敏度，而采用电压控制加热，2700℃ 还未达到最高灵敏度。

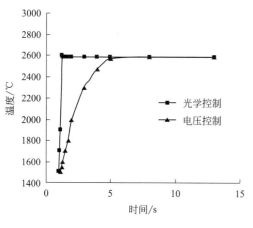 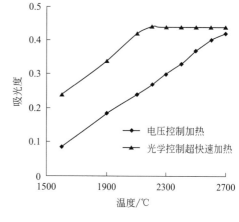

图 2-3-51　不同加热方式的温度轮廓　　　图 2-3-52　Cu（4ng）的原子化曲线

b. 对于难熔元素，快速升温可增加峰高和峰面积吸光度；而对于易挥发元素，快速升温提高峰高而降低峰面积。

c. 可以减少干扰效应。

③ 干燥温度和时间的选择。干燥的目的是除去试样中溶剂，包括水分，使试样在石墨管内壁形成一薄层细微的熔质结晶，防止试样在灰化和原子化阶段暴沸以及渗入石墨管壁的溶液突然蒸发引起的试样飞溅。通常对于水溶液，每微升试样在 100℃ 左右需 2～3s 才能蒸发。故通常选择的干燥时间为 80～120s。干燥阶段（斜坡方式）常出现的现象及其解决见表 2-3-4。

表 2-3-4　干燥阶段常出现的现象及其解决方法（斜坡方式）

现象	解决办法
在干燥阶段出现暴沸	如果暴沸发生在设定时间的前一半，则降低起始温度（每次 5℃），如果暴沸发生在设定时间的后一半，则降低最终温度（每次 5℃）。也可以在发生暴沸的温度多设一个干燥步骤
在灰化阶段发生暴沸	分别将起始温度和最终温度抬高 5℃，或者在最终温度后增加一个干燥步骤
在设定时间的前一半时间内干燥就完成了（这可通过观察干燥过程判断）	将起始温度和最终温度分别降低（每次 5℃），干燥时间也适当减少
通过改进干燥阶段克服了暴沸，但在随后阶段发生暴沸	采用不至于发生暴沸的上限干燥温度；以 10s 间隔延长干燥时间

④ 灰化温度和时间的选择。灰化的作用是蒸发共存有机物和低沸点无机物来减少原子化阶段的共存物和背景吸收的干扰。

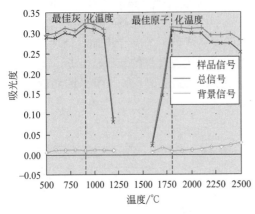

图 2-3-53 灰化原子化曲线图

灰化温度的选择通常通过实验来确定，根据吸收信号随温度的变化曲线（灰化曲线）来选定，如图 2-3-53 所示。选择的原则是在不损失待测元素的前提下，选择最高的温度（在实际应用中，考虑到石墨管状态差异，灰化温度应有所保留）。值得指出的是既要绘制标准溶液的灰化曲线，也要绘制样品溶液的灰化曲线，因为基体不同，灰化的最佳温度也可能是不同的，而后者实用意义更大。灰化时间的确定可在规定灰化温度下，仅改变灰化时间，借以观察不同灰化时间下被减少程度，以获得最佳的背景校正，起码应减少到背景校正器能准确校正的范围内。灰化阶段的效果和要点如下：

a. 应尽可能使用高的灰化温度，降低背景吸收，蒸发共存物质。

b. 除某些低熔点的元素外（如 Pb、Cd、Tl 等），灰化温度低于 500～600℃，一般不会引起待测元素的损失。

c. 待测元素的蒸发温度会随它的化学形态的改变而改变。

d. 灰化时间应该与试样体积成正比。

e. 如果待测元素以卤化物这种低蒸发温度形式存在，可把硝酸或过氧化氢等氧化剂加入试样溶液中，待测元素通常在灰化阶段转化成热稳定的氧化物，这样可以使用较高的灰化温度。

f. 当背景吸收主要由有机物质的烟雾引起时，应提高灰化温度或尽可能稀释样品溶液。

g. 当灰化效果经优化又仍然不能满足要求时，可考虑添加基体改进剂。

h. 灰化阶段（斜坡方式）常出现的现象及其解决方法见表 2-3-5。

表 2-3-5 灰化阶段（斜坡方式）常出现的现象及其解决办法

现象	解决方法
灰化阶段发生暴沸	以 10℃间隔降低终止温度；以 10s 间隔延长斜坡时间；稀释样品；减少进样体积
原子化阶段背景吸收超过校正的范围	以 10℃间隔提高灰化温度
灰化温度升高，当原子化阶段的背景吸收处可校正的范围使待测元素损失	将温度升到待测元素还没有开始损失的临界温度，并作以下工作：稀释试样，减少进样体积，灰化阶段通载气，加基体改进剂
灰化阶段的背景吸收回到基线前，原子化阶段即开始	以 10s 间隔延长灰化时间
灰化时间已延长到 99s，还出现灰化阶段的背景吸收回到基线前，原子化阶段即开始	增加一个灰化阶段；稀释试样；减少进样体积

⑤ 原子化温度和时间的选择。不同元素的原子化温度是不同的，而同种元素处于不同的基体成分中，它的原子化温度也会改变。最佳原子化温度是通过实验方法来确定的，即固

定其他条件不变，仅改变原子化温度，观察原子吸收信号的变化，并绘制原子化温度曲线（图 2-3-53），以选择吸收信号随温度变化而不变（或变化相对较小）的较低温度作为原子化温度。原子化时间应以能保证待测元素完全蒸发和原子化为原则，对于中低熔点的元素，原子化时间一般为 3～5s，对于高熔点元素，原子化时间一般为 5～12s。过高的温度和过长的时间会使石墨管的寿命缩短，但过低的温度和不足的原子化时间，也会使吸收信号降低，并使记忆效应增大。设定原子化条件的要点有：

a. 较高的原子化温度会使原子吸收信号的轮廓变锐，增加灵敏度。

b. 在分析 V、Cr 或 Mo 等高熔点元素时，原子化温度过低会造成原子化不完全、较低的原子吸收峰和较大的记忆效应。

c. 分析共振线处于长波范围（>400nm）的元素时，过高的原子化温度会造成石墨管辐射并使石墨碳粒飞溅而使基线不稳。

d. 原子化时间内吸收信号应回到基线。

e. 尽管在原子化阶段信号回到基线，但在清除阶段仍有较高的原子吸收值，这可能是石墨锥受到污染，应及时清洁石墨锥。

原子化阶段常出现的现象及其解决方法见表 2-3-6 和表 2-3-7。

表 2-3-6　原子化阶段（阶梯升温方式）常出现的症状及其解决办法

现象	解决办法
原子化吸收信号出现太早,重复测定精度差	以 100℃间隔降低温度
在清除阶段也出现原子化峰	以 100℃间隔升高温度或以 2s 间隔延长时间
即使使用最高温度和 15s 时间在清除阶段仍出现吸收信号	更换新的石墨管和石墨锥
在原子吸收信号回到基线前清除阶段就开始	以 2s 间隔延长时间
时间延长到 15s,仍出现在原子吸收信号回到基线前清除阶段就开始	以 100℃间隔升高温度;稀释样品;减少样品注入体积;原子化不停气;用其他类型的石墨管
背景吸收超过校正范围	通载气;减少样品注入体积
即使通载气和减少样品注入体积,背景吸收仍超过校正范围	稀释样品;通过前处理分解和消除有机物;通过加基体改进剂（升华剂）降低背景;改用斜坡升温方式

表 2-3-7　原子化阶段（斜坡升温方式）常出现的现象及其解决办法

现象	解决办法
背景吸收同原子吸收信号分不开,或背景吸收超过校正范围	以 2s 间隔延长时间或降低温度上升的斜率;调整开始和终止温度之差,且改变温度上升斜率
采取各个措施后,背景吸收同原子吸收信号仍分不开	处理分离和消除试样中的有机物;通过加基体改进剂（升华剂）降低背景

（6）净化温度和时间的选择　为了消除记忆效应，在原子化之后，增加一步净化操作，目的是将存在石墨管中的基体和未完全蒸发的待测元素除去，为下一次分析做好准备。净化温度一般应高于原子化温度 200～400℃，时间一般为 2～5s。

（7）载气类型和流量的选择　载气的作用是防止石墨管与石墨锥接触的氧化损耗，造成石墨表面疏松多孔，同时也保护热解的自由原子不再被氧化。目前，商品仪器大多采用高纯度的氩（如 99.996%）作为载气，这是由于氩气原子量大，扩散系数比氮气小，故灵敏度较高。商品仪器大多采取内外单独供气方式。外部供气在整个工作期间是连续不断的，流量较大，一般为 1～5L/min。但内部气体供应的流量一般较小，大多为 100～300mL/min。在原子化期间可以自动切断气源，以降低自由原子的扩散，提高测定的灵敏度。通常载气流量的控制随元素不同而异，要通过试验确定，一般来说，对易挥发元素，宜用小流量，会有较高的灵敏度；对难挥发元素，可适当增大流量。

值得指出的是许多仪器的内气流也提供灵活选择，比如在测定有机物含量高的样品时，在灰化阶段通入适当的氧气，可使有机物迅速完全分解，达到减低背景吸收的目的。

(8) 基体改进剂的选择　所谓基体改进剂，即往石墨炉中或试液中加入一种或一种以上化学物质，使基体形成易挥发化合物并在原子化前驱除，或使待测元素在基体挥发前原子化，或降低待测元素的挥发性以防止灰化过程的损失，从而避免待测元素的共挥发。

基体改进剂已广泛应用于石墨炉原子吸收测定生物和环境样品的痕量金属元素及其化学形态。目前有无机试剂、有机试剂和活性气体三大种类，共计 50 余种（详见表 2-3-8）。在实际应用中应根据基体情况进行选择，并进行加标回收验证。

表 2-3-8　石墨炉分析元素与基体改进剂

元素	基体改进剂	元素	基体改进剂
Al	硝酸镁、Triton X-100、氢氧化铁、硫酸铵	In	氧气
Sb	Ni、Cu、Po、Pd、H_2、硫酸	Pb	硝酸铵、磷酸二氢铵、硝酸镧、Po、Pd、Au、抗坏血酸、酒石酸、草酸、EDTA
As	Ni、Mg、Pd、Pd+硝酸镁		
Be	Ca、硝酸镁	Li	硫酸、磷酸
Bi	Ni、Pd、EDTA/O_2	Mn	硝酸铵、EDTA、硫脲
B	Ca、Mg、Ba	Hg	Ag、Pd、硫酸、硫酸钠
Ca	硝酸	Pd	La
Cr	磷酸二氢铵	Si	Ca
Co	抗坏血酸	Ag	EDTA、
Cu	抗坏血酸、EDTA、硫酸铵、磷酸铵、硝酸铵、硫脲、磷酸、过氧化钠	Sb	Ni、Po、Pd
		Tl	硝酸、酒石酸+硫脲、Pd
Ga	抗坏血酸	Sn	抗坏血酸、磷酸二氢铵、Pd
Ge	硝酸、氢氧化钠	V	Ca、Mg
Au	硝酸铵、Triton X-100+Ni	Zn	硝酸铵、EDTA、柠檬酸

(9) 背景校正方式的选择　目前原子吸收所采用的背景校正方法主要有氘灯背景校正、塞曼效应背景校正和自吸收背景校正。

① 氘灯连续光源扣背景。灵敏度高，动态线性范围宽，消耗低，适合于 90% 的应用。仅对紫外区有效，扣除通带内平均背景而非分析线背景，不能扣除结构化背景与光谱重叠。

② 塞曼效应扣背景。利用光的偏振特性，可在分析线扣除结构化背景与光谱重叠，全波段有效。灵敏度较氘灯扣背景低，线性范围窄，仅使用于原子化，费用高。

③ 自吸收效应扣背景。使用同一光源，可在分析线扣除结构化背景与光谱重叠。灵敏度低，特别对于那些自吸效应弱或不产生自吸效应的元素，如 Ba 和稀土元素，灵敏度降低高达 90% 以上。另外，空心阴极灯消耗大。

目前，许多仪器都提供两种背景校正模式，在应用时应根据各自特点和分析的需要加以灵活应用。

5．测量方式的选择

原子吸收中的测量方式一般为：积分法，峰高法和峰面积法。积分法一般用于火焰原子法中，而峰高法和峰面积法一般用于石墨炉原子吸收法以及火焰原子吸收的微量分析中。在石墨炉原子吸收分析中，在保证较低的基线噪声下，应尽量采用峰面积为测量方式。因为采用峰高测量方式时，基体改变，会引起原子化速率改变，导致峰高信号的改变，而且要较高的原子化温度，分析曲线的线性范围较窄。而峰面积测量方式可使用较低的原子化温度，分析曲线的浓度线性范围较宽，受基体影响相对少些，对某些元素的绝对灵敏度高些，测量精度已有所改善。

五、干扰及其消除

原子吸收法特点之一就是干扰少、选择性较好。这是由方法本身的特点所决定的。在原子吸收分光光度计中，使用的是锐线光源，应用的是共振线吸收，而吸收线的数目要比发射线数目少得多，谱线相互重叠的概率较小，这是光谱干扰小的重要原因。

原子吸收跃迁的起始是基态，基态的原子数目受温度波动影响很小，除了易电离元素的电离效应之外，一般说来，基态原子数近似地等于总原子数，这是原子吸收法干扰少的一个基本原因。但是实践证明，原子吸收法虽不失为一种选择性较好的分析方法，但其干扰因素仍然不少。甚至在某些情况下，干扰还是很严重的，因此就应当了解可能产生干扰的原因有哪些，以及应采取哪些相应措施加以消减（抑制）。

原子吸收法的干扰因素大体可分为物理干扰、光谱干扰和化学干扰等。

1．物理干扰

物理干扰是指试样在转移、蒸发和原子化过程中，试样任何物理特性的变化而引起的吸光度下降的效应。它主要是指溶液的黏度、溶剂的蒸气压、雾化气体的压力、试液中盐的浓度等物理性质对溶液的抽吸、雾化、蒸发过程的影响。物理干扰对试样中各元素的影响基本上是相似的，属非选择性。

在一定条件下，溶液的黏度是影响抽提量的主要因素。除吸液毛细管的直径、长度及浸入试样溶液中的深度外，试样的黏度和雾化气压的变化，也会直接改变进样速度。为了克服溶液黏度对抽吸率的影响，可采用如下方法：

① 稀释试样溶液，以减小黏度的变化。
② 尽量保持试样溶液和标准溶液的黏度一致。
③ 采用标准加入法进行分析。

2．光谱干扰

光谱干扰是指在某些情况下，测定中使用的分析线与干扰元素的发射线不能完全分开，或分析线有时会被火焰中待测元素的原子以外的其他成分所吸收。消除的方法是减小狭缝宽度或选用其他的分析线，使标准试样和分析试样的组成更接近以抑制干扰的发生。

3．化学干扰

化学干扰是指试样溶液转化为自由基态原子的过程中，待测元素与其他组分之间的化学作用而引起的干扰效应。它主要影响待测元素化合物的熔融、蒸发和解离过程。这种效应可以是正效应，增强原子吸收信号；也可以是负效应，降低原子吸收信号。化学干扰是一种选择性干扰，不仅取决于待测元素与共存元素的性质，而且还与火焰类型、火焰温度、火焰状态及观测部位等因素有关。由于化学干扰比较复杂，目前尚无一种通用的消除这种干扰的方法，需针对特定的样品、待测元素和实验条件进行具体分析。

(1) 利用高温火焰　火焰温度直接影响着样品的熔融、蒸发和解离过程，许多在低温火焰中出现的干扰，在高温火焰中可部分或完全消除。例如，在空气-乙炔火焰中测定钙，有磷酸根时，因其和钙形成稳定的焦磷酸钙而干扰钙的测定；有硫酸根存在时，干扰钙和镁的测定。若改用 N_2O-乙炔火焰，这些干扰可完全消除。

(2) 利用火焰气氛　对于易形成难熔难挥发氧化物的元素，如硅、钛、铝、铍等，如果使用还原性气氛很强的火焰，则有利于这些元素的原子化。N_2O-乙炔火焰中有很多半分解产物如 CN、CH、OH 等，它们都有可能抢夺氧化物中的氧而有利于原子化。利用空气-乙炔火焰测定铬时，火焰气氛对铬的灵敏度的影响非常明显，若选择适当的助燃比使火焰具有富燃性，CrO 通过还原反应原子化，则灵敏度明显提高。火焰各区域温度不一样，因此在不同观测高度所出现的干扰程度也不一样，通过选择观测高度，也可减少或消除干扰。

(3) 加入释放剂　待测元素和干扰元素在火焰中形成稳定的化合物时，加入另一种物质使之与干扰元素反应，生成更难挥发的化合物，从而使待测元素从干扰元素的化合物中被释放出来，加入的这种物质称为释放剂。

常用的释放剂有氯化镧、氯化锶等。例如，磷酸根干扰钙的测定，加入镧和锶后，由于镧、锶与磷酸根结合成稳定的化合物而将钙释放出来，避免了钙与磷酸根的结合，则消除了磷酸根的干扰作用。

(4) 加入保护剂　加入一种试剂使干扰元素不与待测元素生成难挥发的化合物，可保证待测元素不受干扰，这种试剂称为保护剂。保护剂的作用机理有三：一是保护剂与待测元素形成稳定络合物，阻止干扰元素与待测元素之间生成难挥发的化合物；二是保护剂与干扰元素形成稳定的络合物，避免待测元素与干扰元素形成难挥发的化合物；三是保护剂与待测元素和干扰元素均形成各自的络合物，避免待测元素和干扰元素之间生成难挥发的化合物。

例如，以 EDTA 作保护剂可抑制磷酸根对钙的干扰属第一条机理；以 8-羟基喹啉作保护剂可抑制铝对镁的干扰属第二条机理；以 EDTA 作保护剂可抑制铝对镁的干扰属第三条机理。此外，葡萄糖、蔗糖、乙二醇、甘油、甘露醇都已用作保护剂。

(5) 加入缓冲剂　在试样和标准溶液中均加入一种过量的干扰元素，使干扰影响不再变化，而抑制或消除干扰元素对测定结果的影响，这种干扰物质称为缓冲剂。例如，测定钙时，在试样和标准溶液中加入足够量的 Na 和 K，可消除 Na 和 K 的影响。需要指出的是，缓冲剂的加入量，必须大于吸收值不再变化的干扰元素最低限量。应用这种方法往往显著降低灵敏度。

如果样品组成比较确定，亦可在标准溶液中加入同样基体消除干扰，即消除基体干扰效应。

(6) 采用标准加入法　标准加入法只能消除"与浓度无关"的化学干扰，而不能消除"与浓度有关"的化学干扰。由于标准加入法在克服化学干扰方面的局限性，在实际工作中需通过加标回收试验来判断结果的可靠性，即在同一试液中，加入几组不同含量的标准溶液。若经稀释后的测定结果与未经稀释的测定结果一致，则说明利用标准加入法可消除干扰，使测定结果可靠；若测得试液中待测元素的含量不一致，则表明标准加入法不能完全消除这类化学干扰。

4. 其他影响因素

除了化学干扰、光谱干扰、物理干扰以外，还有其他一些干扰因素，比如电离干扰。电离干扰就是指待测元素在原子化过程中发生电离，使基态原子数减少而导致吸光度和测定的灵敏度下降的现象。火焰中元素的电离度与火焰温度和该元素的电离电位有密切关系，火焰温度越高，元素的电离电位越低，则电离度越大。因此，电离干扰主要发生在电离电位较低的碱金属和碱土金属中。另外，电离度随金属元素总浓度的增加而减小，故工作曲线向纵轴弯曲。

提高火焰中离子的浓度、降低电离度是消除电离干扰的最基本途径。

最常用的方法是加入消电离剂，常用的是碱金属元素，其电离电位一般较待测元素低；但有时加入的消电离剂的电离电位比待测元素的电离电位还高，由于加入的浓度较大，仍可抑制电离干扰；富燃火焰中由于燃烧不充分的碳粒电离，增加了火焰中离子的浓度，也可抑制电离干扰；利用温度较低的火焰降低电离度，可消除电离干扰；提高溶液的喷吸速率，因蒸发而消耗大量的热使火焰温度降低，也可降低电离干扰；此外，标准加入法也可在一定程度上消除某些电离干扰。

六、原子吸收分析仪日常维护及常见故障排除

1. 原子吸收的日常维护

原子吸收分光光度计是一种精密的分析仪器，为了保证正常工作和良好的工作精度，应该定期进行维护。

(1) 元素灯（空心阴极灯） 元素灯使用时应注意以下几个方面：

① 窗玻璃应十分干净，若被弄脏（灰尘或油脂），将严重影响透光。此时应用蘸有无水乙醇和丙酮混合物（1:1）的脱脂棉球轻轻擦去污物。

② 插、拔灯时应一手捏住脚座，一手捏住灯管金属壳部插入或拔出，不可在玻璃壳体上用力，小心断裂。

③ 绝对避免使用最大灯电流工作，灯不用时应装入灯盒内。

④ 空心阴极灯需要一定预热时间。灯电流由低到高慢慢升到规定值，防止突然升高，造成阴极溅射。

⑤ 有些低熔点元素灯如 Sn、Pb 等，使用时防止震动，工作后轻轻取下，阴极向上放置，待冷却后再移动装盒。

⑥ 空心阴极灯发光颜色不正常，可用灯电流反向器（一个简单的灯电源装置），将灯的正、负相反向连接，在灯最大电流下点燃 20~30min，或在大电流（100~150mA）下点燃 1~2min，使阴极红热。阴极上的钛丝或钽片是吸气剂，能吸收灯内残留的杂质气体，这样可以恢复灯的性能。

⑦ 闲置不用的空心阴极灯，定期在额定电流下点燃 30min。

(2) 燃烧头和石墨管

① 日常分析完毕，应在不灭火的情况下喷雾蒸馏水，对喷雾器、雾化室和燃烧器进行清洗。

② 喷过高浓度酸、碱后，要用水彻底冲洗雾化室，防止腐蚀。

③ 吸喷有机溶液后，先喷有机熔剂和丙酮各 5min，再喷 1% 硝酸和蒸馏水各 5min。

④ 燃烧器如有盐类结晶，火焰呈锯齿形，可用滤纸或硬纸片轻轻刮去，必要时卸下燃烧器，用 1:1 乙醇-丙酮清洗，用毛刷蘸水刷干净。

⑤ 如有熔珠，可用金相砂纸轻轻打磨，严禁用酸浸泡。

⑥ 石墨管长期使用后会在进样口周围沉积一些污物，应及时用软布擦去，炉两端的窗玻璃最容易被样品弄脏而影响吸光度，应随时观察窗玻璃的清洁程度，一旦积有污物应拆下

窗玻璃（小心操作，防止打碎）用无水乙醇软布擦净后重新安装好。

（3）空气压缩机　应经常放出空气压缩机内的积水。积水过多会严重影响火焰的稳定性，并可能将积水带入到仪器管道、流量计内，严重影响仪器正常操作。

2．仪器常见故障及排除

原子吸收分光光度计常见故障、产生原因及排除方法见表 2-3-9。

表 2-3-9　原子吸收分光光度计常见故障、产生原因及排除方法

故障现象	故障原因	排除方法
样品不进入仪器或进样速度缓慢	进样毛细管和雾化器堵塞	观察毛细管内气泡提升状态可大致断定进样毛细管或雾化器是否被堵塞，如被堵塞，可更换毛细管或用10%硝酸进行清洗
	空气压力低	检查空气管路的气密性，如有漏气，密闭好即可
	样品溶液黏度较大	适当地对样品溶液进行稀释处理，如果故障未能解除，应重新对样品进行处理
	温度过低，喷雾器无法正常工作	仪器的环境温度应为10～30℃，若温度过低，低温高速气体将使样品无法雾化，甚至结成冰粒，遇到此故障可通过提高气温予以解决
火焰异常	燃气不稳或纯度不够	首先要排除气路故障，检查燃气和助燃器通道是否漏气或气路堵塞。钢瓶中的乙炔是溶解于吸收在活性炭上的丙酮中的，丙酮挥发导致燃烧火焰变红，遇到此故障更换乙炔瓶即可。另外，周围环境的干扰，也会使火焰异常。当空气流动严重或者有灰尘干扰时，应及时关闭门窗，以免对测定结果造成影响
仪器没有吸收或吸光度不稳定	空心阴极灯使用时不亮或灯闪	空心阴极灯使用一段时间或长时间不用，会因为气体吸附、释放等原因而导致灯内气体不纯或损坏，导致发射能力的减弱。因此，不经常使用的灯，每隔三四个月取出点燃2～3h。每次使用时应充分预热灯30min以上，如果因电压不稳导致灯闪，应立即关闭电源以免造成空心阴极灯损坏。连接稳压电源，待电压稳定后再开机使用。如未能解决，应更换空心阴极灯
	工作电流过大	对于空心阴极较小的元素灯，工作电流过大，灯丝发热，温度较高，导致原子发射线的热变宽和压力变宽，同时空心阴极灯的自吸收增大，使辐射的光强度降低，导致无吸收。因此，空心阴极灯发光强度在满足需要的条件下，应尽可能地采用较小的工作电流
	雾化系统内管路不畅通	吸入浓度较高或分子量较大的测试液造成，清洗雾化器即可
	样品前处理不彻底	观察样品中有无沉淀或悬浮物，如有沉淀，应重新对样品进行处理
燃烧器火焰呈V型燃烧	燃烧器缝口有污渍或水滴导致火焰不连续燃烧	仪器关闭后，可用柔软的刀片轻轻刮去燃烧器缝口的污渍或擦干燃烧器内腔及缝口的水滴
波长偏差增大	准直镜左右产生位移或光栅起始位置发生了改变	利用空心阴极灯进行校准波长
电气回零不好	阴极灯老化	更换新灯
	废液不畅通，雾化室积水	及时排出
	燃气不稳定，使测定条件改变	调节燃气，使之符合条件
	毛细管太长	剪去多余的毛细管

续表

故障现象	故障原因	排除方法
输出能量低	可能是波长不准、阴极灯老化、外光路不正、透镜或单色器被严重污染、放大器系统增益下降等	若是在短波或者部分波长范围内输出能量较低,则应检查灯源及光路系统的故障。若输出能量在全波长范围内降低,应重点检查光电倍增管是否老化,放大电路有无故障
重现性差	原子化系统无水封	可加水封,隔断内外气路通道
	废液管不通畅,雾化筒内积水	可疏通废液管道排出废液
	撞击球与雾化器的相对位置不当	重新调节撞击球与雾化器的相对位置
	雾化系统调节不好	重新调整雾化系统或选雾化效率高、喷雾质量好的喷雾器
	雾化器堵塞,引起喷雾质量不好	仪器长时间不用,被盐类及杂物堵塞或有酸类锈蚀,可用手指堵住节流管,使空气回吹倒气,吹掉脏物
	雾化筒内壁被油脂污染或被酸腐蚀	可用乙醇、乙醚混合液擦干雾化筒内壁,减少水珠,稳定火焰;火焰呈锯齿形,可用刀片或滤纸清除燃烧缝口的堵塞物
	被测样品浓度大,溶解不完全	引入火焰后,光散射严重,可根据实际情况,对样品进行稀释,减少光散射
	乙炔管道漏气	检查乙炔气路,防止事故发生
标准曲线弯曲	光源灯失气	更换光源灯或作反接处理
	光源内部的金属释放氢气太多	更换光源灯
	工作电流过大,"自蚀"效应使谱线增宽	减小工作电流
	光谱狭缝宽度选择不当	选择合适的狭缝宽度
	废液流动不畅通	采取措施,使之畅通
	火焰高度选择不当,无最大吸收	选择合适的火焰高度
	雾化器未调好,雾化效果不佳	调整撞击球和喷嘴的相对位置,提高喷雾质量
	样品浓度太高,仪器工作在非线性区域	减小试样浓度,使仪器工作在线性区域
分析结果偏高	溶液中的固体未溶解,造成假吸收	调高火焰温度,使固体颗粒蒸发离解
	"背景吸收"造成假吸收	在共振线附近用同样的条件再测定
	空白未校正	做空白校正试验
	标准溶液变质	重新配制标准溶液
	谱线覆盖造成假吸收	降低试样浓度,减少假吸收
分析结果偏低	试样挥发不完全,细雾颗粒大,在火焰中未完全离解	调整撞击球和喷嘴的相对位置,提高喷雾质量
	标准溶液配制不当	重新配制标准溶液
	被测试样浓度太高,仪器工作在非线性区域	减小试样浓度,使仪器工作在线性区域
	试样被污染或存在其他物理化学干扰	消除干扰因素,更换试样

故障现象	故障原因	排除方法
不能达到预定的检测限	使用不适当的标尺扩展和积分时间	正确使用标尺扩展和积分时间
	火焰条件不当或波长选择不当，导致灵敏度太低	选择合适的火焰条件或波长
	灯电流太小影响其稳定性	选择合适的灯电流

技能训练一 火焰原子吸收法测定水样中的铜

【训练目标】

1. 熟悉污水厂污水中铜含量排放标准。
2. 掌握火焰原子吸收分光光度计的使用。
3. 熟悉火焰原子吸收法最佳测定条件的选择。
4. 了解原子吸收分光光度计的使用维护及保养。

【仪器和试剂】

1. 仪器

所用玻璃仪器均用硝酸（10%）浸泡24h以上，用水反复冲洗，最后用去离子水冲洗晾干后，方可使用。

① 火焰原子吸收分光光度计。
② 容量瓶，50mL 5个，100mL 1个。
③ 吸量管，5mL 2个。
④ 烧杯，25mL 2个。

2. 试剂

标准Cu储备液（1mg/mL）：准确称取1.0000g金属铜（99.99%），分次加入硝酸（4+6）溶解，总量不超过37mL，移入1000mL容量瓶中，用去离子水稀释至刻度。每毫升溶液相当于1.0mg铜。

【原理】

当试样组成复杂，配制的标准溶液与试样组成之间存在较大差别，试样的基本效应对测定有影响或干扰不易消除时，用标准加入法定量比较好。首先将试样等分成若干份（比如四份），然后依次准确地加入相同浓度不同体积的待测元素的标准溶液，定容并充分摇匀后，置于仪器中测定每个溶液的吸光度。以吸光度 A 对测试液中待测元素浓度的增量 c_0 绘制标准曲线，延长直线与横轴相交，交点至原点间的距离所对应的浓度即为测试液中待测元素的浓度。

【训练步骤】

1. 标准使用溶液的配制

取标准Cu储备液5mL移入100mL容量瓶中，用去离子水稀释至刻度，摇匀备用，此溶液Cu含量为$50\mu g/mL$。

2. 标准测试溶液的配制

分别吸取 10mL 试样溶液 5 份于 5 个 50mL 容量瓶中，各加入 Cu 标准使用溶液 0.00、1.00mL、2.00mL、3.00mL、4.00mL，用去离子水稀释至刻度，摇匀备用。

3. 最佳测定条件的选择

① 打开仪器并按所用仪器使用说明书的具体要求进行下述参数设定。

火焰（气体类型），乙炔流量（L/min），空气流量（L/min），空心阴极灯（mA），狭缝宽度/光谱带宽（mm/nm），燃烧器高度（mm），吸收线波长（nm）。

② 测量参数的选择。

灯电流的选择：在已设定的条件下，喷入铜标准测试溶液并读取吸光度数值，然后在此设定值前后调整灯电流，最小值低于此电流 2mA，最大值不超过最大允许使用电流值 2/3 范围内。每改变 1~2mA 灯电流，测定一次铜标准测试溶液的吸光度，重复测定 4 次，计算平均值和标准偏差，并绘制吸光度-灯电流关系曲线。从曲线中选择灵敏度高、稳定性好的灯电流值作为最佳灯电流。

狭缝宽度/光谱带宽的选择：参照灯电流的选择实验，在仪器规定的狭缝宽度/光谱带宽参数的前后各取几个点，测定铜标准测试溶液的吸光度，重复测定 3 次，取平均值，并绘制吸光度-狭缝宽度/光谱带宽关系曲线，以不引起吸光度减小的最大狭缝宽度/光谱带宽为最佳狭缝宽度/光谱带宽。

燃烧器高度的选择：参照上述实验，在燃烧器高度范围内（2~12nm），每增加 1mm，测定一次铜标准测试溶液的吸光度，重复测量 3 次，计算平均值，并绘制吸光度-燃烧器高度的关系曲线，从中选定最佳燃烧器高度。

助燃比的选择：参照上述实验，固定助燃气（空气）的流量，在相应规定的燃气流量前后一定范围内改变燃气（乙炔）流量，并测定铜标准测试溶液的吸光度，重复测定 3 次，计算平均值，并绘制吸光度-燃气流量关系曲线，从曲线上选定最佳助燃比。

4. 测试溶液的测定

① 待仪器稳定后，用空白溶剂调零。将配制好的测试溶液依浓度由低到高的顺序喷入火焰中，并读取和记录吸光度，重复测定 3 次，计算平均值并在直角坐标纸上用平均值绘制 A-c 关系曲线（铜的标准曲线）。在相同条件下，测定和记录水样中铜的吸光度，再到标准曲线上查得水样中铜的浓度和含量。

② 测定完毕后，吸喷去离子水 5min，依次关闭乙炔、空压机。

【数据处理】

① 检验原始记录填写单。

检测项目		采样日期	
		检测日期	
样品	Cu 含量/(mg/L)	国家标准	检测方法

② 检测报告单填写单。

基本信息	样品名称		样品编号		
	检测项目		检测日期		
分析条件	依据标准		检测方法		
	仪器名称		仪器状态		
	实验环境	温度/℃		相对湿度/%	
分析数据	平行试验	1	2	3	空白
	数据记录				
	检测结果				
检验人		审核人		审核日期	

技能训练二　石墨炉原子吸收法测定茶叶中的铅

【训练目标】

1. 熟悉茶叶中的铅含量安全标准。
2. 掌握石墨炉原子吸收分光光度计的使用。
3. 熟悉石墨炉原子吸收法最佳测定条件的选择。
4. 了解原子吸收分光光度计的使用维护及保养。

【仪器和试剂】

1. 仪器

所用玻璃仪器均以硝酸（10%）浸泡24h以上，用水反复冲洗，最后用去离子水冲洗晾干后，方可使用。

石墨炉原子吸收分光光度计；容量瓶，50mL；吸量管，1mL；烧杯，50mL、25mL；量筒，10mL。

2. 试剂

标准Pb储备液（1mg/mL）：准确称取1.5985g（精确至0.0001g）硝酸铅，用少量硝酸溶液（1+9）溶解，移入1000mL容量瓶中，加水至刻度，混匀。每毫升溶液相当于1.0mg铅。

【原理】

石墨炉原子吸收法是最灵敏的分析方法之一，绝对灵敏度高，可达$10^{-14} \sim 10^{-10}$ng/mL。样品可以直接在原子化器中进行处理，样品用量少，每次进样量为$5 \sim 100\mu$L。茶叶中的铅含量很少，采用石墨炉原子吸收法分析可以满足需要。

一个样品的分析需经过4个过程。第一步是干燥，这个过程升温较慢，其目的是将样品中溶剂蒸发掉。第二步是灰化，这一过程也比较缓慢，其目的是使基体灰化完全，否则，在原子化阶段未完全蒸发的基体可能产生较强的背景或分子吸收。第三步是原子化，这一过程要求升温速率很快，这样可使自由原子数目最多。最后过程是除残阶段，其温度一般比原子化温度略高一些，以除去石墨管杂质元素及"记忆效应"。最后将石墨管冷却至室温，以便进行下一个样品的分析。

【训练步骤】

1. 最佳测量条件的选择

① 配制铅含量为 20ng/mL 的标准溶液，稀释溶液使用体积分数为 1% HNO_3。

② 体积分数 1% HNO_3 溶液：移取市售优级纯硝酸 5mL 置于 500mL 容量瓶中，用去离子水稀释至刻度。

打开仪器并按仪器使用说明书设定好仪器测量条件。

根据以下参考条件，分别设计几个单因素实验，选择各最佳条件。

干燥温度：80～120℃　　　　　干燥时间：20s
灰化温度：200～800℃　　　　　灰化时间：20s
原子化温度：1500～2300℃　　　原子化时间：10s
除残温度：2500℃　　　　　　　除残时间：3s

干燥温度和干燥时间的选择：干燥温度应根据溶剂或液态试样组分的沸点进行选择，一般选择的温度应略低于溶剂的沸点；干燥时间主要取决于进样量，一般进样量为 20μL 时，干燥时间大约为 20s。条件选择是否得当可以用蒸馏水或者空白溶液进行检查。

灰化温度和灰化时间的选择：在确定灰化温度和灰化时间时，要充分考虑两个方面的因素。一方面在保证被测元素没有损失的前提下应尽可能使用较高的灰化温度，以便尽可能完全地去除干扰。另一方面，较低的灰化温度和较短的灰化时间有利于减少待测元素的损失，灰化温度和灰化时间应根据实验，制作灰化曲线来进行确定。

在初步选定的干燥温度和干燥时间条件下，取 20μL 铅标准溶液，先在 200℃ 灰化 30s 或更长时间，然后根据初步选定的原子化温度和时间进行原子化。选择给出最小背景吸收信号的温度作为最低灰化温度。在选定的最低灰化温度下，连续递减灰化时间，观察背景吸收信号，确定最短灰化时间。在选择好灰化时间的情况下，每间隔 100℃ 依次递增灰化温度，根据不同灰化温度与对应原子化信号绘制灰化曲线。选择直线部分所对应的最高温度作为最佳灰化温度。

原子化温度和时间的选择：原子化温度和时间的选择原则是选用达到最大吸收信号的最低温度作为原子化温度，原子化时间是以保证完全原子化为准。最佳的原子化温度和时间由原子化曲线确定。

取 20μL 铅标准溶液，根据上述初步确定的干燥、灰化的温度和时间的条件，进行干燥和灰化，并选择 2200℃ 为原子化温度，时间为 10s，观测原子化信号回到基线的时间，作为原子化时间。

选择高于灰化温度 200℃ 的温度作为原子化温度，测量吸收信号，然后每间隔 100℃ 依次增加原子化温度。以原子化温度对吸光度信号绘制原子化曲线，将能给出最大吸收信号的最低温度选为最佳的原子化温度。

2. 石墨炉原子吸收光谱法测定茶叶中的铅

① 标准使用溶液制备　把 1.0mg/mL 的铅标准储备液逐次用体积分数为 1% HNO_3 稀释，制成 5ng/mL、10ng/mL、20ng/mL、30ng/mL、40ng/mL 的标准系列溶液。

② 试样制备　称取（1.0000±0.05）g 粉碎混合均匀的茶叶样于锥形瓶中，加入 8mL 硝酸，2mL 高氯酸，放入几个玻璃珠，瓶口放一小漏斗，于电热板上消化至无色透明或略带黄色，冷却后转入 100mL 容量瓶中，并用水定容至刻度，摇匀备用。

【数据处理】

① 检验原始记录填写单。

检测项目		采样日期	
		检测日期	
样品	Pb 含量/(ng/L)	国家标准	检测方法

② 检测报告填写单。

基本信息	样品名称		样品编号			
	检测项目		检测日期			
分析条件	依据标准		检测方法			
	仪器名称		仪器状态			
	实验环境	温度/℃		湿度/%		
分析数据	平行试验	1	2	3		空白
	数据记录					
	检测结果					
检验人		审核人		审核日期		

习题

1. 用原子吸收光谱法测定铷时，加入1%的钠盐溶液，其作用是（　　）。
   A. 减小背景　　　B. 作为释放剂　　　C. 作为消电离剂　　　D. 提高火焰温度
2. 原子吸收光谱法中物理干扰用下述哪种方法消除？（　　）
   A. 加入释放剂　　B. 加入保护剂　　C. 采用标准加入法　　D. 扣除背景
3. 原子吸收光度法的背景干扰标线为下述哪种形式？（　　）
   A. 火焰中被测元素发射的谱线　　　B. 火焰中干扰元素发射的谱线
   C. 光源产生的非共振线　　　　　　D. 火焰中产生的分子吸收
4. 非火焰原子吸收法的主要缺点是（　　）。
   A. 检测限高　　　　　　　　　　　B. 不能检测难挥发元素
   C. 精密度低　　　　　　　　　　　D. 不能直接分析黏度大的试样
5. 原子吸收法的定量方法——标准加入法，消除了下列哪种干扰？（　　）
   A. 基体效应　　B. 背景吸收　　C. 光散射　　D. 电离干扰
6. 原子吸收分光光度分析有何特点？
7. 简述原子吸收分光光度计的基本组成，并简要说明各部件的作用。
8. 原子吸收光谱分析中干扰有几种类型？如何消除？

9. 如何提高原子吸收光谱分析的灵敏度和准确度？原子吸收光谱分析的操作主要有哪些？如何选择最佳的测定条件？

10. 如何正确使用与维护原子吸收分光光度计？

11. 原子吸收分光光度计中光源的作用是什么？对光源有哪些要求？空心阴极灯的工作原理及特点是什么？

12. 称取某含镉食品样品 2.5115g，经溶解后移入 25mL 容量瓶中稀释至标线。依次分别移取此样品溶液 5.00mL，置于四个 25mL 容量瓶中，再向此四个容量瓶中依次加入浓度为 0.5μg/mL 的镉标准溶液 0.00、5.00mL、10.00mL、15.00mL，并稀释至标线，在火焰原子吸收光谱仪上测得吸光度分别为 0.06、0.18、0.30、0.41。求样品中镉含量。

13. 吸取 0.00、1.00mL、2.00mL、3.00mL、4.00mL，浓度为 10μg/mL 的镍标准溶液，分别置于 25mL 容量瓶中，稀释至标线，在火焰原子吸收分光光度计上测得吸光度分别为 0.00、0.06、0.12、0.18、0.23。另取镍合金试样 0.3125g，经溶解后移入 100mL 容量瓶中，稀释至标线。准确吸取此溶液 2.00mL，放入另一 25mL 容量瓶中，稀释至标线，在与标准曲线相同的测定条件下，测得溶液的吸光度为 0.15。求试样中镍含量。

模块三

色谱分析法

 课程思政

1. 通过兽药残留和农药残留的普遍性及其危害的案例，让学生思考绿色环保建设生态文明，鼓励学生提升科技创新意识，解决农药或兽药残留等危害问题。

2. 培养学生操作精密仪器的细心、耐心、恒心，从而端正学生严谨务实的工作态度。

3. 加深学生对"云物大智"等智能化和信息化技术的认识。

项目一 色谱分析基础

色谱法利用各组分在两相之间具有不同的分配系数，当两相做相对运动时，各组分在两相中进行多次反复的分配以达到分离的目的。近年来，随着石油化学工业的迅猛发展，各种色谱技术，如气相色谱、液相色谱、薄层色谱、体积排阻色谱、超临界色谱及各种联用技术得到了深入的研究及广泛应用，并获得迅速发展。

一、色谱法的分类

色谱法是俄国植物学家茨维特（M. S. Tswett）于1906年首先提出来的。他把植物色素的石油醚萃取液作为试样，加入一根预先填充好碳酸钙颗粒的玻璃管中，并不断地用纯净石油醚淋洗，经过一段时间后，植物色素的各组分在柱内得到分离而形成不同颜色的谱带（图3-1-1）。Tswett把这种分离方法叫作色谱法。虽然后来色谱法更多地用于无色物质的分离和测定，但由于习惯，现仍沿用色谱这个名称。

色谱法分类有很多种，通常按以下几种方式分类。

1. 按两相状态分类

在Tswett的实验中，碳酸钙是固定不动的，称为固定相；石油醚是流动的，称为流动相。根据流动相状态，流动相是气体的，称为气相色谱法；流动相是液体的，称为液相色谱法；若流动相为超临界流体，则称为超临界流体色谱法。根据固定相状态，是活性固体（吸附剂）还是不挥发液体或在操作温度下呈液体，气相色谱法又可分为气-固色谱法和气-液色谱法；液相色谱法也可分为液-固色谱和液-液色谱法。

2. 按组分在两相间的分离原理分类

利用组分在流动相和固定相间的分类原理不同可将色谱法分为分配色谱法、吸附色谱法、离子交换色谱法、体积排阻色谱法（凝胶色谱法）、

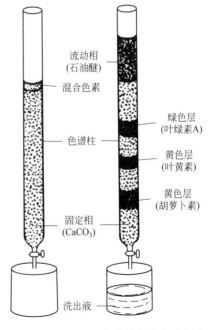

图3-1-1 Tswett发明的色谱法示意图

离子对色谱法等。

3. 按固定相的形态分类

根据固定相在色谱分离系统中存在的形状，可分为柱色谱法、薄层色谱法、纸色谱法等。

与其他类型分析方法相比，色谱法具有以下显著特点。

(1) 分离效率高 可分离分析复杂混合物，如有机同系物、异构体、手性异构体等。

(2) 灵敏度高 可以检测出微克级（10^{-6}）甚至纳克级（10^{-9}）的物质含量。

(3) 分析速度快 一般在几分钟或几十分钟内可以完成一个试样的分析。

(4) 应用范围广 气相色谱法适用于沸点低于400℃的各种有机物或无机气体的分离分析；液相色谱法适用于高沸点、热不稳定、生物试样的分离分析；离子色谱法适用于无机离子及有机酸碱的分离分析。三种方法具有很好的互补性。

二、色谱法的流出曲线和相关术语

在色谱法中，当样品加入色谱柱中，各组分从色谱柱中流出。如果各组分在固定相中分配系数（溶解或吸附能力）不同，由于多次分配和扩散，柱后流出组分的浓度随时间变化而不同，分离后的各组分的浓度经检测器转换成电信号而记录下来，得到一条信号随时间变化的曲线，称为色谱流出曲线，也称为色谱峰（图3-1-2）。一次完整分析过程所记录的色谱图提供了色谱分析过程中的各种信息，是被分离组分在色谱分离过程中热力学因素和动力学因素的综合体现，也是色谱理论计算和定量分析的基础。理想的色谱流出曲线应该是正态分布曲线。

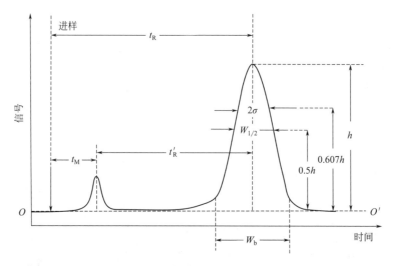

图3-1-2 色谱流出曲线示意图

(1) 基线 操作条件稳定后，无样品通过时，检测到的信号即为基线，稳定的基线是一条水平直线。

(2) 死时间(t_M)和死体积(V_M) 死时间指不与固定相发生作用的组分，即非滞留组分（如空气）从进样开始到色谱峰顶（浓度极大）所对应的时间。死时间主要与柱前后的连接通道和柱内固定相颗粒内部和颗粒之间的空隙体积有关。死时间所需的流动相体积为死体积。

(3) 保留时间(t_R)和保留体积(V_R) 保留时间指组分从进样开始到柱后出现浓度极大值（色谱峰顶）所对应的时间。保留体积为组分从进样开始到柱后出现浓度极大值时，所需要的流动相体积。

(4) 调整保留时间(t'_R)和调整保留体积(V'_R) 调整保留时间是指扣除死时间后的组分保留时间，表示该组分因吸附或溶解于固定相后，比非滞留组分在柱内多滞留的时间。调整保留体积为组分停留在固定相时所消耗的流动相的体积。

$$t'_R = t_R - t_M \tag{3-1-1}$$

$$V'_R = V_R - V_M \tag{3-1-2}$$

(5) 峰高(h) 色谱峰顶到基线的垂直距离。

(6) 半峰宽($W_{1/2}$) 色谱峰高一半处的宽度。

(7) 峰底宽(W_b) 色谱峰两侧拐点上的切线与基线交点之间的距离，也称基线宽度。

(8) 标准偏差(σ) 0.607峰高处色谱峰宽度的一半。标准偏差与峰底宽和半峰宽的关系为

$$W_{1/2} = 2\sigma\sqrt{2\ln 2} \tag{3-1-3}$$

$$W_b = 4\sigma \tag{3-1-4}$$

(9) 相对保留值 一定实验条件下，组分1和组分2的调整保留值之比

$$r_{2,1} = \frac{t'_{R_2}}{t'_{R_1}} = \frac{V'_{R_2}}{V'_{R_1}} \tag{3-1-5}$$

相对保留值只与柱温和固定相的性质有关，与其他色谱操作条件没有关系，表示固定相对两种组分的选择性。

(10) 分配系数(K) 在一定温度、压力条件下，组分在两相之间分配达到平衡时的浓度之比，称为分配系数（K）。

$$K = \frac{\text{组分在固定相的浓度}}{\text{组分在流动相的浓度}} = \frac{c_s}{c_m} \tag{3-1-6}$$

分配系数是色谱分离的依据。一定温度下，某组分的分配系数K越大（在固定相中的含量越大），说明组分在色谱柱中保留的时间越久，则出峰越慢。当试样一定时，K主要取决于固定相性质。组分在不同性质固定相上的分配系数K的差异小，分离越困难。因而选择适宜的固定相，使组分间分配系数的差别增大，可显著改善分离效果。试样中的各组分在某一固定相上具有不同的K值是色谱分离的前提条件，对于某一固定相，如果两组分具有相同的分配系数，则无论如何改善分离条件都无法实现分离。某组分的$K=0$时，即不被固定相保留，最先流出。

(11) 分配比(k) 实际工作中，色谱过程的分配平衡常用分配比来表征。分配比指的是一定温度下，组分在两相间分配达到平衡时的质量比。

分配比也称容量因子和容量比。分配系数与分配比都是与组分、固定相及流动相的热力学性质有关的常数，随分离柱温度、压力的改变而变化，可通过改变操作条件来提高分离效果。分配系数与分配比也都是衡量色谱柱对组分保留能力的参数，数值越大，该组分的保留时间越长。分配比可以由实验测得某组分的保留值后计算获得。

$$k = \frac{\text{组分在固定相的质量}}{\text{组分在流动相的质量}} = \frac{m_s}{m_m} = \frac{\frac{m_s}{V_s}V_s}{\frac{m_m}{V_m}V_m} = \frac{\rho_s}{\rho_m} \times \frac{V_s}{V_m} = \frac{K}{\beta} \tag{3-1-7}$$

其中，$\beta = V_m/V_s$为相比（填充柱相比，6～35；毛细管柱的相比，50～1500），V_m为

流动相体积，即柱内固定相颗粒间的空隙体积；V_s 为固定相体积。气-液色谱柱的 V_s 为固定液体积；对于气-固色谱柱，V_s 为吸附剂表面容量。

三、色谱分析的基本原理

1．塔板理论

塔板理论把组分在流动相和固定相间的分配行为看作在精馏塔中的分离过程，柱中有若干块想象的塔板，一个塔板的长度称为理论塔板高度。在每一小块塔板内，一部分空间被固定相占据，另一部分空间充满流动相。当组分随流动相进入色谱柱后，在每块塔板内很快地在两相间达到一次分配平衡，经过若干个假想塔板的多次分配平衡后，分配系数小的组分先离开色谱柱，分配系数大的组分后离开色谱柱，从而达到彼此分离。虽然色谱柱中并没实际的塔板，但这种半经验的理论处理基本上能与稳定体系的实验结果相一致。

塔板理论的假设：①在每一个平衡过程间隔内，平衡可以迅速达到；②载气非连续，脉动式（间歇式）进入色谱柱；③试样沿色谱柱方向的扩散可忽略；④每次分配的分配系数相同。

色谱柱长（L）理论塔板高度（H）与理论塔板数（n）三者的关系为

$$n = \frac{L}{H} \tag{3-1-8}$$

当 L 确定时，n 越大或 H 越小，表示柱效率越高，分离能力越强。

标准色谱峰为正态分布，在峰高 0.607 处的峰宽为 2σ，峰底宽 $W_b = 4\sigma$，色谱峰标准偏差（σ）与理论理论塔板高度（H）和保留时间（t_R）有以下关系：

$$n = \left(\frac{t_R}{\sigma}\right)^2 = 16\left(\frac{t_R}{W_b}\right)^2 = 5.54\left(\frac{t_R}{W_{1/2}}\right)^2 \tag{3-1-9}$$

通常填充色谱柱的 n 在 10^3 以上，H 在 1mm 左右；毛细管色谱柱 $n = 10^5 \sim 10^6$，H 在 0.5mm 左右。由于死时间 t_M 包括在 t_R 中，而实际死时间不参与柱内的分配，故提出了将死时间 t_M 扣除的有效理论塔板数 n_{eff} 和有效塔板高度 H_{eff}。

$$n_{eff} = \left(\frac{t'_R}{\sigma}\right)^2 = 16\left(\frac{t'_R}{W_b}\right)^2 = 5.54\left(\frac{t'_R}{W_{1/2}}\right)^2 \tag{3-1-10}$$

$$H_{eff} = \frac{L}{n_{eff}} \tag{3-1-11}$$

一支色谱柱的理论塔板数与柱长有关，而理论塔板高度相当于单位理论塔板所占的柱长度，与柱的总长度无关，因此用理论塔板高度比较柱效更合理。

塔板理论给出了衡量色谱柱分离效能的指标，但柱效并不能表示被分离组分的实际分离效果。因为两组分的分配系数 K 相同时，无论该色谱柱的塔板数多大都无法实现分离。

塔板理论用热力学观点形象地描述了溶质在色谱柱中的分配平衡和分离过程，导出流出曲线的数学模型，并成功地解释了流出曲线的形状及浓度极大值的位置，还提出了计算和评价柱效能的参数。

2．速率理论

1956 年荷兰学者范第姆特（Van Deemter）等人在研究气液色谱时，提出了色谱分离过程的动力学理论——速率理论。速率理论从动力学观点出发，研究各种操作条件（载气性质及流速、载体颗粒直径、色谱柱填充的均匀程度等）对理论塔板高度的影响，从而解释在色谱柱中色谱峰展宽的原因。故有以下关系式，又称速率理论方程式，简称范氏方程。

$$H = A + \frac{B}{u} + Cu \tag{3-1-12}$$

式中，u 为流动相的线速度；A 为涡流扩散项系数；B 为分子扩散项系数；C 为传质阻力项系数。

(1) 涡流扩散项 在填充色谱柱中，载有组分分子的流动相碰到填充物颗粒时，不断地改变流动方向，使组分分子在前进中形成紊乱的类似"涡流"的流动，故称涡流扩散。

如图 3-1-3，三个起点相同的组分，在柱中通过的路径长短不一，三个质点不同时流出色谱柱，造成了色谱峰的展宽。

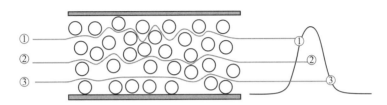

图 3-1-3　涡流扩散

涡流扩散项（A）大小与固定相的平均颗粒直径（d_p）和填充是否均匀有关。

$$A = 2\lambda d_p \tag{3-1-13}$$

式中，λ 为填充不规则因子；d_p 为填充物颗粒的平均直径。

公式（3-1-13）表明，使用颗粒细、粒度均匀的填充物且填充均匀，是减小涡流扩散和提高柱效的有效途径。对于空心毛细管，不存在涡流扩散，即 $A=0$。

(2) 分子扩散项 分子扩散项（B）又称纵向扩散，是由浓度梯度造成的。组分进入色谱柱后，以"塞子"的形式存在于柱的很小段空间内，由于存在浓度梯度，"塞子"必然自发地向前和向后扩散，谱带展宽。分子扩散项系数为

$$B = 2\nu D \tag{3-1-14}$$

式中，ν 为弯曲因子，是由固定相引起的，反映了固定相颗粒的几何形状对分子纵向扩散的阻碍程度；D 为组分在流动相中的扩散系数（cm^2/s），其大小与组分的性质、流动相的性质及柱温等因素有关。

分子扩散项与流速有关，流速越小，组分在色谱柱中停留的时间就越长，扩散就越严重。组分分子在气相中的扩散系数要比在液相中大，因此气相色谱中分子扩散项要比液相色谱中严重。在气相色谱中，为了减小分子扩散项，可采用较高的流动相线速度，使用分子量较大的流动相，采用较低的柱温等措施。

(3) 传质阻力项 当组分进入色谱柱后，由于它对固定液的亲和力，组分分子首先从气相向气液界面移动，进而向液相扩散分布，继而再从液相中扩散出来进入气相，这个过程叫作传质。

传质过程需要时间，而且在流动状态下，不能瞬间达到分配平衡。当组分从液相返回气相时，必然落后于随流动相前进的组分，从而引起色谱峰变宽。这种情况就如同这一部分受到了阻力一样，因此称为传质阻力。

传质阻力 C 包括流动相传质阻力 C_m 和固定相传质阻力 C_s，则

$$C = C_m + C_s \tag{3-1-15}$$

$$C_m = \frac{0.01k^2}{(1+k)^2} \times \frac{(d_p)^2}{D_m} \tag{3-1-16}$$

$$C_s = \frac{2}{D_m} \frac{k^2}{(1+k)^2} \times \frac{(d_f)^2}{D_s} \tag{3-1-17}$$

公式中，k 为容量因子，D_m、D_s 为扩散系数。

由公式(3-1-17)可知，减小固定相颗粒粒度，选择分子量小的气体作载气，可以降低传质阻力。

根据速率方程式可知，A 项与流速无关。B、C 项对塔板高度的贡献随着流动相流速的变化而不同。

由气相色谱（GC）与液相色谱（LC）的 H-u 曲线可知，LC 的 u 与 H 的关系较为简单，这是因为 LC 纵向扩散非常小，即 B 项很小，所以 LC 的塔板高度（H）主要由传质阻力项 C 决定，即流速 u 越大，H 越大；而在 GC 中纵向扩散明显，在低流速时，纵向扩散尤为明显，B 为主要影响因素，此时增加 u 可使 H 变小（图 3-1-4）。随着 u 的继续增加，传质阻力也会增加，C 成为主要影响因素，增加 u 可使 H 变大。在 GC 的 H-u 曲线上存在一个最低点，即 H 最小时对应的 u 值（图 3-1-5），此点成为最佳流速，可以通过微分求得。

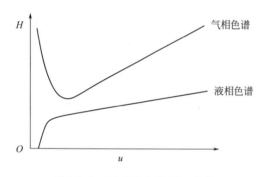

图 3-1-4　GC 和 LC 的 H-u 曲线

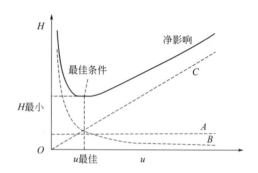

图 3-1-5　H-u 关系与最佳载气流速图

$$\frac{dH}{du} = -\frac{B}{u^2} + C = 0 \tag{3-1-18}$$

$$u_{最佳} = \sqrt{\frac{B}{C}} \tag{3-1-19}$$

$$H_{最小} = A + 2\sqrt{BC} \tag{3-1-20}$$

选择 3 种相差较大的流速 u，测得 3 张色谱图，在 3 张色谱图中选择某一峰，分别求出 3 种 u 和对应的塔板高度 H，由已知的 u 和 H 建立 3 个速率方程，解联立方程可以求得 A、B、C。

3. 分离度

分离度 R，又称为总分离效能指标或分辨率，表示相邻两个峰分离程度的优劣，是既能反映色谱柱分离效能又能反映选择性的指标。分离度为相邻两组分色谱峰保留值之差与两组分色谱峰底宽度总和一半的比值，即

$$R = \frac{2(t_{R_2} - t_{R_1})}{W_1 + W_2} \tag{3-1-21}$$

在计算 R 值时，组分的保留值和峰底宽度要采用相同的计量单位。由上面公式可知，两峰保留值相差越大，峰越窄，R 值就越大，相邻两组分分离得越好。

图 3-1-6 表示不同分离度时色谱峰分离得程度。从图中可以看出，两个峰保留值相差越大，峰越窄，R 值就越大，相邻的两个组分分离得就越好。$R=0.75$ 时，两色谱峰大部分重叠在一起，完全没有分开；$R=1.0$ 的两峰有部分重叠，大部分被分开，分离度达到 98%；而 $R=1.5$ 的两峰则完全分离，分离程度可达 99.7%。通常用 $R=1.5$ 作为相邻两组分已完全分离的标志。

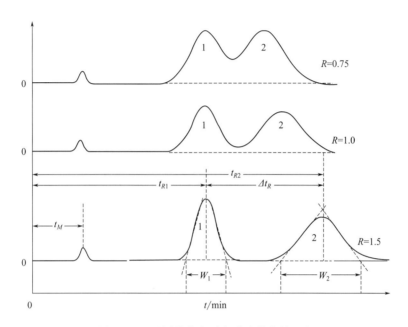

图 3-1-6 不同分离度时色谱峰分离的程度

相邻两组分保留时间的差值反映了色谱分离的热力学性质，色谱峰的宽度反映了色谱过程的动力学因素。因此，分离度反映了两个方面的因素，并定量地描述了混合物中相邻两组分的实际分离程度。

分离度 R 作为色谱柱的总分离效能指标，可以判断难分离混合物在色谱柱中的分离情况，体现着柱效能和选择性对分离结果的影响。当难分离的相邻两个组分之间的 k 相差很小，则可以假设 $k_1 \approx k_2 \approx k$，$W_1 \approx W_2 \approx W$，所以可以推导出分离度（$R$）、柱效能（$n$）和选择性（$r_{2,1}$）的关系式

$$R = \frac{2(t_{R_2} - t_{R_1})}{W_1 + W_2} = \frac{t_{R_2} - t_{R_1}}{W} = \frac{\left(\frac{t_{R_2}}{t_{R_1}} - 1\right) t_{R_1}}{W}$$

$$= \frac{(r_{2,1} - 1)}{\dfrac{t_{R_2}}{t_{R_1}}} \times \frac{t_{R_2}}{W} = \frac{(r_{2,1} - 1)}{r_{2,1}} \sqrt{\frac{n}{16}} \tag{3-1-22}$$

$$n = 16 R^2 \left[\frac{r_{2,1}}{(r_{2,1} - 1)}\right]^2 \tag{3-1-23}$$

$$L = 16 R^2 \left[\frac{r_{2,1}}{(r_{2,1} - 1)}\right]^2 \times H \tag{3-1-24}$$

实际应用中，往往用 n_{eff} 代替 n。

由公式(3-1-9)可得

$$\frac{1}{W} = \frac{\sqrt{n}}{4} \times \frac{1}{t_R} \tag{3-1-25}$$

由公式(3-1-9)和公式(3-1-10)可得

$$\sqrt{\frac{n_{\text{eff}}}{n}} = \frac{t'_R}{t'_R + t_M} = \frac{k}{k+1} \tag{3-1-26}$$

分离因子 α 的表达式与相对保留值 $r_{2,1}$ 相同，用 α 代替 $r_{2,1}$，并将公式(3-1-24)和公式(3-1-25)带入公式(3-1-22)，则得 R

$$R = \frac{\sqrt{n_{\text{eff}}}}{4} \times \left(\frac{\alpha-1}{\alpha}\right) \times \left(\frac{k+1}{k}\right) \tag{3-1-27}$$

$$L = n_{\text{eff}} \times H_{\text{eff}} = 16 R^2 \times \left(\frac{\alpha}{\alpha-1}\right)^2 \times H_{\text{eff}} \tag{3-1-28}$$

(1) 分离度与柱效能的关系 由公式(3-1-27)可以看出，分离度与 n 的平方根成正比，分离度主要取决于色谱柱性能和载气流量，柱效能 n 是影响分离度的一种重要因素。首先增加柱长可以增大分离度，但同时各组分的保留时间增加，容易使色谱峰变宽，因此在保证一定分离度的前提下尽量用短的柱子。由速率理论可知，可以选择颗粒较小、填充均匀的固定相，另外应选择合适的色谱操作条件，如载气流速、柱温等。

(2) 分离度与选择性的关系 $r_{2,1}$ 是柱选择性的量度，$r_{2,1}$ 越大，柱选择性越好，对分离越有利。分离度对 $r_{2,1}$ 的微小变化很敏感，增大 $r_{2,1}$ 值是提高分离度的有效办法。当 $r_{2,1}=1$ 时，$R=0$，两物质不能实现分离；当 $r_{2,1}$ 很小的情况下，需要增大 $r_{2,1}$ 值，才能实现分离。气相色谱法中一般通过改变固定相组成或采用较低的柱温来增大 $r_{2,1}$ 值，而较少通过改变载气种类来实现，因为载气气体是惰性的，且可选择种类很少。

(3) 分离度与分配比的关系 从公式(3-1-26)可以看出，增大 k 值对分离有利，但当 $k > 10$ 时，增加 k 值对 $(k+1)/k$ 的改变不大，对 R 的改进不明显，反而使分析时间大为延长。因此 k 值的最佳范围是 $1 \sim 10$，在此范围内，既可得到较大的 R 值，又可使分析时间不至过长，峰的扩展不会太严重。

【例题 3-1-1】 一条 1m 的色谱柱的有效塔板数为 3600，在一定条件下，两个组分的保留时间分别为 12.2s 和 12.8s，计算分离度。要达到完全分离，即 $R=1.5$，所需要的柱长。

解：

$$W_{b_1} = 4 \frac{t_{R_1}}{\sqrt{n}} = 4 \times \frac{12.2}{\sqrt{3600}} = 0.813(\text{s})$$

$$W_{b_2} = 4 \frac{t_{R_2}}{\sqrt{n}} = 4 \times \frac{12.8}{\sqrt{3600}} = 0.853(\text{s})$$

$$R = \frac{2(t_{R_2} - t_{R_1})}{W_1 + W_2} = \frac{2(12.8 - 12.2)}{0.813 + 0.853} = 0.720$$

因为，$\dfrac{L_1}{L_2} = \left(\dfrac{R_1}{R_2}\right)^2$ 所以，$L_2 = \left(\dfrac{R_2}{R_1}\right)^2 L_1 = \left(\dfrac{1.5}{0.720}\right)^2 \times 1 = 4.34(\text{m})$

【例题 3-1-2】 有一根 1.5m 长的柱子，分离组分 1 和组分 2，得到如下图所示的色谱图。图中横坐标为记录纸走纸距离。

(1) 求此两种组分在该色谱柱上的分离度和该色谱柱的有效塔板数。

(2) 如要使组分 1、组分 2 完全分离，色谱柱应该要加到多长？

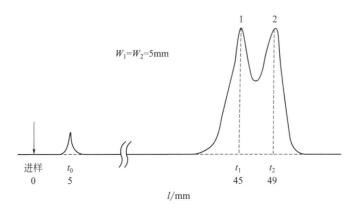

解： (1) 分离度： $R = \dfrac{2(t_{R_2} - t_{R_1})}{W_1 + W_2} = \dfrac{2\times(49-45)}{5+5} = 0.8$

有效塔板数： $n_{\text{eff}} = 16\left(\dfrac{t'_R}{W_b}\right)^2 = 16\times\left(\dfrac{49-5}{5}\right)^2 = 1239(块)$

(2) 有效塔板高度： $H_{\text{eff}} = \dfrac{L}{n_{\text{eff}}} = \dfrac{1.5}{1239} = 1.21\times 10^{-3}(\text{m})$

两组分完全分离的分离度 $R = 1.5$，则

$$L = n_{\text{eff}} \times H_{\text{eff}} = 16R^2 \times \left(\dfrac{\alpha}{\alpha-1}\right)^2 \times H_{\text{eff}} = 16\times 1.5^2 \times \left(\dfrac{\frac{49-5}{45-5}}{\frac{49-5}{45-5}-1}\right)^2 \times 1.21\times 10^{-3} = 5.27(\text{m})$$

四、定性和定量分析

色谱法是分离复杂混合物的重要方法，同时还能将分离后的物质直接进行定性和定量分析。气相色谱和液相色谱的定性定量分析原理及方法相同。

1. 定性分析

随着联用技术发展，色谱对混合物的分离能力提高，使得色谱法的定性问题得到很好解决。特别是小型化的色谱质谱联用仪的广泛应用，使得组分定性和化合物结构分析十分方便，但对于一些普通常规分析，掌握一些传统定性方法还是有必要的。

(1) 保留值定性 通过对比样品与纯物质色谱峰的保留值是否一致，来确定样品中是否含有该物质及在色谱图中的位置。保留值接近或分离不完全的组分，用此方法难以准确判断。此方法不适用于在不同仪器上获得的数据之间的对比。

(2) 加入法定性 将纯物质加入到样品中，观察各组分色谱峰的相对变化，确定与纯物质相同的组分。分离不完全时，不同物质可能在同一色谱柱上具有相同的保留值，在一支色谱柱上按上述方法定性的结果并不可靠，需要在两支不同性质的色谱柱上进行对比。

2. 定量分析

在一定的色谱分离条件下，色谱图上的峰面积与进入检测器的组分质量（或浓度）成正比，这是色谱定量分析的基础。需要正确测量峰面积和比例系数（定量校正因子）。

$$m_i = f_i A_i \tag{3-1-29}$$

式中，m_i 为各组分质量；f_i 为校正因子；A_i 为峰面积。

如果要求得组分质量 m_i，必须知道校正因子 f_i 和峰面积 A_i。

(1) 色谱峰面积　组分的量正比于色谱峰面积，进行定量计算时，首先需要计算出色谱峰面积。可以将色谱峰近似当作等腰三角形，利用峰高（h）乘半峰宽（$W_{1/2}$）来计算峰面积，但计算求得的峰面积是实际峰面积的94%。

$$A_i = 1.064 h W_{1/2} \tag{3-1-30}$$

峰拖尾或前延，峰太窄、太矮等都会给测量带来误差。

色谱分析中，不对称峰的计算方法为：取峰高 0.15 和 0.85 处峰宽的平均值乘以峰高，求近似值。

$$A = 1/2(W_{0.15} + W_{0.85})h \tag{3-1-31}$$

现在的色谱仪都带有工作站，工作站能够自动处理实验所得的色谱数据，无论是对称色谱峰还是不对称色谱峰，工作站都能精确计算色谱峰面积。

(2) 校正因子　包括绝对校正因子、相对校正因子。

① 绝对校正因子　由公式(3-1-29)可得

$$f_i = \frac{m_i}{A_i} \tag{3-1-32}$$

式中，f_i 为绝对校正因子，其意义为单位峰面积所代表的组分含量。

② 相对校正因子　实际工作中，很难得到准确的绝对校正因子，一般采用相对校正因子 f'_i。

$$f'_i = \frac{f_i}{f_s} = \frac{m_i/A_i}{m_s/A_s} = \frac{m_i A_s}{m_s A_i} \tag{3-1-33}$$

式中，f_i 为绝对校正因子；f_s 为标准物质校正因子；m_i 为组分的量；m_s 为标准物质的量；A_i 为组分的峰面积；A_s 为标准物质的峰面积。

(3) 定量方法　包括归一法、外标法和内标法。

① 归一法。当样品有 n 个组分，各组分的质量分别为 m_1、m_2、$\cdots$、m_n，测量参数为峰面积时，则

$$X_i = \frac{m_i}{m_1 + m_2 + \cdots + m_n} \times 100\% = \frac{f'_i A_i}{\sum_{i=1}^{n}(f'_i A_i)} \times 100\% \tag{3-1-34}$$

式中，X_i 为待测组分的量；f'_i 为相对校正因子；A_i 为各组分峰面积。

归一法简便、准确。归一法不必知道进样量，尤其是进样量小且不能准确知道量时，更为方便，特别适合多组分同时测定；其不足之处是样品组分必须全部出峰并产生响应信号，求得所有 f'_i 值，否则不能应用归一法定量。

② 外标法。实际上是标准曲线法。用待测组分的纯物质配成不同浓度的标样进行色谱分析，获得各种浓度下对应的峰面积（或峰高），做出峰面积（或峰高）与浓度的标准曲线。分析时，在相同色谱条件下，进同样体积待分析样品，根据所得峰面积（或峰高），从标准曲线上查出待测组分的浓度。

标准曲线法要求操作条件稳定，进样体积一致，此法适合于样品的色谱图中无内标峰可插入，或找不到合适内标物的定量。

③ 内标法。内标法是将一定量的纯物质作为内标物，加入到准确称取的试样中，根据被测物和内标物的质量及色谱图上相应的峰面积之比，求出被测组分的含量。

内标物要满足以下要求：样品中不含该物质；与被测组分的性质相近；不与样品发生化学反应；出峰位置应在被测组分峰附近，且无组分峰的影响。

内标加入步骤：准确称取样品，将一定量的内标物加入其中，混合均匀后进样分析。根据样品和内标物的质量及色谱图相应峰面积，计算组分含量。

$$X_i = \frac{m_i}{m_{样}} \times 100\% = \frac{f_i A_i m_s}{f_s A_s m_{样}} \times 100\% \qquad (3\text{-}1\text{-}35)$$

一般以内标物为基准，则 $f_s = 1$，公式可以简化为

$$X_i = \frac{f_i A_i m_s}{A_s m_{样}} \times 100\% \qquad (3\text{-}1\text{-}36)$$

式中，X_i 为样品中组分 i 的质量分数；f_i 为相对质量校正因子；A_i 为组分 i 的峰面积；m_s 为内标物的质量；A_s 为内标物的峰面积；$m_{样}$ 为样品质量。

内标法定量准确，测定结果不受操作条件、进样量、操作者技术的影响。被分析组分含量很小，不能应用归一法，或被分析样品中并非所有组分都出峰时，皆可用内标法。但是，选择合适内标物较为困难，每次测定都需要准确称量内标物和样品。

1. 理论塔板数反映了（　　）。
   A. 分离度　　　B. 分配系数　　　C. 保留值　　　D. 柱的效能
2. 对某一组分来说，在一定的柱长下，色谱峰的宽或窄主要取决于组分在色谱柱中的（　　）。
   A. 保留值　　　B. 扩散速度　　　C. 分配比　　　D. 理论塔板数
3. 载体填充的均匀程度主要影响（　　）。
   A. 涡流扩散　　B. 分子扩散　　　C. 气相传质阻力　　D. 液相传质阻力
4. 相对响应值 s' 或校正因子 f' 与（　　）无关。
   A. 基准物　　　B. 检测器类型　　C. 被测试样　　D. 载气流速
5. 若在一个 1m 长的色谱柱上测得两组分的分离度为 0.68，若要使它们完全分离，则柱长至少应为（　　）m。
   A. 2　　　　　B. 5　　　　　　C. 0.5　　　　　D. 9
6. 在色谱流出曲线上，两峰间距离决定于相应两组分在两相间的（　　）。
   A. 理论塔板数　B. 载体粒度　　　C. 扩散速度　　D. 分配系数
7. 色谱法分离混合物的可能性取决于试样混合物在固定相中（　　）的差别。
   A. 沸点差　　　B. 温度差　　　　C. 吸光度　　　D. 分配系数
8. 选择固定液时，一般根据（　　）原则。
   A. 沸点高低　　B. 熔点高低　　　C. 相似相溶　　D. 化学稳定性
9. 进行色谱分析时，进样时间过长会导致半峰宽（　　）。
   A. 没有变化　　B. 变宽　　　　　C. 变窄　　　　D. 不呈线性
10. 色谱分析法中，要求混合物中所有组分都出峰的定量方法是（　　）。
    A. 外标法　　　B. 内标法　　　　C. 归一化法　　D. 内标标准曲线法
11. 在一定温度下，分离极性物质，选＿＿＿＿固定液，试样中各组分按极性顺序分离，＿＿＿＿先流出色谱柱，＿＿＿＿后流出色谱柱。
12. 描述色谱柱效能的指标是＿＿＿＿＿＿，柱的总分离效能指标是＿＿＿＿＿＿。
13. 对于长度一定的色谱柱，板高 H 越小则理论塔板数 n 越＿＿＿，组分在两相间达到平衡的次数也越＿＿＿，柱效越＿＿＿。

14. 色谱柱的分离效率用 R 表示。R 越大，则在色谱图上两峰的距离_____，表明这两个组分_____分离，通常当 α 大于____时，即可在填充柱上获得满意的分离。

15. 色谱定性的依据是_____，定量的依据是_____。

16. 色谱图上的色谱峰流出曲线可以说明什么问题？

17. 塔板理论优缺点？

18. 根据速率理论，理论板高受什么影响？

19. 色谱定量常用哪几种方法？它们的计算公式如何表达？简述它们的主要优缺点。

20. 在一根色谱柱上，欲将含 A、B、C、D、E 五个组分的混合试样分离。查得各组分的分配系数大小为 $K_B > K_A > K_C > K_D$，$K_E = K_A$，试定性地画出它们的色谱流出曲线图，并说明其理由。

21. 在一根 3m 长的色谱柱上，分离某样品的结果如下：组分 1 的保留时间为 14min，半峰宽为 0.41min；组分 2 的保留时间为 17min，半峰宽为 0.5min，死时间为 1min。(1) 求分配系数比 α；(2) 求组分 1 和组分 2 的相对保留值 $r_{2,1}$ 和分离度；(3) 若柱长变为 2m，两组分的分离度变为多少？

22. 解：已知物质 A 和 B 在一根 18cm 长的柱上的保留时间分别为 16.40min 和 17.63min。不被保留组分通过该柱的时间为 1.30min。峰底宽度为 1.11min 和 1.21min，计算：(1) 柱的分离度；(2) 柱的平均塔板数；(3) 塔板高度；(4) 达到 1.5 分离度所需的柱长度。

23. 用 3m 的填充柱得到 A、B 两组分的分离数据为：$t_M = 1min$，$t_{R(A)} = 14min$，$t_{R(B)} = 17min$，$W_A = W_B = 1min$。当 A、B 两组分刚好完全分离时，柱子长度最短需多少？

24. 组分 A 和 B 在一根 30cm 柱上分离，其保留时间分别为 6.0min 和 9.0min，峰底宽分别为 0.5min 和 0.6min，不被保留组分通过色谱柱需 1.0min。试计算：(1) 分离度 R；(2) 组分 A 的有效塔板数 n_{eff}；(3) 组分 B 的调整保留时间；(4) 组分 B 的容量因子；(5) 组分 B 对组分 A 的相对保留值。

25. 一色谱柱长 1.6m，死时间、组分 A、组分 B 的保留时间分别为 0.9min、3.24min 和 3.60min，组分 A、组分 B 的峰底宽为 0.3min，计算分离度达到 1.5 时的柱长。

项目二 薄层色谱分析法

一、薄层色谱分析法的基本原理

吸附是表面的一个重要性质。任何两个相都可以形成表面,吸附就是其中一个相的物质或溶解于其中的溶质在此表面上的密集现象。在固体与气体之间、固体与液体之间、吸附液体与气体之间的表面上,都可能发生吸附现象。

固体表面的分子(离子或原子)和固体内部分子所受的吸引力不相等,致使物质分子能够在固体表面停留。在固体内部,分子之间相互作用的力是对称的,其力场互相抵消。而处于固体表面的分子所受的力是不对称的,向内的一面受到固体内部分子的作用力大,而表面层所受的作用力小,因而气体或溶质分子在运动中遇到固体表面时受到这种剩余力的影响,就会被吸引而停留下来。吸附过程是可逆的,被吸附物在一定条件下可以解吸出来。在单位时间内被吸附于吸附剂的某一表面积上的分子和同一单位时间内离开此表面的分子之间可以建立动态平衡,称为吸附平衡。吸附色谱过程就是不断地产生平衡与不平衡、吸附与解吸的动态平衡过程。

薄层色谱法利用各成分对同一吸附剂吸附能力不同,使各成分在流动相(溶剂)流过固定相(吸附剂)的过程中,连续地产生吸附、解吸、再吸附、再解吸,从而达到各成分互相分离的目的。

薄层色谱可根据作为固定相的支持物不同,分为薄层吸附色谱(吸附剂)、薄层分配色谱(纤维素)、薄层离子交换色谱(离子交换剂)、薄层凝胶色谱(分子筛凝胶)等。一般实验中应用较多的是以吸附剂为固定相的薄层吸附色谱。

如用硅胶和氧化铝作支持剂,其主要原理是吸附力与分配系数的不同,使混合物得以分离。当溶剂沿着吸附剂移动时,带着样品中的各组分一起移动,同时发生连续吸附与解吸作用以及反复分配作用。由于各组分在溶剂中的溶解度不同,以及吸附剂对它们的吸附能力的差异,最终混合物分离成一系列斑点(图 3-2-1)。

二、薄层色谱分析法的操作方法和注意事项

1. 薄层板制备

(1) 玻璃板 玻璃板要求厚薄一致,大小相同,表面光滑平整。用前先将玻璃用肥皂和水洗干净,必要时浸泡在清洗液中,然后水洗烤干,用纱布擦光。

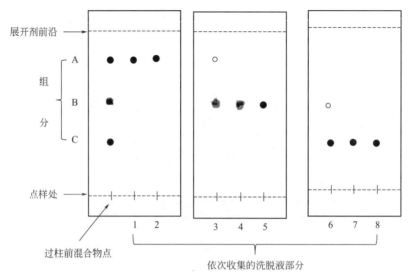

图 3-2-1　薄层色谱分析法示意图

玻璃板大小有各种规格（长×宽）一般有：20cm×20cm、20cm×10cm、20cm×5cm，可根据需要自行设计（图 3-2-2）。宽度要求为至少能点开两三个样品，每两点之间相隔至少 1.5cm，玻璃板长度一般要满足展开 10cm 的距离，点样的起点应距底边至少 1.5cm。

图 3-2-2　薄层板

(2) 吸附剂　市场上有专供薄层色谱用的吸附剂，应用最广泛的为硅胶和氧化铝，规格分不含黏合剂的硅胶 H、氧化铝 H 和含黏合剂熟石膏的硅胶 G、氧化铝 G，如市售硅胶 G 含13%熟石膏。吸附剂的粒度范围一般在180～200目，太小了流速慢，太大则影响分离效果。如不合要求，应过筛。

(3) 薄层板的涂布　最简单的涂布方法是用两条比玻璃板厚 0.25mm 的玻璃条或有机玻璃条（或在同样厚度的玻璃条下粘一层胶布），将玻璃板夹住，把调好的吸附剂浆液平铺在薄层板上，然后用一有机玻璃条或直尺，迅速均匀地向前推进，推进速度要求均匀一致，即可得到薄厚均匀的薄层板。如在一块玻璃板末端再接一块相同的玻璃板，把剩余的浆液接过去，可使涂层边缘整齐，厚度一致。吸附剂浆液的加水量和搅拌时间是涂布成败的关键，如 12cm×8cm(长×宽) 的玻璃板需要 2～3g 硅胶 G，加 4～6mL 水即可。不同性质不同批号的吸附剂，加水量和搅拌时间可有一定差异。为了达到涂布的各板厚度均匀一致，最好采用涂布器进行薄层的涂布。为了增加薄层的牢固性及使其易于保存，可在涂布过程中加入黏合剂以增加薄层的硬度。

2. 点样

点样方式分为手动点样和自动点样。手动点样灵活方便，以微量毛细管最为常用。自动点样准确性好，常用于薄层扫描法的含量测定。

手动点样时，应注意小心用点样器垂直接触薄层板表面以防止损伤板面。若薄层吸附剂表面被损坏或点成洼孔，则展开后斑点呈不规则形状；靠近溶剂前沿的化合物形成三角形，靠近原点的化合物形成新月形，影响测定结果。原点损失带来的误差，也将使展开后的定量和判断不准确。图 3-2-3 为薄层色谱分析法示意图。

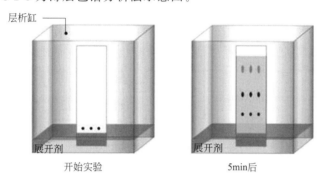

图 3-2-3　薄层色谱分析法示意图

点样时应注意的问题有以下两方面。

① 点样量。原点位置对样品容积的负荷量有限，体积不宜太大，一般为 $0.5 \sim 10 \mu L$，样品浓度过大时，展开剂从原点外围绕行而不是通过整个原点把样品带动向前，使斑点脱尾或重叠，降低分离效率。点样量过小时，不能检出清晰的斑点从而影响判断。

② 样品的溶剂。样品在溶剂中溶解度过大，原点将变成空心圆，影响随后的线性展开，所以原则上应选择对被测成分可以溶解但溶解度不是很大的溶剂。供试液的溶剂在原点残留会改变展开剂的选择性，亲水性溶剂残留在原点吸收大气中的水分（特别在高湿度环境）对色谱质量也会产生影响，因此除去原点残存溶剂是必要的。但对遇热不稳定和易挥发的成分，应避免高温加热，以免成分被破坏或损失。

3. 展开

展开剂也称溶剂系统、流动剂或洗脱剂，是在平面色谱中用作流动相的液体。展开剂要有适当的纯度、适当的稳定性、较低的黏度、线性分配等温线、很低或很高的蒸气压以及尽可能低的毒性。展开剂主要是溶解被分离的物质，在吸附剂薄层上转移被分离物质，使各组分的 R_f 值在 $0.2 \sim 0.8$ 并对被分离物质有适当的选择性（R_f 值为斑点中心距原点的距离与溶剂展开前沿距原点距离的比值，图 3-2-4）。

配制展开剂时，应严格控制其比例准确度，如遇到比例很小的溶剂时，应尽量满足其精确度要求。展开剂配好后如果浑浊不清，应转移入分液漏斗中，待其静置分层澄清后再取其上层（或下层）液进行展开。

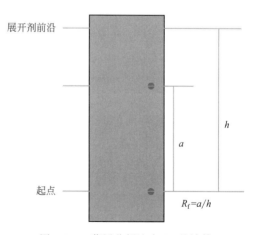

图 3-2-4　薄层分析法中 R_f 的计算

展开剂的用量以薄层板放入的深度距原点 5mm 为宜，切勿倒入过多，将原点浸入展开剂，成分将被展开剂溶解而不随展开剂在板上分离。

三、薄层色谱分析法的应用

1. 食品和营养

薄层色谱法可以用于分离测定食品中所含有的碳水化合物、维生素、有机酸、氨基酸等天然营养成分，也用于食品添加剂如色素、防腐剂等，以及某些真菌毒素如黄曲霉毒素的分析。蛋白质和多肽水解为氨基酸，对不同来源的动物性和植物性蛋白水解后产生不同的氨基酸进行定性和定量，有助于解决蛋白质的结构和食品营养问题。二十多种氨基酸用硅胶G薄层板双向展开，一次即能分开，然后定性和定量，方法快速而简便。多糖和寡糖可水解为单糖，可用薄层色谱法进行单糖和双糖的定性和定量，文献中有每一个糖的 R_f 值和相应的展开剂。油和脂肪可水解为脂肪酸，脂肪酸的种类和结构中的不饱和键数，与营养和卫生有关，关于油和脂肪的薄层（硅胶、硅藻土、纤维素）色谱分析，文献和综述很多。脂溶性和水溶性维生素在薄层上可方便地进行定性和定量，如脂溶性维生素A、维生素D、维生素E、维生素K及水溶性维生素 B_2、维生素 B_6、维生素 B_{12}、泛酸、叶酸、维生素C，在硅胶G薄层上可用苯∶甲醇∶丙酮∶冰醋酸（7∶2∶0.5∶0.5）分开。

2. 药物和药物代谢

由于薄层色谱具有快速、简便与实效性的优点，广泛应用于中草药品种鉴别和成分分析，中成药鉴别和质量标准研究，合成药物的定性鉴别、纯度检查、稳定性考察和药物代谢以及合成工艺监控分析、生化和抗生素研究等方面。薄层色谱法在合成药物和天然药物中的应用很广。应用薄层扫描即薄层色谱与紫外分光光度或荧光光度分析联用，可进行各种药物的定量分析。每一类药物都包括几种或十几种化学结构和性质非常相似的化合物，如磺胺、巴比妥、苯并噻嗪、甾体激素、抗生素、生物碱、强心苷、黄酮、挥发油和萜等，可以在相关文献中找出1～2种展开剂，能把药物中所含有的每一类化合物很好地分开。药物代谢产物的样品一般经预处理后再用薄层分析，应用也很广，但有时因含量甚微，不如采用气相和高效液相色谱法灵敏。

3. 生物样品与毒物分析

薄层色谱法分析的生物样品多为血清、血浆或尿液等，用来进行药物生物利用度的分析，检测临床用药的血药浓度，以利于诊断临床疾病等。毒物分析的内容比较广泛，包括植物毒素、真菌毒素、兴奋剂、药物中毒、走私毒品、农药、尸检以及刑侦破案等方面的样品分析。在生物样品分析领域，有文献应用薄层板定性或定量分析了尿样、胆汁酸、胃内容物及血样等生物样品中相关的生化指标。在毒物分析方面，研究者应用薄层板分析了咖啡因、安替比林、吗啡、安定等50种毒物。

4. 环境有害物质的分析

薄层色谱分析法主要应用于农药及农药残留分析、有毒金属测定和多环芳烃测定等。研究人员应用薄层扫描定量分析了土壤中多环芳香烃苯并[a]芘，饲料中残存玉米赤霉烯酮、赭曲霉素A以及脱氧雪腐镰刀菌烯醇。

技能训练一　薄层色谱制备

【训练目标】

1. 了解薄层色谱的基本原理和应用。

2. 掌握薄层色谱的操作技术。

【原理】

薄层色谱法（thin layer chromatography）常用 TLC 表示，属于固-液吸附色谱。样品在薄层板上的吸附剂（固定相）和溶剂（移动相）之间进行分离。由于化合物的吸附能力各不相同，在展开剂上移时，它们产生不同程度的解吸，从而达到分离的目的。

【仪器和试剂】

1. 检验甲基橙的纯度
实验样品：甲基橙粗品（自制）、甲基橙纯品。
溶剂：乙醇：水＝1∶1(体积比)。
展开剂：丁醇∶乙醇∶水＝10∶1∶1(体积比)。
2. 混合物的分离
实验样品：圆珠笔芯油。
溶剂：95％乙醇。
展开剂：丁醇∶乙醇∶水＝9∶3∶1（体积比）。

【训练步骤】

1. 吸附剂的选择
薄层色谱的吸附剂最常用的是氧化铝和硅胶。
硅胶：颗粒大小一般为 260 目以上。颗粒太大，展开剂移动速度快，分离效果不好；反之，颗粒太小，溶剂移动太慢，斑点不集中，效果也不理想。
化合物的吸附能力与它们的极性成正比，具有较大极性的化合物吸附力较强，因而 R_f 值较小。
2. 薄层板的制备（湿板的制备）
薄层板制备的好坏直接影响色谱的结果。薄层应尽量均匀且厚度要固定。否则，在展开时前沿不齐，色谱结果也不易重复。在烧杯中放入 2g 硅胶 G，加入 5～6mL 蒸馏水，慢慢搅拌，调成糊状，勿产生气泡。将配制好的浆料倾注到清洁干燥的载玻片上，拿在手中轻轻地左右摇晃，使其表面均匀平滑，在室温下晾干后进行活化。
3. 薄层板的活化
将涂布好的薄层板置于室温晾干后，放在烘箱内加热活化，活化条件根据需要而定。硅胶板一般在烘箱中渐渐升温，维持 105～110℃ 活化 30min。氧化铝板在 200℃ 烘 4h 可得到活性为 Ⅱ 级的薄板，在 150～160℃ 烘 4h 可得活性为 Ⅲ～Ⅳ 级的薄板。活化后的薄层板放在干燥器内保存待用。
4. 点样
先用铅笔在距薄层板一端 1cm 处轻轻画一横线作为起始线，然后用毛细管吸取样品，在起始线上小心点样，斑点直径一般不超过 2mm。若因样品溶液太稀，可重复点样，但应待前次点样的溶剂挥发后方可重新点样，以防样点过大，造成拖尾、扩散等现象，而影响分离效果。若在同一板上点几个样，样点间距离应为 1～1.5cm。点样要轻，不可刺破薄层。
5. 展开
薄层色谱的展开，需要在密闭容器中进行。为使溶剂蒸气迅速达到平衡，可在展开槽内衬一张滤纸。在层析缸中加入配好的展开剂，高度不超过 1cm。将点好样的薄层板小心放入层析缸中，点样一端朝下，浸入展开剂中。盖好瓶盖，观察到展开剂前沿上升到一定高度时取出，尽快在板上标注展开剂前沿位置。晾干，观察斑点位置，计算 R_f 值。

6. 显色

被分离物质如果是有色组分，展开后薄层色谱板上即呈现出有色斑点。如果化合物本身无色，则可用碘蒸气熏的方法显色。还可使用腐蚀性的显色剂如浓硫酸、浓盐酸和浓磷酸等。对于含有荧光剂的薄层板，在紫外线下观察，展开后的有机化合物在亮的荧光背景上呈暗色斑点。本实验样品本身具有颜色，不必在荧光灯下观察。

【注意事项】

1. 载玻片应干净且不被手污染，吸附剂在玻片上应均匀平整。
2. 点样不能戳破薄层板表面，各样点间距 1~1.5cm，样点直径应不超过 2mm。
3. 展开时，不要让展开剂前沿上升至底线。否则，无法确定展开剂上升高度，即无法求得 R_f 值和准确判断粗产物中各组分在薄层板上的相对位置。

技能训练二　薄层色谱法提取与分离天然色素

【训练目标】

1. 了解薄层色谱的一般原理和意义，学习薄层色谱的操作方法。
2. 掌握液体有机化合物的干燥方法。
3. 掌握天然色素的提取与分离方法。

【原理】

绿色植物如菠菜叶中含有叶绿素（绿色）、胡萝卜素（橙色）和叶黄素（黄色）等多种天然色素。其结构如下：

叶绿素中叶绿素 a 的含量通常是叶绿素 b 的 3 倍。尽管叶绿素分子含有一个极性基团，但大的烃基结构使它易溶于醚、石油醚等一些非极性的溶剂。

胡萝卜素是具有长链结构的共轭多烯，有三种异构体，即 α-胡萝卜素、β-胡萝卜素和 γ-胡萝卜素，其中 β-胡萝卜素含量最多，也最重要。生长期较长的绿色植物中，β-胡萝卜素的含量多达 90%。β-胡萝卜素具有维生素 A 的生理活性，是由两分子维生素 A 在链端失去两分子水结合而成的。在生物体内，β-胡萝卜素受酶催化即形成维生素 A。目前 β-胡萝卜素已可进行工业生产，可作为维生素 A 使用，也可作为食品工业中的色素使用。

叶黄素是胡萝卜素的羟基衍生物，在绿叶中的含量通常是胡萝卜素的两倍。与胡萝卜素相比，叶黄素较易溶于醇而在石油醚中溶解度较小。故本实验采用甲醇-石油醚的混合溶剂提取以上三种色素。

【仪器和试剂】

1. 仪器

剪刀、研钵、布氏漏斗、圆底烧瓶、直型冷凝管、层析缸、玻璃棒、酒精灯、石棉网、载玻片（2.5 cm×7.5 cm）。

2. 试剂

硅胶 G、羧甲基纤维素钠、中性氧化铝（150～160 目）、甲醇、95% 乙醇、丙酮、乙酸乙酯、石油醚。

【训练步骤】

1. 菠菜叶色素的提取

将菠菜叶洗净，甩去叶面上的水珠，摊在通风橱中抽风干燥至叶面无水迹。称取 20g，用剪刀剪碎，置于研钵中，加入 20mL 甲醇，研磨 5min，转入布氏漏斗中抽滤，保留滤液。

将布氏漏斗中的糊状物放回研钵，加入体积比为 3∶2 的石油醚-甲醇混合液 20 mL，研磨，抽滤。用另一份 20mL 混合液重复操作，抽干。合并 2 次的滤液，转入分液漏斗，每次用 10mL 水洗涤 2 次，弃去水-醇层，将石油醚层用无水硫酸钠干燥后滤入蒸馏瓶中，水浴加热蒸馏至剩约 1mL 残液。

2. 薄层色谱

铺制羧甲基纤维素钠硅胶板 6 块，按下表次序点样，用体积比为 8∶2 的石油醚-丙酮混合液作展开剂，展开后计算各样点的 R_f 值，观察各色带样点是否单一，以确认柱中分离是否完全。

薄板序号	一		二		三		四		五		六
样点序号	1	2	3	4	5	6	7	8	9	10	
样点	原提取液	原提取液	原提取液	第一色带	原提取液	第二色带	原提取液	第三色带	原提取液	第四色带	备补

3. 结果

各样点的 R_f 值因薄层厚度及活化程度不同而略有差异。大致次序为：第一色带，β-胡萝卜素（橙黄色，$R_f \approx 0.75$）；第二色带，叶黄素（黄色，$R_f \approx 0.7$）；第三色带，叶绿素 a（蓝绿色，$R_f \approx 0.67$）；第四色带，叶绿素 b（黄绿色，$R_f \approx 0.50$）。在原提取液（浓缩）的薄层板上还可以看到另一个未知色素的斑点（$R_f \approx 0.20$）。

 习题

1. 薄层色谱属于（　　）。
   A. 液-固色谱　　　B. 液-液色谱　　　C. 排阻色谱　　　D. 离子交换色谱
2. 甲乙两化合物，用同一 TLC 系统展开后，它们的 R_f 值相同，则甲乙两者为（　　）。
   A. 同一物质　　　B. 可能为同一物质　C. 不是同一物质　D. 无法判断
3. 在吸附薄层色谱中，增大展开剂的极性时，则（　　）。
   A. 分离效果越好　B. 组分的 R_f 值减小　C. 展开速度加快　D. 组分的 R_f 值增大
4. 吸附薄层分析属于（　　）。
   A. 液-液色谱　　　B. 液-固色谱　　　C. 气-液色谱　　　D. 气-固色谱
5. 薄层色谱点样时，样品的浓度一般控制在（　　）。
   A. 0.1%～1%　　B. 小于 0.1%　　C. 大于 1%　　D. 等于 0.1% 或 1%
6. 以硅胶为固定相的薄层色谱通常属于（　　）。
   A. 分配色谱　　　B. 吸附色谱　　　C. 离子抑制色谱　D. 离子交换色谱
7. 下列关于薄层色谱法点样说法错误的是（　　）。
   A. 样点直径以 2～4mm 为宜　　　　B. 点样基线距底边 2.0cm 左右
   C. 点间距为 1.5～2cm 左右　　　　D. 点样时可以损伤薄层表面
8. 在薄层色谱法中，R_f 值的最佳范围是（　　）。
   A. 0.1～1.0　　B. 0.2～0.8　　C. 0.3～0.5　　D. 0.3～0.7
9. 吸附薄层色谱中，欲使被分离极性组分 R_f 值变小，一般可采用哪些方法？
10. 化合物 A 在薄层板上从原点迁移 7.6cm，溶剂前沿距原点 16.2cm。
    （1）计算化合物 A 的 R_f 值；（2）色谱条件相同时，当溶剂前沿移至距原点 14.3cm 时，化合物 A 的斑点应在此薄层板的何处？
11. 在薄层板上分离 A、B 两组分的混合物，当原点至溶剂前沿距离为 16.0cm 时，A、B 两斑点质量重心至原点的距离分别为 6.9cm 和 5.6cm，斑点直径分别为 0.83cm 和 0.57cm，求两组分的分离度及 R_f 值。

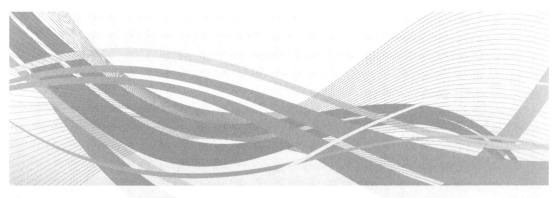

项目三 制备色谱法

制备色谱采用色谱技术制备纯物质。即分离、收集一种或多种色谱纯物质。制备色谱中的"制备"这一概念指获得足够量的单一化合物,以满足研究和其他用途。

一、制备色谱法的基本原理及分类

色谱是根据混合物中各组分的化学特性对其进行分离的一种分离方法。当混合物各组成部分的化学或物理性质十分接近,而其他分离技术很难或根本无法应用时,色谱技术愈加显示出其实际有效的优越性。如在消旋体处理等许多方面,所要求的产品纯度标准只有使用色谱技术才能达到,因而在医药、生物和精细化工工业中发展色谱技术,进行大规模纯物质分离提取的重要性日益增加。在生物、化工生产过程中,为迎接产品成本、质量标准方面的商业竞争及环境保护压力的挑战,必须进行色谱生产过程放大和操作最佳化方面的探索。

制备型色谱或纯化色谱则是指利用色谱方法分离出一定量达到足够纯度的化合物用于后续实验或处理的色谱方法。科学家首先要确定目标化合物,然后开发色谱方法,将目标化合物从原料、副反应或其他杂质中成功分离出来。其总体目标是满足日益增长的高通量和高效率需求,同时运用各种纯化技术达到相应的规模、纯度和重现性要求。从大型制药企业到小规模天然产物研究团队,纯化色谱在众多科研机构中应用非常广泛。尽管应用领域各不相同,但是应用的一般要求却非常相似,他们都希望分离出的终产物纯度能达到95%或更高。

1. 制备薄层色谱法

制备薄层色谱使用薄层色谱板进行制备分离,从混合物中提取所需要的单体。与常用的柱色谱相比,具有简单、快速、节省溶剂与人力的优点,是实验室比较常用的制备方法之一。比较常用的是制备薄层板色谱法、制备离心薄层色谱法、制备干柱薄层色谱法三个类别。

(1) 制备薄层板色谱法 制备薄层板色谱法操作步骤见图3-3-1。

制备板:一般使用200mm×200mm(长×宽)的薄层色谱板,吸附剂厚度最好为0.5~1mm,一般不超过2mm,平均1mm厚度需要的硅胶量为15~20g。为了得到低成本、铺层均匀的高质量制备薄层板,可以使用全自动制备薄层铺板机。

点样:制备薄层分离的样品量大,一般采用条带点样,不使用圆点点样;一般1mm厚的硅胶量大约为100mg,样品浓度不宜太稀,应在2%~10%为宜。为了得到均匀而规则的点样结果,可使用电动薄层条带点样器。同时展开剂的用量比较大,点样位置比较高。

展开：薄层色谱的层析缸要充分饱和，如制备板数量较多，可选用制备薄层板架。

显色：一般使用紫外灯或碘蒸气等非破坏方式显色，或在板边缘进行化学试剂显色。

回收：将检测到的样品连同硅胶一齐刮下，放入砂芯漏斗，使用适当溶剂将组分洗脱，将洗脱溶剂蒸干即可。一般希望洗脱溶剂沸点较低，不与组分发生反应。

制备薄层板色谱法的优点是使用方便、便宜、节省人力，缺点是分离时间较长。

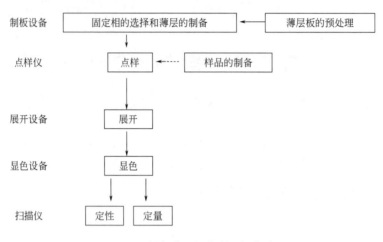

图 3-3-1　制备薄层板色谱法操作步骤

(2) 制备离心薄层色谱法　经典的制备薄层色谱法有一些缺点，如需要将分离的化合物从薄层板上刮下来，并将其从吸附剂中提取出来，如果是有毒化合物的话，常常会碰到一定的困难。比如，分离时间较长，提取分离后，目的组分中可能混入来自吸附剂的杂质和残留物等。

为了克服这些缺点，人们发明了制备离心薄层色谱法，制备离心薄层色谱法主要是在经典的薄层色谱技术基础上运用离心力来促使流动相加速流动，是一种强迫流动相移动的方法。制备离心薄层色谱法与普通薄层色谱法的色谱板有所不同。

① 制备离心薄层色谱法的色谱板是圆的，是径向色谱，分离能力优于方板。

② 制备离心薄层色谱法的洗脱液的流动不靠毛细现象，靠离心力，减少了分离时间与脱尾，分离效能很高。

③ 制备离心薄层色谱法的洗脱液是连续流动的，非常容易形成梯度，并且不需要刮下吸附层，这样薄层色谱板可以反复使用。制备过程见图 3-3-2。

所以，制备离心薄层色谱法的分离效能与分离速度要远高于制备薄层板色谱法，制备离心薄层色谱法操作简便、分离时间短、装置可重复使用（图 3-3-3）。

(3) 制备干柱薄层色谱法　制备干柱薄层色谱法是将干的吸附剂装入色谱柱中，将待分离的样品配成溶液或吸附于少量填料上，然后上样，当洗脱液依靠毛细作用从柱上流下，接近色谱柱底部时，停止洗脱，将吸附剂根据柱上各色谱带位置挖出或切开，用适当的溶剂洗出样品的方法。该方法中，实际上没有洗脱液从色谱柱中流出，色谱条带明显分离，制备干柱薄层色谱所需时间短（一般 15～30min），且消耗溶剂很少。

图 3-3-4 为制备干柱薄层色谱法对样品的洗脱，图 3-3-5 为制备干柱薄层色谱法装置。

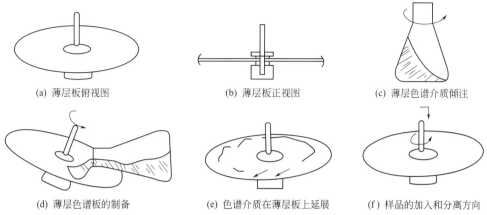

图 3-3-2 制备离心薄层色谱薄层板的制备过程

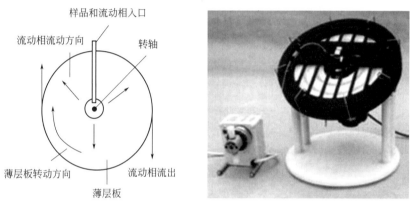

图 3-3-3 制备离心薄层色谱法装置

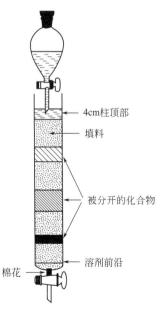

图 3-3-4 制备干柱薄层色谱法对样品的洗脱

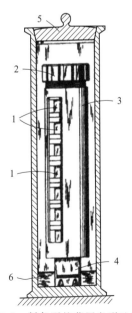

图 3-3-5 制备干柱薄层色谱法装置
1—玻璃或石英组件；2—顶部螺丝；3—不锈钢罩；
4—带烧结玻璃的样品室；5—层析缸；6—展开剂

该方法实际上只是制备型薄层色谱法在形式上的变化，二者具有相同的分离能力。比如，使用氧化铝时（有时用硅胶），可利用具有相同吸附剂的分析型薄层色谱推断柱分离的效果。但是，制备干柱薄层色谱上样量的比值却高出很多。在使用薄层色谱时，样品与吸附剂的比例约为1∶500；而对于制备干柱薄层色谱，可采用1∶300或1∶500的比例；对于易分离的混合物，甚至可以使用1∶100的比例。宜先利用薄层色谱选择最佳的溶剂系统，然后进行制备干柱薄层色谱分离。

制备干柱薄层色谱比常用的常压柱色谱具有更好的分辨能力，简单易行，快速经济，制备量大。缺点是必须使用可透过紫外线的管材，而且在收集样品时要割断管材，使费用略高。制备干柱薄层色谱与真空系统联用，构成减压真空色谱，性能会得到进一步提升。

这三种不同的方法在不同场合都拥有自己的优势，总的来讲，制备薄层板色谱法适用于制备量较小、分离程度较好的场合；制备离心薄层色谱法适用于制备量中等，分离程度较差的场合；制备干柱薄层色谱法适用于大量样品制备的场合。三种方法如果互相联用，分离效率会进一步提高，这三种方法均可与柱色谱法联用。

2．制备色谱

制备色谱纯化系统的配置与一般色谱系统相同，但增加了馏分收集器。样品混合物被进样至色谱柱，色谱柱根据组分特有的化学或物理性质对其进行分离。检出组分时，系统会将其输送至废液，或者进行收集用于后续实验。洗脱液收集操作既可由分析人员在组分洗脱时通过简单的手动方式完成，也可以全自动进行。在自动收集操作中，检测器信号会触发馏分收集器将液流输送至收集容器中。输送至收集容器的馏分纯度取决于分离过程中化合物与其他邻近洗脱杂质的分离度。图3-3-6为制备型液相色谱系统。

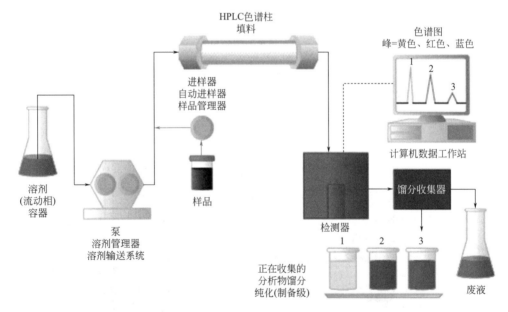

图3-3-6 制备型液相色谱系统

分析型液相色谱系统和制备型液相色谱系统是通用的，只是精度的差别问题。例如，分析液相流速一般在0.1~10mL/min，活塞的一个冲程大概是10μL，而普通的制备液相一般都是10~100mL/min的流速，因此活塞杆的尺寸也会变大，一个冲程差不多是100μL，精度相对来说就差了很多。流速大了,管路也相应地粗了不少,以降低高流速带来的背景压力。但这样的仪器用于分析的话,柱后的扩散现象相当厉害,即使在色谱柱上出现基线分离的两个峰,由于柱后扩散的作用,到达检测器的时候,差不多又汇合到一起了。另外就是检测器的差异,主要是检测池的大小和狭缝的大小不同带来的灵敏度的不同。制备型仪器灵敏度一般是分析型仪器的 1/20,以保证大量进样后,不会超过量程太多而平头,不能辨别组分是否分开。

3. 制备型高压液相色谱法

高压液相色谱法包括各种施加压力于色谱柱进行分离的液相色谱法,从快速液相色谱法(压力 0.2MPa)至制备型高压液相色谱法(10.0MPa),进样量可从毫克级至千克级。

制备型高压液相色谱法的建立应通过以下步骤进行(图 3-3-7)。

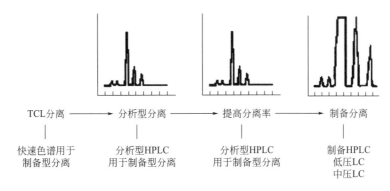

图 3-3-7 制备型加压液相色谱条件确定

① 选择液相色谱系统。用薄层色谱分析来初步确定分离条件。即用硅胶薄层来确定正相柱的条件,用反相硅胶薄层来确定反相柱的条件。

② 少量样品在分析型液相色谱柱上的分离。找到适合的薄层色谱分离的展开剂条件后,将该条件转用于分析型液相色谱柱,该柱应装有与制备色谱柱相同的填料。利用这种初步的分析来获得正确分离条件的方法可以节约时间、样品和溶剂。

③ 优化分析型液相色谱条件。寻求较小的容量因子。一般将分辨率调至高于分析型液相色谱分离所需的水平,这样可以与制备型液相色谱分离过程中的过载相适应。在进行反相柱色谱分离时,在溶剂系统中增加水的含量可帮助达到该目的。

二、制备色谱法的操作方法和注意事项

制备色谱的目的是从混合物中得到纯物质。为了缩短分离的时间与提高分离的效率,制备色谱的进样量很大,导致制备色谱柱的分离负荷相应加大,也就必须加大色谱柱填料,增大制备色谱柱的直径和长度,使用相对多的流动相。然而,当色谱柱上样品负载加大的时候,往往导致柱效急剧下降而得不到纯的产品。制备色谱,既要解决容量与柱子效果之间的矛盾,也要考虑重现性。从经济上来说,制备色谱要争取少用填料,少用溶剂,要尽可能多地得到产品。

1. 制备色谱操作方法及设备选择

(1) 样品的前处理 制备色谱柱由于处理的样品多,比分析色谱柱更容易受污染,所以,前处理就显得非常必要。为了尽可能多地去除样品中的杂质,常常采用萃取、过滤、结晶、固相萃取等前处理方法。

(2) 制备色谱柱的选择 玻璃柱子价格低廉,但可承受的压力很小,且非常容易破碎;不锈钢柱子具有良好的耐腐蚀、抗压性能,但其价格相对很贵;有机玻璃柱子也能抗压力耐腐蚀,但相对不锈钢柱子而言,是半透明的,可以看到液体的运行状态,对有色的物质,其特点就更为突出(图 3-3-8)。

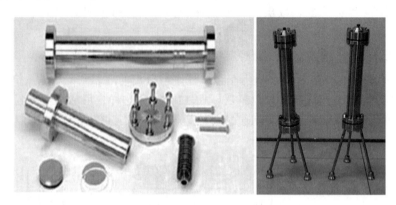

图 3-3-8 制备型色谱柱

(3) 固定相的选择 硅胶、键合固定相(如 C_{18})、离子交换树脂、聚酰胺、氧化铝、凝胶等都可以作为色谱柱的填料。有不少文献报道,对填料进行处理可提高分离效果,如对硅胶进行的硝酸银(或缓冲液)处理。

(4) 装柱方法的选择 根据固定相颗粒度和柱子的尺寸,采用不同的装柱方法,往往装填效果越好分离效果越好。装柱效果跟填料的颗粒度关系很大,颗粒度的减小会增大装柱的难度。一般来说,颗粒直径小于 $20\sim30\mu m$ 的固定相采用湿法装填。为将小颗粒固定相装入更大的制备型色谱柱,可采用柱长压缩技术,即先将固定相悬浆(或偶尔是干填充物)装入柱中加压,再利用物理方法将其压紧。湿法装柱需要一定的设备,在柱子填完后,应对柱效进行测量,对柱效低的柱子应该重填。

(5) 流动相的选择 除了和分析色谱同样的考虑外,在选用流动相时,要考虑色谱分离后面加有旋转蒸发等二次分离操作。一般来说,不宜采用高毒性溶剂,对多元溶剂要尽可能少用。如果产品中含有大量溶剂,溶剂的纯度也要考虑在其中。

(6) 加样方法的选择 加样方法包括:用注射器进样,用旋转阀进样,通过六通阀进样,通过主泵进样,通过辅泵进样,固体上样。

(7) 泵的选用 生产制备色谱泵的厂商很多,要根据有无脉冲、能承受的最大压力、控制的精度、售后服务等来选择泵。

(8) 产品的收集 手工馏分收集费时费力,自动馏分收集器有很大的便利。许多实验室和工厂都采用了自动馏分收集器。

2. 制备色谱洗脱方法的建立

制备色谱最重要的考虑因素是目标化合物的性质,如果从熟知的来源或新来源中分离已知化合物,很容易通过检索相关文献获取有关目标化合物色谱行为的信息,并从已发表的方法中选择适用的分离方法。而对于含有未知类型化合物的粗提取物,设计分离方案的难度较大。在这种情况下,可在初始分离之后进行一系列探索性实验,获取更多有关目标化合物的信息,如 pK_a、分子量、溶解性、稳定性、紫外光谱和生物活性等。然后根据这些信息修改初始分离方法,使其符合化合物的化学和物理性质要求。这些信息不仅有助于方法开发,还可以在收集到馏分之后,为掌握目标产物的稳定性提供非常大的帮助。

纯化分离样品中的组分首先需要使用快速探索梯度执行常规分离。这一步通常为小规模分离，目的是节省样品。根据该分离的结果，可以计算洗脱目标化合物的溶剂条件并进一步优化分离条件，最大限度地提高分离度。此外，可能还需要对上样量进行研究，确定可维持适当分离度以实现高纯度分离的理想上样量。

确定分离方法和理想上样量后，通常要针对具有应用前景或潜在价值的分离物进行方法放大（但并不是必须执行）。方法放大就是借助一系列方法放大计算和硬件更改，在分离度保持不变的前提下，将方法从分析级内径色谱柱转换到制备级内径色谱柱的过程。通用制备型色谱工作流程见图 3-3-9，用于分析级纯化和制备级纯化的色谱柱内径对比见图 3-3-10。

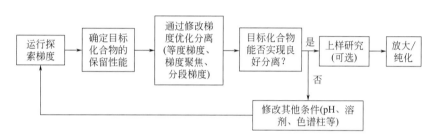

图 3-3-9　通用制备型色谱工作流程

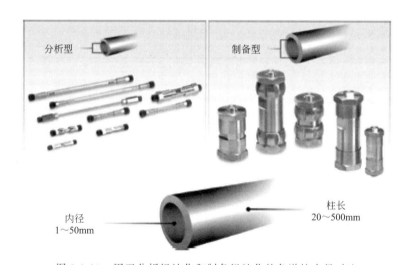

图 3-3-10　用于分析级纯化和制备级纯化的色谱柱内径对比

（1）样品的处理　用于分离纯化的样品来源十分广泛，样品纯化前，需要进行提取并溶解于液体基质中，提取技术的选择取决于待提取原料的复杂性。对于天然产物，通常将样品干燥并研磨成细颗粒以提高提取效率。接下来采用渗滤（用于大体积样品）或浸提（用于小体积样品）等技术提取目标化合物。这两种技术都需要向样品原料中加入溶剂，然后经过超声、涡旋或浸泡后收集溶质。收集提取物之后，样品在上样前必须过滤，以除去颗粒并排除气泡。

（2）制备色谱分离模式选择　制备型色谱主要有 4 种分离模式：反相、正相、凝胶渗透和离子交换。合适的分离模式取决于待分析样品、提取物或混合物与固定相和溶剂之间的相溶性。

反相色谱是开发纯化方法时最常用的技术，其使用极性弱于洗脱溶剂极性的固定相。反相色谱使用水与乙腈或甲醇的混合物作为洗脱液，其中还会添加缓冲液（酸或碱）用于控制样品的离子化程度以及结合固定相中未反应的游离硅醇基团。硅胶型固定相中的键合相材料或吸附剂采用甲硅烷基化试剂进行了衍生化处理，可减少峰拖尾并提高色谱重现性。

(3) **制备色谱方法的选择和建立** 建立反相分离方法时，通常选择小规格的分析型色谱柱（内径≤4.6mm），并且其柱长和填料应可扩展至较大规格（内径≥10mm）内径的色谱柱，以便将来进行方法放大。方法开发的关键是找到可实现最佳分离的适用溶剂体系。对于酸性化合物，通常采用酸性的水性流动相，并以甲醇或乙腈作为强溶剂。浓度为0.1%的甲酸是常用的缓冲液添加剂，因为其兼容紫外和质谱检测。如需鉴定未知化合物或获取纯分离物用于进一步研究，质谱兼容性将非常有用。如需让碱性分子保持未电离状态，可使用碱性而非酸性的流动相。使用任何pH的缓冲液之前，都应参阅色谱柱固定相说明书了解其兼容性。

(4) **洗脱液浓度梯度的选择** 复杂样品分离受色谱柱填料选择性的影响最大，但在开发纯化分离方法时，通过洗脱液梯度选择得到初始样品分离方法并优化是最为有效的分离途径。洗脱液梯度是大致确定从色谱柱上洗脱目标化合物所需的溶剂浓度。洗脱液梯度一般从一致的强溶剂浓度（2%～10%）开始，线性增加至25%、50%、75%和90%～95%（表3-3-1），随着梯度斜率减小，分离度增大（如图3-3-11）。

表3-3-1 快速线性梯度选择示例

运行	梯度起始浓度/%	梯度结束浓度/%
快速梯度1	2～10	90～95
快速梯度2	2～10	75
快速梯度3	2～10	50
快速梯度4	2～10	25

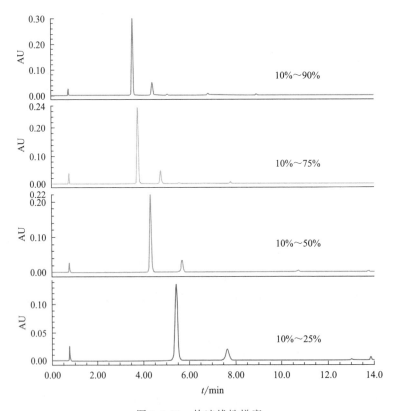

图3-3-11 快速线性梯度

如果洗脱液梯度选择结果未达到要求，可通过洗脱方法进行优化，也可通过更改 pH、溶剂或其他色谱变量对分离方法进行整体调整。

改变洗脱液中强溶剂和弱溶剂的组成可优化目标化合物分离度最佳的洗脱液梯度。溶剂组成可以保持恒定（等度洗脱），也可以根据给定的单位时间或色谱柱体积进行变化（梯度洗脱）。

① 等度洗脱。在等度分离中，弱溶剂和强溶剂比例在单位时间内保持不变。等度溶剂可由分析人员离线制备，或使用能以恒定的预定流速配比不同溶剂的高效液相色谱泵混合制得。这种洗脱模式便捷、一致且稳定。因为在系统间转移方法时，延迟体积对保留时间的影响可以忽略不计。

等度洗脱有一些缺点，如早期洗脱峰分离度低、因峰拖尾导致峰对称性不佳、谱带增宽导致灵敏度降低，以及强保留化合物积累导致色谱柱污染问题等。

② 梯度洗脱。反相色谱或离子交换色谱中的梯度分离通常在线混合流动相，以便在整个分析过程中使有机溶剂比例稳定升高。梯度洗脱开始时，溶剂强度较低，分析物会被分配到固定相中或保留在色谱柱柱头。随着溶剂强度增加，分析物被转移到流动相，沿色谱柱移动，最终被洗脱。

梯度洗脱可在合理的时间范围内分离疏水性不同的多种分析物。另外，梯度洗脱还可提高峰分离度，由于峰高增加，灵敏度也有所提升。强保留组分会在运行结束时从色谱柱中洗脱出来，因此还可最大限度减少色谱柱污染。

梯度洗脱需要昂贵的泵设备，此外，采用某些溶剂的组合混合流动相时，可能会产生沉淀。同时，梯度结束后需要重新平衡，运行时间会很长，而且因为仪器驻留时间不同，若不适当使用补偿溶剂，会带来方法转换问题。

③ 线性梯度。在整个运行过程中，线性梯度的强溶剂比例以恒定速率增加。该方法常在快速筛选实验中被用于快速确定洗脱目标峰的溶剂比例，同时保持较短的运行时间，从而缩短洗脱时间并降低溶剂成本。图 3-3-12 为线性梯度的溶剂曲线。

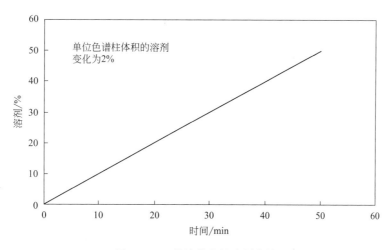

图 3-3-12 线性梯度的溶剂曲线

④ 分段梯度。分段梯度是多个线性梯度的组合，每个区段具有不同的斜率或陡度。平缓的区段用于分离目标化合物，而陡峭的区段是对色谱图分离度要求不高的区域（如分离后的清洗过程）。图 3-3-13 为分段梯度的溶剂曲线。

⑤ 梯度聚焦。梯度聚焦通常比分段梯度的运行时间更短且变化更大。一般情况下，刚

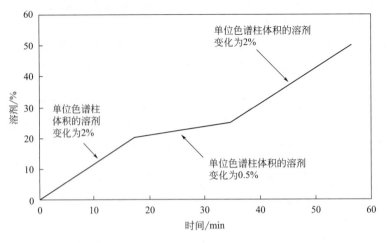

图 3-3-13　分段梯度的溶剂曲线

进样时流动相的溶剂强度非常低，接下来溶剂强度会迅速升至洗脱目标化合物所需的溶剂比例以下 2%～5%（例如，洗脱浓度 22%－2%＝20% 开始平缓梯度）。然后运行平缓梯度，梯度斜率约为快速探索分离所确定的斜率的 1/5，最后终止于目标化合物的洗脱浓度以上 2%～5%（如 22%＋2%＝24% 终止平缓梯度）。最后，溶剂强度快速增加，用以清洗残留在色谱柱中的所有样品组分。图 3-3-14 为梯度聚集的溶剂曲线。

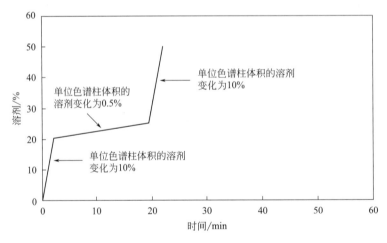

图 3-3-14　梯度聚焦的溶剂曲线

三、制备色谱法的应用

制备色谱作为一种高效的分离和纯化技术，已用于医药、精细化工、食品等行业，在工业现代化进程中具有广阔的发展与应用前景。采用质优价廉的高效填料、设计合理的色谱柱，及正确选择流程和工艺参数是色谱分离纯化过程达到低投入、高产出的关键因素。

制备型色谱在不同的工作领域中，组分的提取和纯化量的差异是很大的。在生物技术领域中，酶的分离是微克级；在天然产物和合成化学领域中，为了鉴别未知成分并进行结构测定，需要得到一至若干毫克的纯品；在药品和医药学测试中，需要克级的标准品和对照品；在当今的工业级提纯中，制药成分往往需要千克级的提取（表 3-3-2）。

表 3-3-2 制备色谱法的应用领域

成分含量	所在领域
微克级	生物技术领域的酶的分离、生物学和生化学测试
毫克级	结构描述和特征鉴定，包括生产中的副产品、生物新陈代谢产物、天然产物
克级	对照品（分析标准）毒物学分析所需组分；高纯品中的主要成分、副产品的分离提取
千克级	工业规模生产，活性成分，药物

制备色谱在实际制备生产中得到了广泛的应用，但也存在一些问题，比如填料的用量大，且价格贵，使得生产成本高，制约了其发展；由分析型色谱到制备型色谱过渡的理论方面的工作还有待进一步深入研究和完善；色谱法的定性能力差，如何把分离和分析联合成为一个整体，应用于工业制备中，实行一体化的监控，也有待于深入研究。

技能训练一 天然产物中多糖的分离、纯化

【训练目标】

了解多糖提取和纯化的一般方法。

【原理】

多糖类物质是除蛋白质和核酸之外的又一类重要的生物大分子。早在 20 世纪 60 年代，人们就发现多糖复杂的生物活性和功能。它可以调节免疫功能，促进蛋白质和核酸的生物合成，调节细胞的生长，提高生物体的免疫力，具有抗肿瘤、抗炎症和抗艾滋病（AIDS）等功效。

由于高等真菌多糖主要是细胞壁多糖，多糖组分主要存在于其形成的小纤维网状结构交织的基质中，利用多糖溶于水而不溶于醇等有机溶剂的特点，通常采用热水浸提后用乙醇沉淀的方法，对多糖进行提取。影响多糖提取率的因素很多，如浸提温度、浸提时间、加水量以及脱除杂质的方法等都会影响多糖的得率。

多糖的纯化，就是将存在于粗多糖中的杂质去除而获得单一的多糖组分。一般是先脱除非多糖组分，再对多糖组分进行分级。常用的去除多糖中蛋白质的方法有：谢瓦格抽提法（Sevag 法）、三氟三氯乙烷法、三氯乙酸法。这些方法的原理是使多糖不沉淀而使蛋白质沉淀，其中 Sevag 法脱蛋白质效果较好，是用氯仿：戊醇或正丁醇，以 4∶1 比例混合，加到样品中振摇，使样品中的蛋白质变性成不溶状态，用离心法除去。

本实验采用 Sevag 法（氯仿：正丁醇＝4∶1 混合摇匀）进行脱蛋白质，用 DEAE 琼脂糖凝胶色谱柱进行纯化，然后合并多糖高峰部分，浓缩后透析，冻干，得多糖级分。

【仪器和试剂】

1. 仪器

DEAE 琼脂糖凝胶，旋转真空蒸发仪，摇床，离心机，色谱柱为 26cm×10cm。

2. 试剂

平衡缓冲溶液：0.01mol/L Tris-HCL，pH＝7.2。

洗脱液：A，0.1mol/L NaCl，0.01 mol/L Tris-HCl pH7.2；B，0.5mol/L NaCl，

0.01mol/L Tris-HCl pH7.2。

氯仿、正丁醇、乙醇（95%）等，均为分析纯。

3. 试样

灰树花子实体。

【训练步骤】

1. 粗多糖的提取

将多糖子实体切碎烘干后称量，采用热水浸提法，每次原料和水之比均为1:5，浸提温度为70~80℃，浸提时间3~5h，共提取4次，合并4次浸提液。真空旋转蒸发浓缩，浓缩至原体积1/2。对多糖提取液需进行脱色处理，即以1%的比例加入活性炭，搅拌15min后过滤即可。在浓缩液中加入3倍体积的乙醇搅拌，沉淀为多糖和蛋白质的混合物，此为粗多糖。粗多糖只是一种多糖的混合物，其中可能存在中性多糖、酸性多糖、单糖、低聚糖、蛋白质和无机盐，必须进一步分离纯化。

2. 粗多糖的纯化

粗多糖溶液加入Sevag试剂（氯仿:正丁醇=4:1混合摇匀）后，置恒温振荡器中振荡过夜，使蛋白质充分沉淀，离心（3000r/min）分离，去除蛋白质。然后浓缩、透析，加入4倍体积的乙醇沉淀多糖，将沉淀冻干。

取样品0.1g溶于10mL 0.01mol/L Tris-HCl，pH7.2的平衡缓冲液中。上样，用溶液A，0.1mol/L NaCl，0.01mol/L Tris-HCl pH7.2以及溶液B，0.5mol/L NaCl，0.01mol/L Tris-HCl pH7.2进行线性洗脱，分步收集。各管用硫酸苯酚法检测多糖。合并多糖高峰部分，浓缩后透析，冻干，即得多糖级分。

技能训练二　亲和色谱分离、纯化蛋白质

【训练目标】

掌握GST亲和色谱分离纯化目标蛋白质的原理和实验方法。

【原理】

生物大分子与配体特异非共价可逆结合。

谷胱甘肽硫转移酶（GST，26kDa）与谷胱甘肽（GSH）特异结合，GSH作为配体，共价结合在葡聚糖上，葡聚糖上的GSH与GST融合目标蛋白质结合，用还原型GSH作为洗脱液，洗脱GST融合目标蛋白质。

【训练步骤】

1. 目标蛋白质诱导表达和菌体收集

① 0.5mmol/L异丙基硫代-β-D-半乳糖苷（IPTG）诱导大肠埃希菌中的蛋白质表达，28℃，200r/min培养3~6h。

② 5000r/min离心5min，倒掉上清液。

③ 沉淀加40mL水，5000r/min离心5min。

2. 细胞破碎

① 倒掉上清液，加30mL磷酸盐缓冲液（PBS）悬浮菌体。

② 破碎菌体，超声波 2min，停止 1min（菌液始终保持在冰浴中）。
③ 重复 8～10 遍，直至菌液清澈。
3. 离心
① 每个小组各取 1～2mL 细胞破碎液，12000r/min，离心 5min。
② 分取 50μL 上清液，4℃保存。
③ 其余的上清液准备过 GST 柱子。
4. 装 GST 柱子
① 清洗和装好色谱柱，封闭出口。
② 加入 2mL PBS。
③ 用滴管取 0.5～1mL GST 填料，加入柱子中。
④ 打开柱子出口，使 PBS 缓慢流出。
注意：始终保持柱内的液面高于 GST 树脂。
5. 纯化目的蛋白质
① 用 5mL PBS 洗柱床，重复 3 遍。
② 将混合蛋白质溶液加到柱子中。
③ 用 5mL PBS 洗柱子，重复 3 遍。
④ 加入 1mL 洗脱液。
⑤ 用离心管收集洗脱液，每管收集 0.2mL。
⑥ 用 PBS 洗柱子 3 遍，关闭出口。
⑦ 用分光光度计测定每一管的吸光度，记录读数，绘制洗脱曲线。
⑧ 将读数最大的一管用于 SDS-PAGE 分析。

习题

1. 制备薄层色谱的分类及特点？
2. 经典制备液相色谱与分析液相色谱的异同？
3. 制备液相色谱分离方法的建立？
4. 制备液相色谱的操作步骤？
5. 制备液相色谱馏分收集方式及特点？

项目四 气相色谱分析法

一、气相色谱分析法的基本原理

气相色谱法（GC）是以惰性气体作为流动相，利用试样中各组分在色谱柱中的气相和固定相间的分配系数不同实现分离的方法。当气化后的试样被载气带入色谱柱中运行时，组分就在其中的两相间进行反复多次的分配（吸附-脱附-放出）。固定相对各种组分的吸附能力不同（保存作用不同），因此各组分在色谱柱中的运行速度就不同，经过一定的柱长后，便彼此分离，依次离开色谱柱进入检测器，产生的离子流信号经放大后，在记录器上描绘出各组分的色谱峰（如图 3-4-1 所示）。

气相色谱仪宏观微观原理

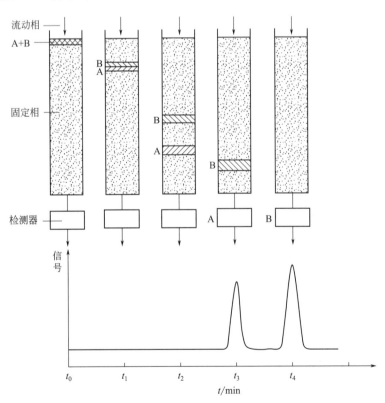

图 3-4-1 二组分混合样的分离过程及相应的色谱图

气相色谱法原理简单，操作方便，应用广泛，既可以分析低含量的气体、液体，亦可分析高含量的气体、液体，可不受组分含量的限制。在仪器允许的气化条件下（一般低于400℃），凡是能够气化（变成气体）且热稳定的化合物或者气化时可以分解成固定比例碎片的化合物，都可以用气相色谱进行分析。有些化合物因沸点高难以气化，可以通过化学衍生使其转变成易气化的物质，再进行气相色谱分析。在全部色谱分析对象中，约20%的物质可以用气相色谱进行分析。

气相色谱法有许多优点：分离效率高，能分离性质极相似的物质，如同位素、同分异构体、对映体以及组分极其复杂的混合物；使用高灵敏度的检测器，能够检测 $10^{-14} \sim 10^{-12}$ g 的痕量物质；测定一个样品只需几分钟到几十分钟，分析速度快。

气相色谱法也存在缺点：在缺乏标准样品的情况下，定性分析较困难；有些高沸点，不能气化和热不稳定的物质不能用气相色谱法分离和测定。

二、气相色谱仪的结构

气相色谱仪的种类和型号众多（如图 3-4-2、图 3-4-3 所示），但都是由气路系统、进样系统、分离系统、温控系统和检查记录系统等部分组成的。

图 3-4-2　国产气相色谱仪

图 3-4-3　安捷伦（Agilent）7890A 气相色谱仪

气相色谱法中把作为流动相的气体称为载气。载气自钢瓶经减压后输出，通过净化器和流量控制器之后，以稳定的压力和流量连续不断地流过气化室、色谱柱、检测器，最后放空；被测物质（若为液体，须在气化室内瞬间气化）随载气进入色谱柱形成分离的谱带，然后在载气携带下先后离开色谱柱进入检测器，检测器将组分的浓度（或质量）转换成相应的输出信号；电信号经放大后由记录仪记录下来形成色谱图（工作流程如图 3-4-4 所示）。根据色谱流出曲线上得到的每个峰的保留时间可以进行定性分析，根据峰面积或峰高的大小可以进行定量分析。

1. 气路系统

气路系统是一个载气连续运行、管路密闭的系统，是气相色谱仪的重要组成部分。它包括气源、净化器、气体流量控制装置，通过该系统可获得纯净的、流速稳定的载气。气路的气密性、载气流量的稳定性对气相色谱测定结果起着重要作用。

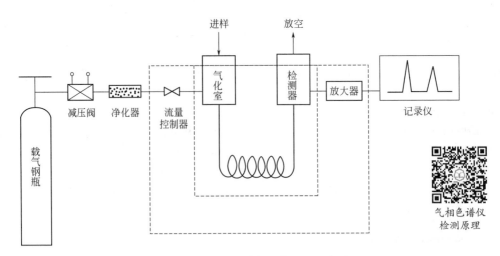

图 3-4-4 气相色谱仪工作流程示意图

（1）载气 气相色谱中载气的作用是传输样品通过整个系统，使用的载气不能与样品发生反应，因此应使用惰性气体。通常被用作载气的主要有氦气、氮气、氢气或氩气。应根据特定的应用要求及所选用的检测器的类别而选择合适的载气，如电子捕获检测器（ECD）在使用氩气/甲烷或氮气时效果最好。

载气气体通常由压缩气瓶提供，但也可以选择气体发生器产生气体。由于分离和检测的需要，有的分析过程需使用某些辅助气体，如火焰离子化检测器（FID）和火焰光度检测器（FPD）需要氢气和空气作为燃气和助燃气。

（2）净化器 载气在进入色谱仪前，必须经过净化处理。对于痕量分析，载气纯度最好高于99.999%，这样才能避免背景影响因素。载气的净化由装有净化剂的净化器来完成，常用的净化剂有活性炭、硅胶和分子筛，分别用来除去烃类物质、水分和氧气（图3-4-5）。由于烃类净化器及氧气净化器很难再生且成本比水分净化器高很多，所以建议按照水分净化器、烃类净化器、氧气净化器顺序进行安装。如果仪器与气源之间距离较远，请将净化器安装在靠近仪器的位置。

(a) 水分净化器　　　　　(b) 氧气净化器　　　　　(c) 烃类净化器

图 3-4-5 各种类型的气体净化器

（3）减压阀和电子压力流量控制器 减压阀（图3-4-6，右边的表头显示的是钢瓶中剩余的气体压力，左边的表头显示的是设置的压力）的作用是把钢瓶中流出的高压气体降低到所需的压力。不论钢瓶内气体压力高低或减压后气体流速是否发生变化，减压阀均能使经减压后流出气体的压力基本保持不变。由于载气的流速是影响色谱分离和定性分析的重要参数之一，因此要求载气流速稳定。现在高档气相色谱仪的气体流量和压力都采用电子压力流量控制（EPC），能自动

图 3-4-6 减压阀

精确控制载气流速。EPC 系统是由电子压力阀（比例控制阀）、压力传感器和讯号处理板构成的反馈回路。当压力传感器测得气路实际压力与设定值不符时，向讯号处理板输出电压。讯号处理板响应出新电压反馈给比例控制阀，由它调节阀孔开启面积，改变流量。相当高的反馈频率可获得非常平稳的压力实时控制。

2. 进样系统

进样系统的作用是把待测样品（气体或液体）快速而定量地加到色谱柱中进行色谱分离，包括进样器和气化室。进样的多少、进样时间的长短、试样的气化速度等都会影响色谱的分离效果和分析结果的准确性和重现性。

(1) 进样器 液体样品的进样一般采用微量注射器。气体样品的进样常用色谱仪本身配置的推拉式六通阀或旋转式六通阀（定量进样），也可采用气密性针进样（手动进样）。常见的进样口类型有分流/不分流进样口、填充柱进样口、冷柱头进样口以及程序升温进样口等，其中分流/不分流进样口（图 3-4-7）是目前最主流的进样口。

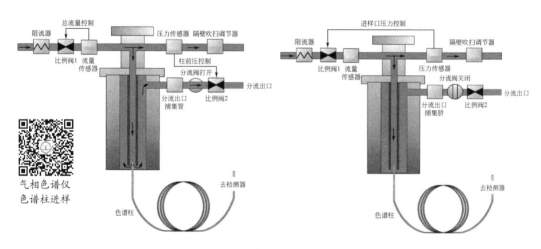

图 3-4-7　分流/不分流进样口

随着仪器自动化程度的加深，大部分气相色谱仪都配有自动进样器。其高级样品处理系统具备自动液体进样、静态顶空、液体顶空和固相微萃取（SPME）取样和进样功能，可提高实验室生产效率。

(2) 气化室 气化室的主要功能是把所注入的样品瞬间气化。因此，它一般应满足以下几条要求。

①无催化效应，样品不变质。为了使样品在气化过程中不发生变质，因此要求气化器用惰性材料，一般都在气化器内衬以石英玻璃管。

②进样方便，密封性能良好。气化器的进样口用厚度为 5mm 的硅橡胶垫片密封，既可让注射器针头方便穿过，又能起密封作用。

③热容量大，样品瞬间气化。气化器应有足够的热容以便使样品瞬间气化，应选用比热值较大的材料制作，并增加气化器壁厚度。

④无死角存在，流通性能好。载气能及时把气化的样品组分一道带入柱内，这样既可防止样品变质，又能减少谱带扩张等现象。

3. 分离系统

分离系统是指把混合样品中各组分分离的装置，由色谱柱组成。色谱柱安装在柱箱内，由柱管和其中的固定相所组成，是色谱中最重要的部件之一，因为混合物组分的分离就在这里完成。

色谱柱主要有两种：填充柱和毛细管柱（图3-4-8）。填充柱即以一些材料填充来进行吸附或吸收，一般由不锈钢、玻璃和聚四氟乙烯等材料制成，柱管内径为2～6mm，柱长1～5m。柱形有U型和螺旋型两种。毛细管柱又叫空心柱，内壁覆盖了一种吸附或吸收材料，可分为涂壁开管柱（WCOT）、多孔层开管柱（PLOT）、涂载体开管柱（SCOT）以及键合型开管柱。空心毛细管柱材质一般为玻璃或石英，内径一般为0.2～0.5mm，长度30～300m，呈螺旋形。目前大多数应用毛细管柱，然而也有一些特定的应用，尤其是永久气体分析仍使用填充柱。

气相色谱仪
色谱柱分离

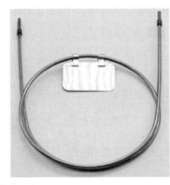

(a) 填充柱　　　　　　　　(b) 毛细管柱

图3-4-8　填充柱和毛细管柱

气相色谱分析中，某组分的完全分离取决于色谱柱的效能和选择性，后者取决于固定相的选择性。气相色谱根据使用的固定相性质分为气-固色谱和气-液色谱。

(1) 气-固色谱　气-固色谱的固定相是固体吸附剂，分离是基于样品分子在固定相表面的吸附能力的差异而实现的。常用的固体吸附剂有非极性的炭质吸附剂（活性炭、石墨化炭黑、炭分子筛）、弱极性的氧化铝、强极性的硅胶以及具有特殊吸附作用的无机分子筛和高分子小球。气-固色谱不如气-液色谱应用广泛，占整个气相色谱分析应用的10%左右，主要用于永久性气体和低沸点烃类的分析，在石油化工领域应用很普遍。

(2) 气-液色谱　气-液色谱的固定相是涂渍在载体或担体上的液体物质，常称固定液，分离是基于各溶质在气相（流动相）和液相（固定相）间分配系数不同而实现的。

载体是固定液的支持骨架，是一种多孔性的、化学惰性的固体颗粒。常用的载体有无机载体，如硅藻土、玻璃粉末或微球、金属粉末或微球、金属化合物，以及有机载体，如聚四氟乙烯、聚乙烯、聚乙烯丙烯酸酯。载体具有以下特点：

① 表面是化学惰性的，表面没有吸附性或吸附性很弱，更不能与被测物发生化学反应。
② 多孔性，即比表面积大，使固定液与试样接触面积大。
③ 热稳定性好，有一定的机械强度，不易破碎。
④ 担体粒度要求均匀、细小。

气-液色谱的固定液一般为高沸点的有机化合物，均匀地涂在载体表面，呈液膜状，一般应满足以下条件：

① 在操作温度下，蒸气压低，热稳定性好，与被分析物或载气无不可逆作用；
② 在操作温度下，呈液态，黏度较低，若固定液黏度高，传质速度慢，柱效率低；

③ 能牢固地附着在载体上，并形成均匀和结构稳定的薄层；

④ 样品分子必须有一定的溶解度，否则会很快地被载气带走而不能在两相之间进行很好地分配；

⑤ 具有选择性，即对沸点相近而类型不同的物质的保留能力存在差异，从而获得较好的分离效果。

固定液种类众多，其组成、性质和用途各有不同，主要依据固定液的极性和化学类型来进行分类。常见固定液的特点及应用如表 3-4-1 所示。

表 3-4-1　常见固定液的特点及应用

型号	组成	极性	应用
SE-30、OV-1、OV-101	二甲基硅氧烷	非极性	分离烃类、胺类、酚类、农药、多氯联苯(PCBs)、挥发油、硫化物等
SE-54、SE-52	5%苯基,1%乙烯基甲基硅氧烷	非极性	分离药物、芳烃类、酚、酯、生物碱、卤代烃等
OV-1701	7%氰甲基,7%苯基甲基硅氧烷	中等极性	分离药物、农药、除草剂、三甲基硅烷衍生化糖(TMS糖)等
OV-17	50%苯基甲基硅氧烷	中等极性	分离药物、农药、甾类等
XE-60	25%氰乙基甲基硅氧烷	中等极性	分离酯、硝基化合物等
OV-225	25%氰乙基,25%苯基甲基硅氧烷	中等极性	分离脂肪酸酯、多不饱和脂肪酸(PUFA)、糖醇等
PEG-20M	聚乙二醇 20M	极性	分离醇类、酯、醛类、精油等
FFAP	聚乙二醇 20M 对苯二甲酸的反应产物	极性	分离醇、酸、酯、醛、腈等
OV-210	50%三氟丙基硅氧烷	极性	分离极性化合物、有机氯化物
OV-275	10% 三氟丙基硅氧烷	强极性	分离极性化合物

固定液的选择一般根据"相似相溶"的原则。当待测组分分子与固定液分子的性质（如官能团、化学键、极性等）相似时，两种分子间的作用力强，被分离组分在固定液中的溶解度大，分配系数大，因而保留时间就长；反之就溶解度小，分配系数小，因而能很快流出色谱柱。此外，也可采用"混合固定液"，即将两种或两种以上性质各不相同的固定液按适当比例混合使用，使分离既有比较满意的选择性，又不致使分析时间延长。

分离强极性化合物，采用强极性固定液，各组分出峰顺序与分子的极性强弱有关。极性小的组分与固定液的作用力弱先出峰，极性大的组分与固定液的作用力强后出峰。

对于能形成氢键的样品，如醇、酚、胺和水的分离，一般选择氢键型的固定液，这时依组分分子和固定液分子间形成氢键能力的大小顺序出峰。

分离中等极性组分，选用中等极性固定液，如邻苯二甲酸二壬酯、聚乙二醇二乙酸酯等；若组分之间沸点差别较大，各组分按照沸点由低到高的顺序出峰，沸点相近时，与固定液分子之间作用力小的先出峰。

分离非极性化合物，应用非极性固定液，样品各组分与固定液分子间作用力是色散力，这时各组分按沸点由低到高的顺序出峰，对于沸点相近的异构体分离，效率很低。

分离非极性和极性化合物的混合物时，可用极性固定液，这时非极性组分先出峰，极性组分后出峰。

4. 温控系统

温控系统是指对气相色谱的气化室、色谱柱和检测器进行温度控制的装置。由于气化室、色谱柱和检测器要求的适宜温度各有不同，所以要求配有三种不同的温控装置，以便设定、控制和测定各处的温度。为满足分析要求，除可以恒温外，还可采用程序升温。一般情况下，气化室的温度比柱温高，以保证试样能瞬间气化而不分解，而检测器温度是三者之间最高的，以防止样品在检测室冷凝。

5. 检测记录系统

检测记录系统是指从色谱柱流出的各个组分，经过检测器把浓度（或质量）信号转换成电信号，并经放大器放大后由记录仪显示出最终获得分析结果的装置，包括检测器、放大器和记录仪。

检测器的种类很多，从不同的角度去观察检测器性能，有如下分类：按照对样品破坏与否可分为破坏性检测器［如氢火焰离子化检测仪（FID）、氮磷检测器（NPD）、质谱检测器（MSD）等］和非破坏性检测器［如热导检测器（TCD）］；按响应值是与浓度有关还是与质量有关可分为浓度型检测器［如电子捕获检测器（ECD）、TCD 等］和质量型检测器［如 FID、火焰光度检测器（FPD）等］；按不同类型化合物响应值的大小可分为通用性检测器（如 TCD、FID 等）和专用型检测器（如 ECD、FPD、NPD 等）。各类检测器测定范围见图 3-4-9。

气相色谱仪检测器
通用知识

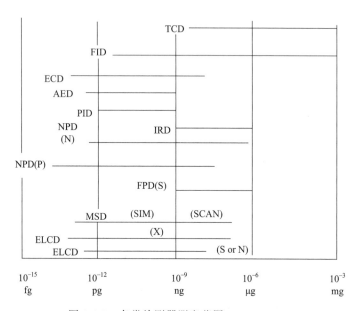

图 3-4-9　各类检测器测定范围

（1）热导检测器　热导检测器（TCD）的设计是根据每种物质的导热能力不同，以及金属热丝（热敏电阻）具有热阻温度系数这两个物理原理。由于它结构简单，性能稳定，通用性好，而且线性范围宽，所以是应用最广的气相色谱检测器之一。目前 TCD 被广泛用来检测无机化合物和永久性气体，对于那些氢火焰离子化检测器不能直接检测的无机气体，TCD 更是显示出独到之处。

热导池由池体和热敏元件组成，有双臂和四臂两种，常用的是四臂热导池。热导池池体由不锈钢制成，有四个大小相等，形状完全对称的孔道，内装长度、直径完全相同的铂丝或钨丝合金，称为热敏元件且与池体绝缘。由四个热敏元件组成的惠斯通电桥，其测量线路如图 3-4-10 所示。其中 R_2、R_3 为测量臂，R_1、R_4 为参比臂。电源提供恒定电压加热钨丝，当只有载气以恒定速度通入时，载气从热敏元件带走相同的热量，热敏元件温度变化相同，其电阻值变化也相同，电桥处于平衡状态，即 $R_2R_3 = R_1R_4$。进样后，样品和载气的混合气体通过测量臂，由于混合气体的热导率与载气的不同，测量臂和参比臂带走的热量不相等，热敏元件的温度和阻值的变化就不同，导致参比臂热丝和测量臂热丝的电阻不相等，电桥失去平衡，记录器上就有信号产生。混合气体的热导率与纯载气的热导率相差越大，输出信号就越大。

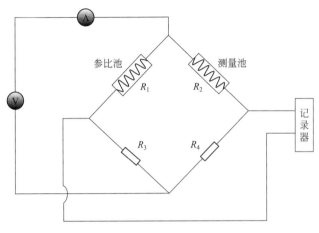

图 3-4-10　热导检测器

（2）氢火焰离子化检测器　氢火焰离子化检测器（FID）简称氢焰检测器，是一种高灵敏度通用型检测器，几乎对所有的有机物都有响应。它的特点是死体积小，灵敏度高（比 TCD 高 100~1000 倍），稳定性好，响应快，线性范围宽，适合于痕量有机物的分析，但对无机物、惰性气体或火焰中不解离的物质等无响应或响应很小。

FID 以氢气和空气作为能源，利用含碳有机化合物在火焰中燃烧产生离子，在外加电场作用下，使离子形成离子流，根据离子流产生的电信号强度，检测被色谱柱分离出的组分。它的主要部件是一个用不锈钢制成的离子室，包括收集极、发射极（极化极）、气体入口和石英喷嘴（图 3-4-11）。在离子室下部，被测组分被载气携带，从色谱柱流出，与氢气混合后通过喷嘴，再与空气混合后点火燃烧，形成氢火焰。燃烧所产生的高温（约 2000℃）使被测有机化合物组分电离成正负离子。在火焰上方收集极（阳极）和发射极（阴极）所形成的静电场作用下，离子流定向运动形成电流，经放大、记录即得色谱峰。

（3）电子捕获检测器　电子捕获检测器（ECD）是一种高选择性、高灵敏度的检测器，应用广泛。它的选择性是指它只对具有电负性

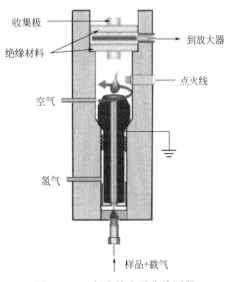

图 3-4-11　氢火焰离子化检测器

的物质，如含卤素、S、P、O、N等元素的物质响应，而且电负性越强，检测的灵敏度越高；高灵敏度表现在能检测出 10^{-14} g/mL 的电负性物质，因此可测定痕量的电负性物质如多卤、多硫化合物，甾族化合物以及金属有机物等，但对电负性很小的化合物，如烃类化合物等，只有很小的或没有输出信号。ECD广泛应用于食品、农副产品中农药残留量，大气及水质污染分析。

ECD的主要部件是离子室，离子室内装有β放射源（^{63}Ni 或 ^{3}H）作负极，不锈钢棒作正极（图3-4-12）。当载气（一般为高纯 N_2）从色谱柱出来进入检测器时，由放射源放射出的β射线使载气电离，产生正离子和慢速低能量的电子，在恒定或脉冲电场的作用下，向极性相反的电极运动，形成电流即基流。

$$N_2 \xrightarrow{\beta 射线} N_2^+ + e^-$$

当载气携带电负性物质进入检测器时，电负性物质捕获低能量的电子，使基流降低产生负信号而形成倒峰，检测信号的大小与待测物质的浓度呈线性关系（在线性范围内）。实际过程中，常通过改变极性使负峰变为正峰，此外电子捕获检测器线性范围较窄，进样量不可太大。

（4）火焰光度检测器 火焰光度检测器（FPD）又称硫、磷检测器，是对含硫、磷的有机化合物具有高选择性和灵敏度的质量型检测器，对磷的检出限可达 10^{-12} g/s，对硫的检出限可达 10^{-11} g/s。同时，这种检测器对有机磷、有机硫的响应值与碳氢化合物的响应值之比可达 10^4，因此可排除大量溶剂峰及烃类的干扰，非常有利于痕量磷、硫的分析，是检测有机磷农药和含硫污染物的主要工具。

FPD的结构如图3-4-13所示，主要由火焰喷嘴、点火器、滤光片和光电倍增管等组成。含磷或硫的有机化合物在富氢火焰中燃烧时，硫、磷被激发而发射出特征波长的光谱。当硫化物进入火焰，形成激发态的 S_2^* 分子，此分子回到基态时发射出特征的蓝紫色光（波长为350～430nm）；当磷化物进入火焰，形成激发态的 HPO* 分子，它回到基态时发射出特征的绿色光（波长为480～560nm，最大强度对应的波长为526nm）。这两种特征光的光强度与被测组分的含量均成正比，这正是FPD的定量基础。特征光经滤光片滤光，再由光电倍增管进行光电转换后，产生相应的光电流。经放大器放大后由记录系统记录下相应的色谱图。

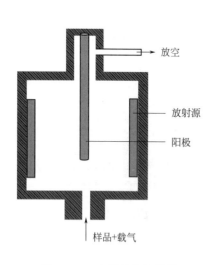

图3-4-12 电子捕获检测器

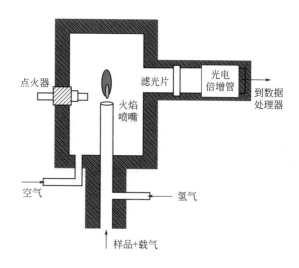

图3-4-13 火焰光度检测器

（5）气相色谱仪检测器的要求　气相色谱仪对检测器的要求是测量准确,响应快,稳定性好,灵敏度高,适应范围广。检测器性能的主要指标有灵敏度、检测限、响应时间和线性范围等。

① 灵敏度（S）。灵敏度是指响应信号随组分的浓度（或质量）的变化率。检测器可分为浓度型和质量型两类。前者进样量 Q 为浓度 C,单位为 mg/mL；后者进样量 Q 为质量 m,单位为 g。因此浓度型和质量型检测器灵敏度的计算公式是不同的。

② 检测限（D）。灵敏度和检测限是衡量检测器敏感程度的指标。信号在放大过程中,噪声也被放大,有时噪声甚至会掩盖信号,这样噪声就限制了检测限度,单用灵敏度评价检测器是不够的,因而引入检测限这个概念。检测限一般定义为检测器产生 3 倍噪声信号时,单位体积的载气或单位时间内进入检测器的组分量。规定了组分产生的信号至少为噪声的 3 倍,组分才可以定量。

③ 响应时间。响应时间是指进入检测器的某一组分的输出信号达到其真值的 63% 所需的时间。因此,要求检测器的死体积要小,电路系统的滞后现象尽可能小,一般都小于 1s。

④ 线性范围。准确的定量分析取决于检测器的线性范围。线性范围指进入检测器组分量与其响应值保持线性关系,或是灵敏度保持恒定所覆盖的区间。其下限为该检测器的检测限；当响应值偏离线性大于 ±5%（有的文献为 ±20%）时,为其上限。

三、气相色谱仪的操作方法和注意事项

以安捷伦 7890A 型气相色谱仪为例介绍气相色谱仪操作方法及注意事项。安捷伦 7890A 气相色谱仪系统是化学分析的利器,采用创新的微板流控技术,柱箱降温速度更快,缩短了气相色谱的分析周期,具备新的色谱分析功能,精度和保留时间的重复性无可比拟。

1．开机

开机前室温应在 10～30℃,相对湿度小于 80% 并正确安装合适的色谱柱。

① 打开载气气源,检查有无漏气现象,根据实际情况打开辅助气源。

② 打开计算机,进入电脑界面,打开气相色谱仪电源开关,仪器自动进行自检,自检结束后,仪器显示 ［开机正常］。

③ 双击桌面的化学工作站图标,则化学工作站自动与 7890A 联机,进入工作站界面（联机成功后,7890A 的遥控灯亮）。注意若 7890A 的遥控灯未亮,说明工作站未能与仪器联机,可重启工作站或重启电脑。

2．GC 数据采集方法编辑

① 编辑完整方法。从 ［方法］ 菜单中选择 ［编辑完整方法］ 项,选中除 ［数据分析］ 外的三项,点击 ［确定］,进入下一画面。

② 参数设置。

进样器：如果未使用自动液体进样器则选择 ［手动］,并选择所用的进样口的物理位置（前或后或两个）；如果使用自动液体进样器,则选择 ［GC 进样器］。

柱模式：选择控制模式 ［流速］ 或 ［压力］。例如,压力 25psi(1psi＝6894.757Pa) 或流速 6.5mL/min。

自动进样器参数：此处设置注射器规格、进样体积、洗针次数、样品抽吸次数、推杆速度、采样深度等参数。注意进样体积不同,则计算结果不同,一般情况下进样体积为 1μL。

进样口：此处设置吹扫填充进样口温度及隔垫吹扫流量等参数,或分流/不分流进样口

的温度、分流模式及隔垫吹扫流量等参数。注意进样口温度设定要合理，温度过低则导致高沸点化合物气化不完全，不能有效转移到色谱柱中；温度过高则容易导致热稳定性差的化合物分解。

色谱柱流量：有4种流量控制模式，分别是［恒定压力］［阶升压力］［恒定流量］［阶升流量］，根据实际情况选择模式。

柱箱：此处设置柱箱初始温度、阶升速率及保持时间。注意柱箱最高温度不要超过色谱柱最高承受温度，设置足够的保持时间以确保最合适的运行时间。

检测器：此处设定检测器温度、尾吹气及辅助气体流量。注意检测器温度一般应高于炉温20～50℃。

信号：此处设置数据采集频率，范围为5～500Hz，可处理0.0004～0.04分子宽的峰。注意选择正确的进样口位置，并确认在要采集的信号后面选择［保存］。

③ 数据采集方法保存。参数设置完毕后，点击［保存方法］可保存当前方法。如果不希望覆盖当前方法，则点击［方法另存为］，重新命名方法。

④ 编辑完序列，运行已保存的方法，即可进行数据采集。如果是手动进样，注意选择合适的注射器，每次进样速度尽量一致。

3. 数据分析方法编辑

① 从［视图］中，点击［数据分析］进入数据分析界面并调用数据文件。

② 做谱图优化。此处可对色谱图的量程（谱图横纵坐标范围）进行自定义以期达到合适的比例。

③ 积分参数优化。在［积分事件］选项中可设置斜率灵敏度、最小峰宽、最小峰高以期获得合理的积分结果。

④ 建立校正表。首先调用低浓度的标样数据，在［校正］菜单中选择［新建校正表］，在弹出的对话框中重新输入化合物的名称、含量。如果进行内标法定量还需指定内标峰、内标峰编号并确认未知样品中的内标含量。调用第二个浓度的标样数据，选择在［校正］菜单中［添加级别］，输入第二级标样的化合物含量，以此类推。完毕后进行校正设置，保存校正表。

⑤ 设置并打印报告。从［报告］菜单中选择［设定报告］选项，可对报告的定量模式、输出方式以及报告类型进行设置。选择［打印报告］，会按照报告输出方式的设置要求将报告打印到具体位置。

4. 关机

实验结束后，调出提前编好的关机方法，此方法内容包括同时关闭检测器、降温各热源（柱温、进样口温度、检测器温度）、关闭辅助气体。待各处温度降下来后（低于50℃），退出化学工作站，退出Windows所有的应用程序，关闭电脑，关闭打印机电源，关7890A电源，最后关载气。

四、气相色谱仪的应用

自1952年世界上第一次创建实用气-液色谱法以来，气相色谱仪作为现代分析检测仪器的代表，已发展成为一个有相当生产规模的产业，并应用了相当丰富的检测技术知识。样品在气相中传递速度快，各组分与固定相相互作用较多，加之固定相可选用的物质广泛，气相色谱法已成为定性定量分析和理化性能测试不可少的手段。目前已广泛应用于石油化工、环境检测、医药卫生和食品等工业生产、科研及生产控制等各个方面。

1. 气相色谱法的应用范围

(1) 石油化工有机物分析 由于出色的分离和定量能力以及较高的性价比，气相色谱技术在石油和化工行业的应用已经相当普及。石油气中成分分析，合成纤维、橡胶、洗涤剂、染料、涂料、塑料等工业生产的原料以及各种化工生产的产品检验中对多成分、可挥发性组分的测定，GC 是首选的方法。此外，在高聚物分析中 GC 也发挥了十分积极的作用，像裂解气相色谱和反气相色谱都是针对高聚物分析的有力技术。

(2) 环境污染物分析 为了改善人类生存环境、治理环境污染，对环境污染物的检测分析是当今世界一个重要的课题。我国投入巨大的人力物力进行环境污染物分析研究和实际检测，其中气相色谱法是十分有力的手段之一，可以测定大气中硫化物、氮化物、卤化物和芳香族化合物等污染物，也能够测定工业废水中微量的有机污染物。

(3) 食品安全检测分析 在食品安全检测过程中，气相色谱技术一直都是检测食品质量的重要检测技术，在食品检测中已经大范围应用：农产品中有机农药残留检测，肉制品中的有机胺等成分检测，食品中食品添加剂的检测以及食品包装袋中的有害物质检测。此外，食品中重要的营养组分，如氨基酸、脂肪酸、糖类，以及发酵过程中产生的挥发性气体和风味物质都可以用 GC 进行分析。

(4) 药物分析 气相色谱在中西药有效成分的分析以及性能鉴定中有很多应用，是一种简单有效的方法。许多西药在提纯浓缩后，能直接或衍生化后进行分析，主要包括镇静催眠药、镇痛药、兴奋剂、抗生素及中药中常见的萜烯类化合物等。在药物研究中，通过对体液和组织的药物检测，可以了解药物在体内的吸收、分布、代谢和排泄情况，为药物的药效、毒性的评价及其在体内的作用机制研究提供有效信息。

2. 气相色谱法的发展趋势

随着社会的发展与科技的进步，气相色谱技术因为高灵敏度、高选择性、速度快等优点正逐渐成为被广泛应用的检测技术，人们在气相色谱方面的研究也愈发地深入。如何让其灵敏度变得更高、如何让其具有更高的选择性、如何让其变得更加快捷方便等问题成为了人们研究的主要方向，新的方法不断被研究出来，新的分析难题也在不断被解决。其发展主要体现在以下几个方面。

① 满足各种应用需求的专用色谱柱的开发。高选择性、长寿命、低应用成本及齐全的规格尺寸是对这类色谱柱的基本要求。

② 针对各类具体需求开发与标准分析方法相配套的专用分析系统的普遍应用。小型(芯片化、模块化)、快速、可靠、自动化、网络化将是这类专用系统的主要技术特征。

③ 基于各类应用系统或分析方法开发的专用分析软件也是一个值得关注的方向。专业化、网络化和远程技术支持性能将是对这类应用软件的基本要求。

④ 基于网络的广义并行多维色谱分析系统有望进入实用阶段。广义并行多维色谱分析系统是指以普通单一气相色谱作为一个基本分析单元，通过网络将多台具有这类单一分析功能的气相色谱组合成一个分析系统，共同完成特定分析任务的组合系统。

五、气相色谱仪的维护和保养

做好日常仪器的维护和保养是仪器安全、合理、正确和有效使用的前提条件，气相色谱仪的维护和保养是日常工作的重要组成部分。

1. 载气系统的维护和保养

(1) 检漏 载气系统最主要的维护工作就是检漏，可采用厂家提供的检漏液或自行配制肥皂水振荡起泡，涂抹在管路连接或阀等有空隙的地方查看。检漏工作应定期进行，周期视实际情况而定。需要注意的是，不要将载气管路长时间放空，应采用堵头堵住两端，尽量避免空气进入载气管路。

(2) 净化器 净化器在载气系统中作用很大，除了部分水分及烃类净化器可再生处理外，一般均为一次性使用，寿命视具体情况而定，因此需要定期更换。可再生类净化管一般有显色指示，根据指示确定是否需要再生处理，处理步骤为取出吸附剂，烘箱中加热烘烤，干燥冷却后重新填装。

2. 进样系统的维护和保养

(1) 进样针 首先确定针杆的灵活性，将针杆拉到满刻度再推回，若很紧或时紧时松则需要清洗针杆。拔出针杆，用干净滤纸沾丙酮擦拭，然后将针头浸入丙酮中来回拉动针杆直至可以灵活顺畅移动。如有必要，及时更换进样针。

(2) 进样口 目前主流的进样口主要为分流/不分流进样口，由于其分析要求一般较高（如农残分析等），维护工作尤其重要，如维护不到位，其分析结果差异较大。

隔垫：隔垫主要起到密封进样口，清洗进样针的作用。一般隔垫可以达到100次进样的寿命。隔垫碎屑可导致本底升高，还可能污染衬管，堵塞色谱柱，应经常更换。注意不要将隔垫拧得过紧，隔垫拧得过紧不但会影响隔垫使用寿命，还会导致进样针很难刺过隔垫甚至会导致进样口漏气。

衬管：衬管在GC中主要起到气化室的作用，不定期更换或未正确使用会导致峰形变差、重现性差、出现鬼峰、溶剂歧视等结果。衬管的保养步骤主要包括：移去玻璃棉，在溶剂或者酸液中超声处理，清洗并干燥，更换去活性的玻璃棉，硅烷化处理并干燥。如果衬管未做过硅烷化处理或者衬管表面的惰性层被破坏，衬管表面的活性点会吸附样品组分，引起拖尾峰，还有可能降低灵敏度和重现性。硅烷化处理就是在衬管的内表面上用硅烷化试剂覆盖或用硅烷化试剂与活性基团发生化学反应。做痕量分析时建议用新的衬管。

分流平板：分流平板被污染会导致重现性差及出现鬼峰，请定期检查分流平板，必要时进行清洗和更换。注意此部件必须非常清洁。

捕集阱：捕集阱饱和的时候会导致基线不稳或出现鬼峰，甚至会堵塞分流出口，请在必要时候更换捕集阱里的滤芯。

O形环：O形环是消耗品，其材料中有使其增加柔韧性的增塑剂，在高温下增塑剂会降解使O形环变硬，不能起到密封作用而漏气。请定期检查O形环并在必要时及时更换。

3. 色谱柱的维护和保养

石英毛细管柱的聚酰亚胺保护层如果被破坏，破损处变得很脆，易在此处发生断裂，引起柱效和谱峰效果的明显下降。所以应注意：避免色谱柱在370℃或更高的温度条件下使用；防止色谱柱被磨损和擦伤（如安装中注意柱体不应与柱温箱的内壁锐边过分接触，以免轻微震动引起的擦伤）；避免过分地弯曲、扭曲柱体。

注意对色谱柱中涂覆固定相的保护。色谱柱切开封口后，应当立即安装在设备上，并保持干燥、无氧的纯净载气通过柱体直至色谱柱被卸除封存。使用中要阻止隔垫、卡套磨损等外来杂质进入色谱柱。

注意保证石英毛细管柱切割后切口洁净和平滑，所以柱口要仔细切割和检查。切割过程中，首先使用宝石头笔或陶瓷切片在柱上轻轻地刻划，划破表面的保护层；然后捏住划痕处的两端，轻轻地弯曲折断柱体。检查断口时建议使用20倍以上的放大镜，如果断口不洁净、不平滑，需重新切割。在安装卡套和螺母时，将端口朝下，防止切割碎片被带入柱中。

当色谱柱出现问题时基线漂移和基线噪声会变大，峰形异常，分离度变差。保存色谱柱时要密封并将色谱柱堵头插在柱两端以防止碎片进入柱内。重新安装色谱柱时需要注意安装方向，并从柱头截去少许以确保隔垫碎屑不会堵塞在柱内。进行检测时要充分做好样品的前处理，必要时在色谱柱前安装短预柱来保护色谱柱（仅在使用毛细管柱时）以防止难挥发的物质进入色谱柱。

当遇到以下几种情况时需对色谱柱进行老化：新柱子应老化除去残余的溶剂，色谱柱中有残留杂质时需要老化，长期不使用的柱子应老化除去存放过程中变性的固定相。老化时可参考将进行分析的条件，在方法的最高温度的基础上加20℃（但不得超过色谱柱恒温温度上限）进行老化。注意，老化色谱柱时如果没有载气通过或载气中有氧气存在，将会快速而永久地损坏色谱柱。如果色谱柱中有残余空气，请先用载气吹洗色谱柱然后再进行老化。对于高灵敏度的检测器，老化时不要将色谱柱连接检测器，请将检测器的入口接头堵住。

4. 检测器的维护和保养

(1) 氢火焰离子化检测器　FID的常见故障为点火故障，主要原因可能是：空气氢气比例不合适，氢气纯度不够，尾吹气或载气流量过大，点火线圈故障，喷嘴或线圈堵塞，检测器积水，温度设置不正确，等。

即使正常使用，在喷嘴和检测器中也会形成沉淀物（通常由色谱柱流失产生的白色二氧化硅或黑色炭灰所组成）。这些沉淀物会降低检测器的灵敏度并产生色谱噪声和毛刺。虽然可以清洗喷嘴，但通常更实用的方法是更换新的喷嘴。如果确实需要清洗喷嘴，注意不要划伤喷嘴，若喷嘴变形将会导致灵敏度下降、峰形变差或点火困难。清洗喷嘴时，用清洗金属丝从喷嘴顶部穿入，前后拉动数次，直到金属丝可平滑拉动。将喷嘴置于水溶性洗涤剂中超声5min，使用喷嘴铰刀清洗喷嘴内侧，再超声5min，先用热自来水再用少量甲醇（色谱纯）淋洗喷嘴，用压缩空气或氮气吹干，放纸巾上晾干。

选择FID的操作条件时应注意所用气体流量和工作电压，一般N_2和H_2流速的最佳比为（1∶1）～（1.5∶1）（此时灵敏度高、稳定性好），氢气和空气的比例为1∶10，极化电压一般为100～300V。

当分析样品水分太多或进样量太多时，会使火焰温度下降，影响灵敏度，有时甚至会使火焰熄灭。应在氢气通气0.5h以上再点火，以免火点不着。等火点着了后再通尾吹气。

(2) 热导检测器　TCD可能会被柱流出的沉淀物或不纯的样品所污染，现象包括：基线抖动、噪声水平提高及参比样品的响应值变化等。TCD的通常维护是热清洗，即烘烤。烘烤时关闭检测器，将柱子从检测器上取下并用死堵头堵住检测器入口，设定参比气流速在20～30mL/min，设定检测器温度375℃，持续几个小时，然后将系统温度冷却至正常操作温度。

(3) 电子捕获检测器　随着ECD使用时间的增长，仪器的基线噪声或者输出值会逐渐升高。如果已经确定这些问题不是GC系统漏气造成的，那么检测器内可能存在由柱流出物带入的污染物。要清除污染，首先应当对检测器进行热清洗。热清洗步骤：若色谱柱最高温度小于250℃，将柱子从检测器上取下并用色谱柱螺帽和无孔密封垫塞住检测器连接口，设定检测器温度350～375℃，持续几个小时，然后将系统温度冷却至正常操作温度。

ECD载气及吹扫气要求非常清洁和干燥。潮气、氧气或者其他污染物可能会改善灵敏度，但会损失线性范围。因此色谱柱连接到检测器前一定要预老化色谱柱。此外，ECD含

有放射性的 ^{63}Ni，对人体可能造成一定的伤害，维护时需要小心操作。

（4）火焰光度检测器 FPD 的维护保养跟 FID 的差别不是很大，主要是清洗喷嘴工作。除此之外，FPD 需要更换滤光片。P 的滤光片为浅黄色，S 的滤光片为无色。一般滤光片都配有专门的清洗刷子，注意在拆卸滤光片时需戴不脱毛手套以避免划伤滤光片，而且安装 S 滤光片之后需要安装白色滤光挡片。

技能训练一　蔬菜、水果中有机磷农药残留的测定

【训练目标】

1. 了解气相色谱仪的操作方法。
2. 认识火焰光度检测器。

【原理】

试样中有机磷农药残留经乙腈提取，提取液经分散固相萃取净化，浓缩后用火焰光度检测器检测，外标法定量。

【仪器和试剂】

1. 仪器
气相色谱仪（带火焰光度检测器），食品加工器，涡旋混匀器，氮吹仪。
2. 试剂
乙腈，丙酮（色谱纯），滤膜（0.2μm，有机系）。
3. 试样
水果、蔬菜样品。

【训练步骤】

1. 农药标准溶液配制

（1）单一农药标准溶液　准确称取（吸取）一定量某农药标准品，用丙酮作溶剂，逐一配制成单一农药标准储备液，储存在 -18℃ 以下冰箱中。使用时根据各农药在对应检测器上的响应值，准确吸取适量的标准储备液，用丙酮稀释配制成所需浓度的标准工作液。

（2）农药混合标准溶液　根据各农药在仪器上的响应值，逐一准确吸取一定体积的同组别的单个农药储备液分别注入同一容量瓶中，用丙酮稀释至刻度，使用前用丙酮稀释成所需浓度的标准工作液。

2. 试样前处理

将样品切成小块放入食品加工器中粉碎，制成待测试样。准确称取 10g（精确到 0.01g）试样于 50mL 离心管中，加入 10mL 乙腈、4g 硫酸镁、1g 氯化钠、1g 柠檬酸钠、0.5g 柠檬酸氢二钠，于涡旋振荡器上混匀 2min 后离心 5min。吸取 6mL 上清液加到内含 900mg 硫酸镁及 150mg 乙二胺基-N-丙基填料（PSA）及 15mg 石墨化炭黑填料（GCB）的离心管中，涡旋混匀 1min。4200r/min 离心 5min，准确吸取 2mL 上清液于 10mL 离心管中，75℃ 氮吹至近干，2.0mL 丙酮溶解，用 0.2μm 滤膜过滤后移入至自动进样器进样瓶中，供色谱测定。

3. 测定

（1）色谱参考条件　色谱柱，DB-17；进样口温度，220℃；检测器温度，250℃；柱温，150℃（保持2min），8℃/min升温至250℃（保持12min）。

（2）气体及流量　载气，氮气，纯度≥99.99%，流速为10mL/min；燃气，氢气，纯度≥99.99%，流速为75mL/min；助燃气，空气，流速为100mL/min。

（3）进样方式

不分流进样。

4. 结果

（1）定性分析　将测得的样品溶液中未知组分的保留时间（t_R）分别与标准溶液在同一色谱柱上的保留时间（t'_R）相比较，如果样品溶液中某组分的保留时间与标准溶液中某一农药的保留时间相差在±0.05min内，可认定某组分为该农药。

（2）定量结果计算　试样中被测农药残留量以质量分数 w 计，单位以 mg/kg 表示，计算结果保留三位有效数字。

技能训练二　蜜饯中环己基氨基磺酸钠（甜蜜素）的测定

【训练目标】

1. 了解环己基氨基磺酸钠检测原理和前处理步骤。
2. 认识氢火焰离子化检测器。
3. 掌握标准曲线的制作。

【原理】

样品中的环己基氨基磺酸钠用水提取，在硫酸介质中环己基氨基磺酸钠与亚硝酸反应，生成环己醇亚硝酸酯，利用气相色谱氢火焰离子化检测器进行分离及分析，根据保留时间定性，用外标法定量。

【仪器和试剂】

1. 仪器

气相色谱仪（配有氢火焰离子化检测器），涡旋混合器，离心机，超声波振荡器，样品粉碎机，恒温水浴锅，天平（感量1mg、0.1mg）。

2. 试剂

正庚烷，氯化钠（NaCl）。

硫酸溶液（200g/L）：量取54mL硫酸小心缓缓加入400mL水中，后加水至500mL，混匀。

亚硝酸钠溶液（50g/L）：称取25g亚硝酸钠，溶于水并稀释至500mL，混匀。

环己基氨基磺酸标准储备液（5.00mg/mL）：精确称取0.5612g环己基氨基磺酸钠标准品，用水溶解并定容至100mL，混匀，此溶液1.00mL相当于环己基氨基磺酸5.00mg（环己基氨基磺酸钠与环己基氨基磺酸的换算系数为0.8909）。置于1～4℃冰箱保存，可保存12个月。

环己基氨基磺酸标准使用液（1.00mg/mL）：准确移取20.0mL环己基氨基磺酸标准储备液用水稀释并定容至100mL，混匀。置于1～4℃冰箱保存，可保存6个月。

【训练步骤】

1. 试样溶液的制备

称取打碎、混匀的样品 5.00g 于 50mL 离心管中，加 30mL 水，振摇，超声提取 20min，混匀，离心（3000r/min）10min，过滤，用水分次洗涤残渣，收集滤液并定容至 50mL，混匀备用。

2. 衍生化

准确移取试样溶液 10.0mL 于 50mL 带盖离心管中。离心管置试管架上冰浴 5min 后，准确加入 5.00mL 正庚烷，加入 2.5mL 亚硝酸钠溶液，2.5mL 硫酸溶液，盖紧离心管盖，摇匀，冰浴 30min，中间振摇 3～5 次；加入 2.5g 氯化钠，盖上盖后置涡旋混合器上振 1min（或振摇 60～80 次），低温离心（3000r/min）10min 分层或低温静置 20min 至澄清分层后，取上清液放置 1～4℃ 冰箱冷藏保存以备进样用。

3. 标准溶液系列的制备及衍生化

准确移取 1.00mg/mL 环己基氨基磺酸标准溶液 0.50mL、1.00mL、2.50mL、5.00mL、10.0mL 于 50mL 容量瓶中，加水定容。配成标准溶液系列浓度为：0.01mg/mL、0.02mg/mL、0.05mg/mL、0.10mg/mL、0.20mg/mL。临用时配制以备衍生化用。准确移取标准系列溶液 10.0mL，衍生化步骤同上。

4. 测定

① 色谱条件。包括以下几方面。

色谱柱：弱极性石英毛细管柱（内涂 5% 苯基甲基聚硅烷，30m×0.53mm×1.0μm）或等效柱。

柱温升温程序：初温 55℃ 保持 3min，以 10℃/min 的速度升温至 90℃ 保持 0.5min，以 20℃/min 的速度升温至 200℃ 保持 3min。

进样口：温度 230℃，进样量 1μL，不分流进样。

检测器：氢火焰离子化检测器，温度 260℃。

载气：高纯氮气，流量 12.0mL/min，尾吹 20mL/min。

氢气：30mL/min。

空气：330mL/min。

② 色谱分析。分别吸取 1μL 经衍生化处理的标准系列各浓度溶液上清液，注入气相色谱仪中，可测得不同浓度被测物的响应值峰面积，以浓度为横坐标，以环己醇亚硝酸酯和环己醇两峰面积之和为纵坐标，绘制标准曲线。在完全相同的条件下进样 1μL 经衍生化处理的试样待测液上清液，保留时间定性，测得峰面积，根据标准曲线得到样液中的组分浓度。

5. 结果计算

试样中环己基氨基磺酸钠含量按下式计算：

$$X_1 = \frac{c}{m}V$$

式中 X_1——试样中环己基氨基磺酸的含量，g/kg；

c——由标准曲线计算出定容样液中环己基氨基磺酸的浓度，mg/mL；

m——试样质量，g；

V——试样的最后定容体积，mL。

技能训练三 食用油中抗氧化剂的测定

【训练目标】

1. 了解抗氧化剂检测原理和前处理步骤。
2. 熟悉凝胶色谱的原理和使用方法。

【原理】

样品中的抗氧化剂用有机溶剂提取、凝胶渗透色谱法（GPC）净化后，用气相色谱氢火焰离子化检测器检测，根据保留时间定性，用外标法定量。

【仪器和试剂】

1. 仪器

气相色谱仪：配氢火焰离子化检测器。

凝胶渗透色谱仪，或可进行脱脂的等效分离装置。

分析天平：感量为0.01g和0.1mg。

旋转蒸发仪，涡旋振荡器，粉碎机。

2. 试剂

环己烷，乙酸乙酯，乙腈，丙酮。

乙酸乙酯和环己烷混合溶液（1+1）：量取50mL乙酸乙酯和50mL环己烷，混匀。

丁基羟基茴香醚（BHA）、2,6-二叔丁基对甲基苯酚（BHT）、叔丁基对苯二酚（TBHQ）标准储备液：准确称取BHA、BHT、TBHQ标准品各50mg（精确至0.1mg），用乙酸乙酯和环己烷混合溶液定容至50mL，配制成1mg/mL的标准储备液，于4℃冰箱中避光保存。

BHA、BHT、TBHQ标准使用液：吸取标准储备液0.1mL、0.5mL、1.0mL、2.0mL、3.0mL、4.0mL、5.0mL于一组10mL容量瓶中，用乙酸乙酯和环己烷混合溶液定容，此标准系列的浓度为0.01mg/mL、0.05mg/mL、0.1mg/mL、0.2mg/mL、0.3mg/mL、0.4mg/mL、0.5mg/mL，现用现配。

有机系滤膜：孔径0.45μm。

【训练步骤】

1. 试样处理

混合均匀的样品，过0.45μm滤膜后，准确称取0.5g（精确至0.1mg），用乙酸乙酯和环己烷的混合溶液准确定容至10.0mL，混合均匀待净化。

2. 净化

处理得到的试样经凝胶渗透色谱装置净化，收集流出液，蒸发浓缩至近干，用乙酸乙酯和环己烷混合溶液定容至2mL，进气相色谱仪分析。

3. 测定

(1) 色谱参考条件

色谱柱，5%苯基-甲基聚硅氧烷毛细管柱，柱长30m，内径0.25mm，膜厚0.25μm，或等效色谱柱；进样口温度，230℃；升温程序，初始柱温80℃，保持1min，以10℃/min

升温至 250℃，保持 5min；检测器温度，250℃；进样量，1μL；进样方式，不分流进样；载气，氮气，纯度≥99.999%，流速 1mL/min。

（2）标准曲线的制作　将标准系列工作液分别注入气相色谱仪中，测定相应的抗氧化剂含量，以标准工作液的浓度为横坐标，以响应值为纵坐标，绘制标准曲线。

（3）试样溶液的测定　将试样溶液注入气相色谱仪中，得到相应抗氧化剂的响应值，根据标准曲线得到待测液中相应抗氧化剂的浓度。

（4）结果计算

试样中抗氧化剂含量：
$$X = \rho V / m$$

式中　X——试样中抗氧化剂含量，mg/kg；

ρ——从标准曲线上得到的抗氧化剂溶液浓度，μg/mL；

V——样液最终定容体积，mL；

m——称取的试样质量，g。

结果保留三位有效数字（或保留到小数点后两位）。

习题

1. 在气相色谱分析中，用于定量分析的参数是（　　）。
   A. 保留时间　　　　B. 保留体积　　　　C. 半峰宽　　　　D. 峰面积

2. 良好的气-液色谱固定液应具备的条件为（　　）。
   A. 蒸气压低、稳定性好　　　　　　　　B. 化学性质稳定
   C. 溶解度大，对相邻两组分有一定的分离能力　　D. A、B 和 C

3. 气相色谱法常用的载气不包括（　　）。
   A. 氢气　　　　B. 氮气　　　　C. 氧气　　　　D. 氦气

4. 在气-液色谱分析中，良好的载体应具备的条件为（　　）。
   A. 粒度适宜、均匀，表面积大　　　　B. 表面没有吸附中心和催化中心
   C. 化学惰性、热稳定性好，有一定的机械强度　　D. A、B 和 C

5. 使用氢火焰离子化检测器时，选用下列哪种气体作载气最合适？（　　）
   A. H_2　　　　B. He　　　　C. Ar　　　　D. N_2

6. 简要说明气相色谱仪的分析原理。
7. 气相色谱仪包括哪几个部分，各有什么作用？
8. 简述气相色谱仪对载气的纯度要求及原因。
9. 一个性能优良的检测器应具备什么样的特点？
10. 简述毛细管色谱柱的特点。
11. 如何对气相色谱仪的进样口进行日常维护？

项目五 高效液相色谱分析法

一、高效液相色谱分析法的基本原理

1. 高效液相色谱法

液相色谱仪
工作原理

高效液相色谱法（high performance liquid chromatography，HPLC）是一种 20 世纪 60 年代后期发展起来的新的分离分析技术。HPLC 是在经典色谱的基础上，采用了由全多孔或非多孔高效微粒（$1.7 \sim 10 \mu m$）固定相制备的色谱柱，由高压输液泵输送流动相，用高灵敏度检测器进行检测，实现了高柱效、高选择性、高灵敏度的快速分析，已成为分析化学中最有力的工具之一。

(1) 高效液相色谱与经典液相色谱的比较　原理上，高效液相色谱与经典液相色谱没有本质上的区别，但高效液相色谱采用了较小微粒的固定相、新型的高压输液泵以及灵敏度更高的检测器，而使经典液相色谱有了新的活力，高效液相色谱与经典液相色谱的比较见表 3-5-1。

表 3-5-1　高效液相色谱与经典液相色谱的比较

项目	高效液相色谱	经典液相色谱
流动相驱动方式	高压泵	重力或低压泵
进样量	$1\times10^{-6} \sim 1\times10^{-2}$ g	$1 \sim 10$ g
流动相流速	快（$1 \sim 10$ mL/min）	很慢
速度	$0.05 \sim 1.0$ h	$1 \sim 20$ h
柱效	每米有 $2\times10^3 \sim 5\times10^4$ 理论塔板数	每米有 $2 \sim 50$ 理论塔板数

(2) 液相色谱与气相色谱的比较　HPLC 和气相色谱（GC）都是高性能的分析方法，但液相色谱与气相色谱相比，具有以下几方面的优越性。

GC 不适用于不挥发物质和对热不稳定物质，而液相色谱却不受样品挥发性和热稳定性的限制。据统计，目前气相色谱法所能分析的有机物，只占全部有机物的 15%～20%。而高沸点、中高分子量有机化合物，离子型无机化合物，热不稳定化合物，具有生物活性的生物分子均可使用液相色谱进行分析。

对于难分离的样品，液相色谱比气相色谱更容易完成分离。气相色谱采用的流动相是惰性气体，它对组分没有亲和力，不产生相互作用力，仅起到运载的作用；液相色谱中，固定相、流动相、样品分子之间发生选择性的相互作用，增加了控制和改进分离条件的参数，为选择最佳分离条件提供了极大方便。

和气相色谱相比，液相色谱样品的回收比较容易。在很多情况下，液相色谱不仅作为一种分析方法，而且还作为一种分离手段，用以提纯和制备某一单一物质。

总之，高效液相色谱结合了经典液相色谱和气相色谱的优点，并加以改进，得到了迅猛的发展。目前，高效液相色谱法已被广泛应用于化学、医学、农学、食品等领域。

(3) 高效液相色谱法的特点　高效液相色谱法具有以下几个突出的特点。

① 高压。液相色谱法以液体作为流动相（也称为洗脱液），液体流经色谱柱时，受到的阻力较大，为了能迅速地通过色谱柱，必须对流动相施加高压。在现代液相色谱法中供液压力和进样压力都很高，一般可达到 $150×10^5 \sim 350×10^5$ Pa。高压是高效液相色谱法的一个突出特点。

② 高速。高效液相色谱法所需的分析时间较经典液体色谱法少得多，一般小于 1h，例如分离苯的羟基化合物 7 个组分，只需要 1min 即可完成。对氨基酸分离，用经典色谱法，柱长约 170cm、柱径 0.9cm、洗脱液流量 30mL/h，需用 20 多小时才能分离出 20 种氨基酸，而用高效液相色谱法，在 1h 内即可完成。高效液相色谱法的流动相在色谱柱内的流量较经典液相色谱法高得多，一般可达 $1 \sim 10$ mL/min。

③ 高效。气相色谱法的分离效能很高，填充柱柱效约为每米 1000 塔板，而高效液相色谱法的柱效更高，每米可达 3 万塔板以上。这是因为近年来研究出了许多新型固定相（如化学键合固定相），使分离效率大大提高。

④ 高灵敏度。高效液相色谱已广泛采用高灵敏度的检测器，进一步提高了分析的灵敏度，如紫外检测器的最小检出量可达纳克数量级（10^{-9}g），荧光检测器的灵敏度可达 10^{-11}g。高效液相色谱的高灵敏度还表现在所需试样很少，微升数量级的试样就足以进行全分析。

因而在色谱文献中又将高效液相色谱法称为现代液相色谱法或高速液相色谱法。

2. 液相色谱的固定相和流动相

(1) 固定相　固定相的选择对样品的分离起着重要的作用，有时甚至是决定性的作用。不同类型的色谱采用不同的固定相。一般来说固定相的性质主要由填料基质以及键合的固定相所决定。

① 化学键合固定相。将有机官能团通过化学反应共价键合到硅胶表面的游离羟基上而形成的固定相称为化学键合相。这类固定相通过改变键合相有机官能团的类型来改变分离的选择性。

化学键合固定相利用硅胶表面存在的硅羟基，通过化学反应将有机分子键合到硅胶表面。根据硅胶表面的化学反应不同，化学键合固定相可分为四种：硅氧碳键型，≡Si—O—C；硅氧硅碳键型，≡Si—O—Si—C；硅碳键型，≡Si—C；硅氮键型，≡Si—N。

这四种类型的化学键合固定相中，硅氧硅碳型的稳定性、耐水性、耐光性、耐有机溶剂等特性最为突出，应用最广（如图 3-5-1 所示）。

按键合的官能团的极性可分为极性键合相和非极性键合相两种。极性键合相主要有氰基（—CN）、氨基（—NH$_2$）和二醇基键合相。极性键合相通常用于正相色谱，有时也可作为反相色谱的固定相。常用的非极性键合相主要有各种烷基（C_8、C_{18}）和苯基、苯甲基等，以 C_{18} 应用最为广泛。非极性键合相的烷基链长对样品容量、溶质的保留值和分离选择性都

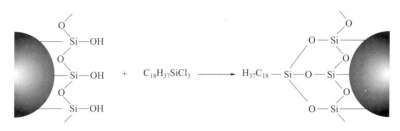

图 3-5-1 硅氧硅碳型化学键合反应示意图

有影响。

化学键合固定相主要具有以下特点。

固定相表面没有液坑，比一般液体固定相传质快得多；无固定相流失，增加了色谱柱的稳定性及寿命；可以键合不同的官能团，能灵活地改变选择性，可用于多种色谱类型及样品的分析；有利于梯度洗脱，也有利于配用灵敏的检测器和馏分的收集。

化学键合固定相表面键合基团的覆盖率对分离效果和分离机制有着一定的影响，随着覆盖率的不同可能存在两种分离机制。高覆盖率时，组分在两相间以分配为主；而当覆盖率较低时，则可能以吸附为主。

② 液-固色谱固定相。常用的液-固色谱固定相有硅胶、氧化铝、分子筛、聚酰胺等。结构类型主要有全多孔型和薄壳型，粒度为 $5\sim10\mu m$。

③ 离子交换色谱固定相结构类别主要有以下两种。

a. 薄壳型离子交换树脂。以薄壳玻璃珠为担体，表面涂约 1% 的离子交换树脂。

b. 离子交换键合固定相。在微粒硅胶表面键合离子交换基团。

根据交换基的不同，离子交换树脂也常称为阳离子交换树脂（强酸性、弱酸性）和阴离子交换树脂（强碱性、弱碱性）。

④ 空间排阻色谱固定相。空间排阻色谱固定相有多种类型，一般可分为以下三类。

a. 软质凝胶。葡聚糖凝胶、琼脂凝胶等，多孔网状结构，水为流动相，能溶胀干体的许多倍，适用于常压排阻分离，不适合高效液相色谱。

b. 半硬质凝胶。苯乙烯-二乙烯基苯交联共聚物，也称有机凝胶，常使用非极性溶剂为流动相，不能用丙酮、乙醇等极性溶剂，溶胀性比软质凝胶小。

c. 硬质凝胶。多孔硅胶、多孔玻珠等，如可控孔径玻璃微球，具有恒定孔径和窄粒度分布。硬质凝胶具有化学稳定性、热稳定性好，机械强度大，流动相性质影响小等特点，可在较高流速和压力下使用，既可采用水作为流动相，也可使用有机溶剂作流动相。

（2）流动相 高效液相色谱中的流动相是不同极性的液体，对组分有亲和力，并参与固定相对组分的竞争。因此，能否正确选择流动相将直接影响组分的分离结果。

流动相过滤过程

在选择流动相时应注意下列几个因素。

a. 流动相纯度。一般采用色谱纯试剂，必要时需进一步纯化，以除去有干扰的杂质。因为在色谱柱使用期间，流过色谱柱的溶剂是大量的，如溶剂不纯，则长期积累杂质而导致检测器噪声增加。

流动相预处理过程

b. 应避免使用会引起柱效损失或保留特性变化的溶剂。例如，在液-固色谱中，硅胶吸附剂不能使用碱性溶液（胺类）或含有碱性杂质的溶剂。同样，氧化铝吸附剂不能使用酸性溶剂。在液-液色谱中，流动相应与固定相不互溶（不互溶是相对的)。否则,易造成固定相流失,使柱的保留特性变化。

c. 对试样要有适宜的溶解度。否则在柱头易产生部分沉淀。

d. 溶剂的黏度小些为好。否则会降低试样组分的扩散系数,造成传质速率缓慢,柱效下降。同时,在同温度下,柱压随溶剂黏度增加而增加。

e. 应与检测器相匹配。例如紫外光度检测器,不能用对紫外线有吸收的溶剂。

在选用溶剂时,溶剂的极性显然仍为重要的依据。例如,在正相液-液色谱中,可先选中等极性的溶剂为流动相。若组分的保留时间太短,表示溶剂的极性太大,改用极性较弱的溶剂。若组分保留时间太长,则再选极性在上述两种溶剂之间的溶剂。如此多次实验,以选得最适宜的溶剂。

常用溶剂的极性顺序排列如下:

水(最大)>甲酰胺>乙腈>甲醇>乙醇>丙醇>丙酮>二氧六环>四氢呋喃>甲乙酮>正丁醇>乙酸乙酯>乙醚>异丙醚>二氯甲烷>氯仿>溴乙烷>苯>四氯化碳>二硫化碳>环己烷>己烷>煤油(最小)。

常用作流动相的溶剂有己烷、四氯化碳、甲苯、乙醇、乙腈、水等。可根据分离的要求选择合适的纯溶剂或混合溶剂。采用二元或多元组合溶剂作为流动相可以灵活调节流动相的极性,增加流动相的多样性和选择性,达到改进分离效果和调节出峰时间的目的。

3. 分离模式

依据化合物的三种主要性质——极性、电荷、分子大小,可以用于高效液相色谱分离,从而得到各种各样的分离模式。

(1) 正相色谱　正相色谱也称为吸附色谱。固定相是极性的(通常是硅或氧化铝),流动相是非极性的(通常是庚烷-四氢呋喃)。正相色谱是基于分析物在极性固定相上的吸附/解吸的模式进行分离的方法。

图 3-5-2 为多孔硅颗粒的部分示意图,其中硅烷醇基团(Si-OH)位于多孔硅颗粒的表面和内部。极性分析物由于与硅烷醇基团的强烈相互作用,在柱中缓慢迁移。混合物中不同

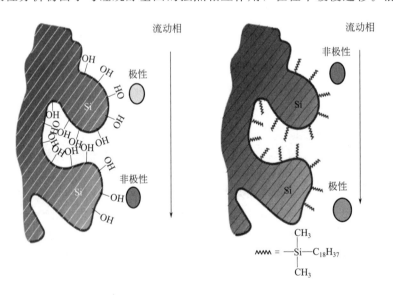

图 3-5-2　多孔硅颗粒的部分示意图

类型的分子被吸附在固定相上的不同程度提供了分离效果。非极性溶剂，如正己烷，比中极性溶剂，如乙醚，洗脱速度慢。正相色谱常用于分离中等极性和极性较强的化合物（如酚类、胺类、羰基类及氨基酸类等）。

（2）反相色谱 反相色谱的固定相是非极性的，流动相是极性的（如水、甲醇、乙腈）。反相色谱主要是基于分析物在极性流动相和非极性固定相之间的分配系数进行分离。

最早的固定相为涂有非极性液体的固体颗粒，但后来很快被连接的疏水性基团所取代，如图 3-5-2，在硅胶载体上连接十八烷基基团（C_{18}）。反相色谱是最常用的高效液相色谱分析方法，70%以上的高效液相色谱分析都使用反相色谱。反相色谱主要适用于极性（水溶性）、中极性和一些非极性分析物的分析。

（3）离子交换色谱 在离子交换色谱中，分离模式是基于离子分析物与附着在固体载体上的离子基团的反离子的交换实现的，如图 3-5-3 所示。

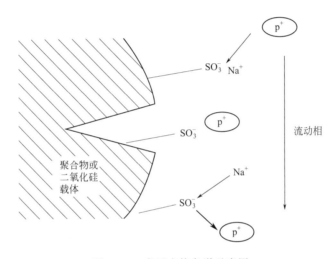

图 3-5-3　离子交换色谱示意图

固定相采用离子交换树脂，树脂上分布有固定的带电荷基团和游离的平衡离子。当被分析物质电离后，产生的离子可与树脂上可游离的平衡离子进行可逆性交换。根据离子交换剂和功能基团的离解程度可分为强阳离子交换色谱、弱阳离子交换色谱、强阴离子交换色谱和弱阴离子交换色谱，如表 3-5-2 所示。

表 3-5-2　离子交换剂上的功能基团

类型	功能基团	类型	功能基团
强阳离子交换色谱(SCX)	$-SO_3R$	强阴离子交换色谱(SAX)	$-N^+R_3$
弱阳离子交换色谱(WCX)	$-CO_2H$	弱阴离子交换色谱(WAX)	$-NH_2$

离子交换色谱常见的应用是分析离子和生物成分，如氨基酸、蛋白质/多肽和多核苷酸。

（4）体积排阻色谱 体积排阻色谱是利用多孔凝胶固定相的独特性质，而产生的一种主要依据分子尺寸大小而进行分离的方法。大分子被排斥在孔隙之外，在色谱柱中迁移速度较快，而小分子可以穿透孔隙，在色谱柱中迁移速度较慢，从而将不同分子量的物质分离，如图 3-5-4 所示。依据所选用凝胶的性质，可分为使用有机溶剂的凝胶渗透色谱和使用水溶液的凝胶过滤色谱。

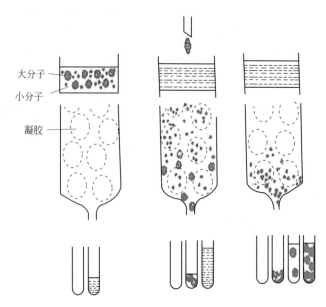

图 3-5-4 排阻色谱示意图

凝胶渗透色谱主要用于高聚物（如聚乙烯、聚苯乙烯、聚氯乙烯、聚甲基丙烯酸甲酯）等分子量的测定，凝胶过滤色谱主要用于分析水溶液中的多肽、蛋白质、酶、寡聚及多聚核苷酸、多糖等生物分子。

(5) 亲和色谱 在亲和色谱固定相基体上，键合成了具有锚式结构特征的配位体，这些配位体的官能团可与被分离的、结构相似的生物分子之间，产生特异的分子生物学相互作用，从而实现生物组分的特异性分离，如图 3-5-5 所示。亲和色谱和其他液相色谱法比较，最突出的优点是可对生物活性物质进行特异性的分离和纯化，可从大量样品基体中分离、纯化出少量的生物活性物质。

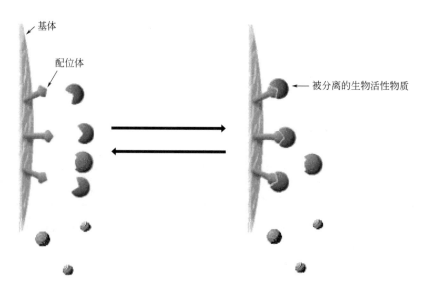

图 3-5-5 亲和色谱示意图

亲和色谱主要用于分离、纯化具有生物活性的物质，如氨基酸、肽、蛋白质、核苷酸、核糖核酸和脱氧核糖核酸等。

二、高效液相色谱仪的结构

高效液相色谱仪主要由高压输液系统、进样系统、分离系统、检测系统等部分组成，结构示意图见图 3-5-6。选择适当的色谱柱和流动相，打开输液泵，待色谱柱达到平衡后，通过进样器把样品注入，流动相把样品带入色谱柱进行分离。分离后的组分依次流入检测器的流通池，检测器把组分浓度转变为电信号，经过信号放大，记录器记录得到的色谱图。色谱图是对组分进行定性和定量的主要依据。

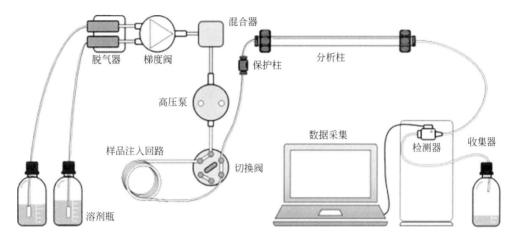

图 3-5-6　高效液相色谱仪结构示意图

1. 高压输液系统

高压输液系统主要由溶剂贮存器、高压输液泵、梯度洗脱装置等组成。

溶剂贮存器一般由玻璃或氟塑料制成，容量为 1~2L，用来贮存足够数量、符合要求的流动相。对于凝胶色谱、制备型色谱，其体积应更大些。溶剂贮存器放置位置一般要高于泵体，以便保持一定的输液静压差。

高压输液泵的主要作用是将流动相匀速注入液相色谱系统中，形成稳定的流路。输液泵性能的好坏将直接影响到分析过程速率以及分析结果的准确性。一般而言，输液泵应具有输出压力高（压力为 350×10^5 Pa，甚至到 500×10^5 Pa）、流量稳定等性能。输液泵的种类很多，按输液性质可分为恒压泵和恒流泵。恒流泵按结构又可分为螺旋注射泵、柱塞往复泵和隔膜往复泵。恒压泵受柱阻影响，流量不稳定，螺旋泵缸体太大，这两种泵已被淘汰。目前应用最多的是柱塞往复泵。为了减少脉动性，多采用双泵补偿的方法，使用两个泵进行工作。两个泵按串联或者是并联方式，交替送液，互相补偿，达到减少脉动的目的。

梯度洗脱装置就是在分离过程中使用两种或两种以上不同极性的溶剂，并按一定程序连续改变它们的比例，使流动相的强度、极性、pH 或离子强度相应地变化，从而达到提高分离效果，缩短分析时间的目的。

2. 进样系统

进样系统包括进样口、注射器和进样阀等，作用是把分析样品有效地送至液相色谱柱上进行分离。高效液相色谱柱比气相色谱柱短，所以柱外展宽（柱外效应）比较突出。柱外展宽是色谱柱以外的因素引起的色谱峰的展宽，主要包括柱前展宽和柱后展宽。而进样系统是引起柱前展宽的主要因素，因此高效液相色谱法对进样技术要求较为严格。

高效液相色谱分析中通常采用六通进样阀进样，关键部件由圆形密封垫（转子）和固定底座（定子）组成，示意图见图 3-5-7。其耐高压、进样量准确、重复性好、操作方便，适用于定量分析。更换不同体积的定量管，可调整进样量。样品溶液进样前必须用 $0.45\mu m$ 滤膜过滤，以减少微粒对进样阀的磨损；进样结束后冲洗进样阀，以防止缓冲液和样品残留在进样阀中。

六通进样阀
进器原理

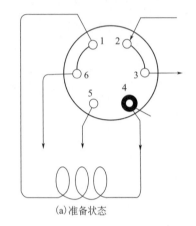
(a) 准备状态

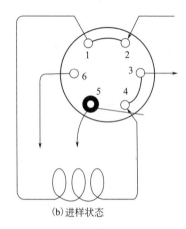
(b) 进样状态

图 3-5-7　六通进样阀示意图

3. 分离系统

分离系统包括色谱柱、柱温箱和连接管等部件。色谱柱是高效液相色谱的心脏部件，一般由内部抛光的不锈钢制成，分析色谱柱的内径为 $2.1\sim 4.6mm$，长度为 $30\sim 300mm$，其内部充满填料（固定相）。

色谱柱的性能主要取决于填料的性质及填充技术。色谱柱填料可以由基质直接构成，如硅胶、氧化铝、高交联度的苯乙烯-二乙烯苯或者甲基丙烯酸酯等；也可以在这些基质的基础上涂布或化学键合固定液来构成，如最经典的各种十八烷基键合硅胶柱（ODS柱）、氨基柱、氰基柱等。基质（担体）、载体的化学性质，键合相（固定液）的化学性质，填料形状大小粒度分布，碳量和键合度等等都可影响色谱柱的性能。为使色谱柱达到最佳效率，还要有合理的柱结构（尽可能减少填充床以外的死体积）及装填技术。对于细粒度的填料（$<20\mu m$），一般采用匀浆填充法装柱，先将填料调成匀浆，然后在高压泵作用下，快速将其压入装有洗脱液的色谱柱内，经冲洗后即可备用。

一般在分析柱前加一个保护柱，保护柱的填料与分析柱保持一致。保护柱可以截留不溶性颗粒、吸附样品基质中的杂质，可大大降低分析柱受污染的程度，延长分析柱的使用寿命。

4. 检测系统

当一个物质带从色谱柱上被洗脱时，检测器应该能够识别出来。因此，它必须以某种方式被监测，并将其转换成电信号，然后将电信号传送到记录器或显示器上。

理想的检测器应该满足以下条件：对所有已洗脱的峰都同样敏感，或只记录所需要的峰；不受温度变化或流动相组成的影响（如梯度洗脱法）；能够监测到少量的化合物（微量分析）；不会导致频带展宽，因此流通池体积应小；迅速做出反应，正确地挑出狭窄的峰，使这些峰迅速通过流通池；操作方便，坚固，价格低。目前还没有一种检测器完全满足上述条件，因此必须根据组分的性质、实验目的以及实际情况选择合适的检测器。

(1) 紫外-可见光检测器　紫外-可见光检测器主要适用于对紫外（或可见光）有吸收的

样品的检测。紫外-可见光检测器由于具有较高的灵敏度、较广的线性范围，相对不受温度波动的影响，适合梯度洗脱，因此成为高效液相色谱中应用最广泛的一种检测器。

紫外-可见光检测器可分为固定波长和可变波长两种。固定波长紫外检测器通常采用由低压汞灯提供的 254nm（或 280nm）紫外线，而可变波长检测器主要采用氘灯提供紫外线范围的波长部分，钨灯提供可见范围部分，波长在 190～600nm 可连续调节。可变波长检测器由于可选的波长范围较大，可选用组分最灵敏的吸收波长进行测定，从而提高了检测的灵敏度。

紫外-可见光检测器主要由光源、光栅、波长狭缝、吸收池和光电转换器件组成（图 3-5-8）。光栅主要将光源分解成不同波长的单色光，通过测定样品在检测池中吸收紫外可见光的大小来确定样品的含量，其具体原理是基于光吸收的朗伯-比尔定律。

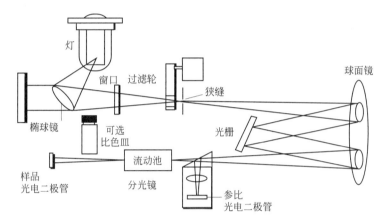

图 3-5-8　液相色谱仪紫外-可见光检测器光路图

（2）光电二极管阵列检测器　光电二极管阵列检测器（photodiode array detector，DAD）的检测原理与紫外-可见光检测器的原理相同，只是进入流通池的不再是单色光，获得的信号不是在单一波长上，可同时检测 180～600nm 的全部紫外线和可见光的波长的信号。

光电二极管阵列检测器的光路，不同于紫外可见吸收检测器的光路。混合光首先经过吸收池，被样品吸收，透过光影全息凹面衍射光栅色谱后，投射到二极管组成的二极管阵列上而被检测（图 3-5-9）。优点是可获得样品组分的全部光谱信息，可判断未分离组分纯度以及

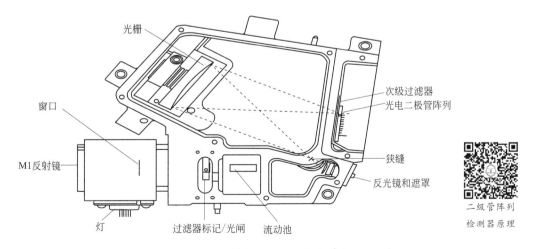

图 3-5-9　液相色谱仪光电二极管阵列检测器光路图

定性或鉴定不同类型的化合物。但是其灵敏度和线性范围均不如单波长吸收检测器。

(3) 示差折光检测器 示差折光检测器主要通过检测参比池和样品池中溶液折射率的不同来测定样品浓度。光从一种介质进入另一种介质时，由于两种物质折射率的不同会发生折射，只要样品组分与流动相的折光指数不同，就可被检测。每种物质都有与其他物质不同的折射率，因此示差折光检测器是一种通用型检测器。

流动相组成的任何变化都有明显的响应，干扰到样品的测定，故示差折光检测器一般不能用于梯度洗脱。此类检测器对温度敏感，使用时温度变化要保持在 ±0.001℃ 范围内，而且此类检测器其灵敏度较低（检测限一般在 $10^{-7} \sim 10^{-6}$ g/mL），一般不宜用于痕量分析。

(4) 荧光检测器 荧光检测器是一种具有高灵敏和高选择性的检测器，利用许多化合物特别是多环芳烃碳氢化合物、黄曲霉毒素、维生素、氨基酸等，被一定强度和波长的紫外线激发后，能发射可见光（荧光）的性质进行检测。荧光强度与激发光强度、量子效率以及样品浓度成正比。有些化合物（氨基甲酸酯类杀虫剂）本身不产生荧光，但可制成发生荧光的衍生物再进行测定。荧光检测器光路图见图 3-5-10。

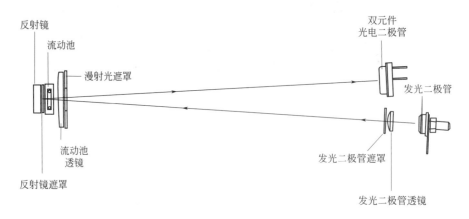

图 3-5-10 液相色谱仪荧光检测器光路图

荧光检测器的灵敏度比紫外检测器高出 2～3 个数量级，检出限可以达到 $10^{-13} \sim 10^{-12}$ g/mL，其对痕量组分进行选择性检测时，是一种有力的检测工具。溶剂的极性和溶液的温度对荧光强度有明显的影响。增大溶剂极性，可导致荧光强度增强。通常荧光物质的荧光效率和荧光强度，随着温度的升高而降低，荧光检测器常在室温下操作，以保证足够的灵敏度。当样品浓度过高时，荧光物质易与溶剂分子或其他溶质分子相互作用，引起溶液的荧光强度降低，使得荧光强度不再与浓度呈线性关系。在荧光检测时，样品浓度一般低于 1μg/mL。

(5) 蒸发光散射检测器 蒸发光散射检测器（evaporative light-scattering detector，ELSD）主要是基于光线通过微小的粒子时会产生光散射现象的原理。样品经色谱柱流出后进入雾化器形成微小液滴，与通入的气体（通常为氮气）混合均匀，经过加热的漂移管，蒸发除去流动相，样品组分形成溶胶，用强光或激光照射气溶胶，产生光散射，用光电二极管检测散射光，光路图见图 3-5-11。

蒸发光散射检测器弥补了紫外-可见光检测器和示差折光检测器的不足，扩大了应用范围。其灵敏度比示差折光检测器高，对温度的敏感程度比示差折光检测器低得多，而且其适用于梯度洗脱；而且蒸发光散射检测器的响应不依赖于样品的光学特性，因此蒸

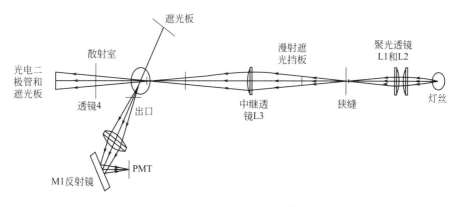

图 3-5-11 液相色谱仪蒸发光散射检测器光路图

发光散射检测器检测时要求样品不带有发色团或者荧光基团。蒸发光散射检测器适用于非挥发性物质，尤其是糖类、脂类、磷脂类、甾族化合物等无紫外吸收或吸收系数很小、样品浓度又低的物质，不需要柱前或柱后衍生化，可直接进样；可消除杂质和流动相的紫外吸收的干扰，基线平稳。蒸发光散射检测器应选用易挥发的盐作为其缓冲体系，而且又要有较好的纯度。

三、高效液相色谱仪的使用方法和注意事项

1. 使用方法

以 Waters 公司的 e2695 为例，高效液相色谱仪的使用方法如下。

① 过滤流动相，根据需要选择不同的滤膜（0.45μm）。

② 对抽滤后的流动相进行超声脱气 10~20min。

③ 打开 HPLC 工作站（包括计算机软件和色谱仪），连接好流动相管道，连接检测系统。

④ 进入 HPLC 控制界面主菜单，点击 [manual]，进入手动菜单。

⑤ 若有一段时间没用，或者换了新的流动相，需要先冲洗泵和进样阀。冲洗泵，直接在泵的出水口，用针头抽取。冲洗进样阀，需要在 [manual] 菜单下，先点击 [purge]，再点击 [start]，冲洗时速度不要超过 10mL/min。

⑥ 调节流量，初次使用新的流动相，可以先试一下压力，流速越大，压力越大，一般不要超过 4000psi。点击 [injure]，选用合适的流速，点击 [on]，走基线，观察基线的情况。

⑦ 设计走样方法。点击 [file]，选取 [select users and methods]，可以选取现有的各种走样方法。若需建立一个新的方法，点击 [new method]。选取需要的配件，包括进样阀、泵、检测器等，根据需要而不同。选完后，点击 [protocol]。一个完整的走样方法需要包括：进样前的稳流，一般 2~5min；基线归零；进样阀的 loading-inject 转换；走样时间，随不同的样品而不同。

⑧ 进样和进样后操作。选定走样方法，点击 [start]，进样，所有的样品均需过滤。方法走完后，点击 [postrun]，可记录数据和做标记等。全部样品走完后，再用上面的方法走一段基线，洗掉剩余物。

⑨ 关机时，先关计算机，再关液相色谱。

2. 注意事项

① 流动相必须用 HPLC 级的试剂，使用前过滤除去其中的颗粒性杂质和其他物质（使用 0.45μm 或更细的膜过滤）。

② 流动相过滤后要用超声波脱气，脱气后应该恢复到室温后使用。

③ 不能用纯乙腈作为流动相，这样会使单向阀粘住而导致泵不进液。

④ 使用缓冲溶液时，做完样品后应立即用去离子水冲洗管路及柱子 1h，然后用甲醇（或甲醇水溶液）冲洗 40min 以上，以充分洗去离子。对于柱塞杆外部，做完样品后也必须用去离子水冲洗 20mL 以上。

⑤ 长时间不用仪器，应该将柱子取下用堵头封好保存，注意不能用纯水保存柱子，而应该用有机相（如甲醇等），因为纯水易长霉。

⑥ 每次做完样品后应该用溶解样品的溶剂清洗进样器。

⑦ C_{18} 柱绝对不能进蛋白质样品、血样、生物样品。

⑧ 堵塞导致压力太大，按预柱→混合器中的过滤器→管路过滤器→单向阀的顺序检查并清洗。清洗方法：以异丙醇作溶剂冲洗；放在异丙醇中用超声波清洗；用 10% 稀硝酸清洗。

⑨ 气泡会致使压力不稳，重现性差，所以在使用过程中要尽量避免产生气泡。

⑩ 如果进液管内不进液体，要使用注射器吸液，通常在输液前要进行流动相的清洗。

⑪ 要注意柱子的 pH 范围，不得注射强酸强碱的样品，特别是碱性样品。

⑫ 更换流动相时应该先将吸滤头部分放入烧杯中边振动边清洗，然后插入新的流动相中。更换无互溶性的流动相时要用异丙醇过渡一下。

四、高效液相色谱的应用

1. 高效液相色谱仪在食品行业中的应用

液相色谱现在已广泛应用于食品检测行业，能够准确地检测出食品中的添加剂、营养成分、农药残留、兽药残留以及真菌毒素含量，为人们的食品安全提供了有力的保障。

各种食品添加剂的使用，对于延长食品的保质期、改善食品质量和口感具有重要的意义。苯甲酸和山梨酸是常见的食品防腐剂，可抑制霉菌、酵母菌和好氧细菌的活性，从而达到防腐的目的。但如果食品中加入过量的苯甲酸和山梨酸，不但可以破坏食品中的微生物，还可对人体造成严重的危害。利用高效液相色谱对食品中苯甲酸和山梨酸的测定见图 3-5-12。

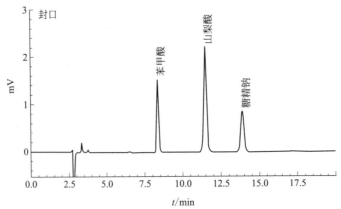

图 3-5-12　食品中苯甲酸和山梨酸的测定

食用色素，可以改善食品的色调和色泽。人工合成色素是一种具有复杂化学成分的物质，一旦食用过量，会引起人体中毒，且具有较强的致癌性。利用高效液相色谱对食品中7种合成着色剂的测定见图3-5-13。

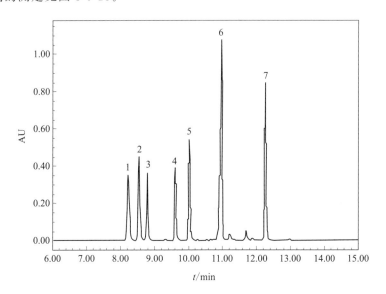

图 3-5-13　食品中七种合成着色剂的测定
1—柠檬黄；2—新红；3—苋菜红；4—胭脂红；5—日落黄；6—亮蓝；7—赤藓红

2. 高效液相色谱在农产品中应用

果蔬在生长过程中易受到病虫害的侵害，农药的使用可使病虫害的防治得到明显的改善。果蔬中的农药残留却带来了巨大的食品安全隐患。氨基甲酸酯类农药是在有机磷酸酯之后发展起来的合成农药，在水中溶解度较高。氨基甲酸酯类农药并不是剧毒化合物，但具有致癌性。果蔬中氨基甲酸酯类农药可经乙腈提取、净化后，使用带荧光检测器和柱后衍生系统的高效液相色谱仪进行检测（图3-5-14）。

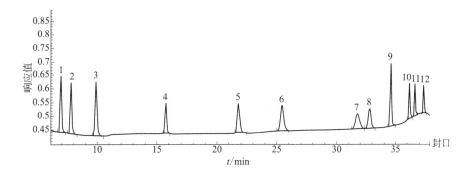

图 3-5-14　氨基甲酸酯类农药液相色谱图
1—涕灭威亚砜；2—涕灭威砜；3—灭多威；4—三羟基克百威；5—涕灭威；6—速灭威；
7—残杀威；8—克百威；9—甲萘威；10—异丙威；11—混杀威；12—仲丁威

畜禽在饲养过程中，需要用到多种兽药。动物源性食品中药物的残留不仅影响食品的质量、安全和品质，危害消费者的身体健康，还可引起中毒、过敏，甚至是致癌致畸等，直接对消费者生命安全造成威胁。国家也在加大对动物源性食品中兽药残留的监管力度，不断增加检测项目及检测指标。磺胺类药物是一种常见的抗菌药物，用有机溶剂提取、净化后，可用高效液相色谱-紫外检测法进行测定（图3-5-15）。

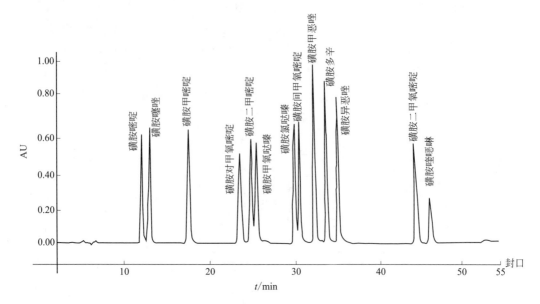

图 3-5-15　畜产品中磺胺类药物色谱图

3. 高效液相色谱药品检测应用

随着经济社会的不断发展，药品检测工作的质量与效率的提高已逐步成为药品行业的重要工作之一。高效液相色谱法凭借其在检测中的独特优势，既能节省检测时间，又能减少药剂的消耗量，还能够对药品的成分和含量进行分析，已成为药品检测中主要的检测技术之一。

一般药品制作过程中添加的附加剂会干扰药品的成分，一般的检测方法是无法对药品的成分含量进行测定的，因而也就无从检测药品质量。高效液相色谱技术中保留时间与组分的结构和性质有关，是定性的参数，可用于药物的鉴别。如《中国药典》中收载的头孢羟氨苄的鉴别项下规定：在含量测定项目下记录的色谱图中，供试品主峰的保留时间应与对照品的主峰保留时间一致。

高效液相色谱分离效能高，灵敏，在药物的杂质检查中也有广泛应用。"有关物质"是指药物中存在的合成原料、中间体、副产物、降解产物等物质，这些物质的结构和性质与药物相似，含量较低，只有采用色谱的方法才能将其分离并检测。若杂质是已知的，又有杂质的对照品，可用杂质对照品做对照进行检查。若杂质是未知的，可以采用主成分自身对照法或峰面积归一化法进行检查。

五、高效液相色谱仪的维护与保养

1. 维护

（1）**实验完毕冲洗柱子**　应当根据色谱柱的要求用适当的溶液冲洗柱子，而且冲洗时间应当足够长，以便将有些杂质洗脱掉而保护柱子。

（2）**放在溶液中保存**　分析柱如长期不用，应取下放入有关溶液中保存。

（3）**更换清洗单向阀**　相比较，主活塞的单向阀更容易出现问题。

① 在 Other Diagnostics（其他诊断）屏幕中，选择 Motors and Valves（电机和阀）。为避免单向阀更换过程中的液体渗漏，请确保将 GPV 阀设置在 Off（关）位置。

② 松开紧固溶剂输送盘和调整盘的螺钉，然后将托盘拉出几英寸（1in=2.54cm）以接近止回阀。

③ 使用 1/2in 扳手夹住入口止回阀外壳，同时使用 5/16in 扳手拆下入口止回阀的压力螺钉。

④ 使用 1/2in 扳手将单向阀外壳拆下。

⑤ 将入口单向阀外壳倒置以拆下旧的止回阀阀芯。

⑥ 检查入口单向阀外壳，如有必要，对其进行清洗，然后再用 100% 乙醇蘸湿外壳。

⑦ 用 100% 酒精蘸湿新的单向阀阀芯。

⑧ 将备用单向阀阀芯插入入口单向阀外壳。注意确保单向阀阀芯上的箭头指向活塞室。

⑨ 将入口单向阀外壳插入活塞室外壳，然后用手指拧紧单向阀外壳。

⑩ 使用 1/2in 扳手将入口单向阀外壳拧紧 1/8 圈。

⑪ 使用 1/2in 扳手夹住单向阀外壳，同时使用 5/16in 扳手将压力螺钉重新安装到单向阀外壳上并拧紧。

⑫ 选择 Other Diagnostics（其他诊断）屏幕中的 Motors and Valves（电机和阀）。要求将 GPV 阀设置到 Solvent A（溶剂 A）位置。

⑬ 如果分离单元的溶剂管路中没有溶剂，请在湿灌注或开始输送溶剂前干灌注溶剂管理系统。

⑭ 换下来的单向阀可以放在水和甲醇/有机相中依次超声，直到晃动单向阀可以听到红宝石活动的声音为止。问题比较严重的单向阀可以用医用注射器向单向阀的孔中依次注射水和甲醇/有机相，直到单向阀中的红宝石活动为止。

(4) 更换串联过滤器 主要过滤溶剂管理系统和样品管理系统之间的溶剂。当串联过滤器元件成为反压升高的来源时，请对其进行清洗和更换。

① 使用 5/8in 扳手将串联过滤器左侧面上的压力螺钉从入口外壳上拆下。使用吸收棉吸收可能渗漏的少量溶剂。

② 使用 5/8in 扳手夹住过滤器出口外壳，同时使用另一把 5/8in 扳手拆下入口外壳。

③ 将入口外壳倒置以拆下串联过滤器滤芯。

④ 用乙醇蘸湿备用串联过滤器滤芯。

⑤ 将备用串联过滤器滤芯插入串联过滤器外壳。

⑥ 重新连接串联过滤器入口和出口外壳。

⑦ 重新拧紧入口外壳上的压力螺钉。

⑧ 使用流动相以 1mL/min 的流量冲洗溶剂管理系统 10min。

⑨ 检查串联过滤器是否渗漏，必要时拧紧接头。

⑩ 换下来的滤芯可以做超声处理。

2. 注意事项

① 为避免损坏电气部件，请勿在"2695 分离单元"接通电源时断开电气装置。关闭电源后，要等待 10s 后再断开装置。

② 适当地进行静电放电（ESD）保护以防止损坏内部电路。切勿触摸未明确要求手动调整的集成电路芯片或其他部件。

③ 为防止受伤，在处理溶剂、更换管路或操作"2695 分离单元"时，始终要遵守良好的实验室习惯。必须了解所用试剂的物理和化学性质，而且需要参考"材料安全数据表"以了解所使用相关试剂的相关信息。

④ 为防止电击，请不要打开电源防护罩。电源中没有需要用户维护的零件。实验样品应当做好严格的前处理工作，防止太多的其他杂质污染色谱柱。

⑤ 进行实验之前应当让仪器足够预热。

⑥ 流动相用前应当进行过膜、脱气处理，或用时同时脱气。

⑦ 在实验工作中注意柱压的变化，如超过规定的最高压力或低于规定的最低压力时，应停机检查，找出原因，排除故障后才可继续工作。

技能训练　食品中苯甲酸、山梨酸含量的测定

【训练目标】

1. 熟悉 HPLC 仪器的基本构造及工作原理，熟悉 HPLC 的基本操作。
2. 了解色谱定量操作的主要方法以及各自特点。
3. 熟悉未知样品中甲苯定量分析方法。

【仪器和试剂】

1. 仪器

高效液相色谱仪（配紫外检测器），分析天平（感量为 0.001g 和 0.0001g），涡旋振荡器，离心机（转速＞8000r/min），匀浆机，恒温水浴锅，超声波发生器。

2. 试剂

① 氨水（$NH_3·H_2O$）(1+99)：取氨水 1mL，加到 99mL 水中，混匀。

② 亚铁氰化钾溶液（92g/L）：称取 106g 亚铁氰化钾，加入适量水溶解，用水定容至 1000mL。

③ 乙酸锌溶液（183g/L）：称取 220g 乙酸锌溶于少量水中，加入 30 mL 冰乙酸，用水定容至 1000mL。

④ 乙酸铵溶液（20mmol/L）：称取 1.54g 乙酸铵，加入适量水溶解，用水定容至 1000mL，经 0.22μm 水相微孔滤膜过滤后备用。

⑤ 甲酸-乙酸铵溶液（色谱纯）（2mmol/L 甲酸+20mmol/L 乙酸铵）：称取 1.54g 乙酸铵，加入适量水溶解，再加入 75.2μL 甲酸，用水定容至 1000mL，经 0.22μm 水相微孔滤膜过滤后备用。

3. 试样

① 苯甲酸、山梨酸和糖精钠（以糖精计）标准储备溶液（1000mg/L）：分别准确称取苯甲酸钠、山梨酸钾和糖精钠（纯度大于或等于 90%）0.118g、0.134g 和 0.117g（精确到 0.0001g），用水溶解并分别定容至 100mL。于 4℃贮存，保存期为 6 个月。当使用苯甲酸和山梨酸标准品时，需要用甲醇溶解并定容。

注：糖精钠含结晶水，使用前需在 120℃烘 4h，干燥器中冷却至室温后备用。

② 苯甲酸、山梨酸和糖精钠（以糖精计）混合标准中间溶液（200mg/L）：分别准确吸取苯甲酸、山梨酸和糖精钠（纯度大于或等于 90%）标准储备溶液各 10.0mL 于 50mL 容量瓶中，用水定容。于 4℃贮存，保存期为 3 个月。

③ 苯甲酸、山梨酸和糖精钠（以糖精计）混合标准系列工作溶液：分别准确吸取苯甲酸、山梨酸和糖精钠（纯度大于或等于90%）混合标准中间溶液 0、0.05mL、0.25mL、0.50mL、1.00mL、2.50mL、5.00mL 和 10.0mL，用水定容至 10mL，配制成质量浓度分别为 0、1.00mg/L、5.00mg/L、10.0mg/L、20.0mg/L、50.0mg/L、100mg/L 和 200mg/L 的混合标准系列工作溶液。现用现配。

【训练步骤】

1. 试样提取

准确称取约2g（精确到0.001g）试样于50mL具塞离心管中，加水约25mL，涡旋混匀。于50℃水浴超声20min，冷却至室温后加亚铁氰化钾溶液2mL和乙酸锌溶液2mL，混匀。于8000r/min离心5min。将水相转移至50mL容量瓶中，于残渣中加水20mL，涡旋混匀后超声5min，于8000r/min离心5min。将水相转移到同一50mL容量瓶中，并用水定容至刻度，混匀。取适量上清液过0.22μm滤膜，待液相色谱测定。

2. 仪器参考条件

色谱柱：C_{18}柱，柱长250mm，内径4.6mm，粒径5μm，或等效色谱柱。

流动相：甲醇＋乙酸铵溶液＝5＋95。

流速：1mL/min。

检测波长：230nm。

进样量：10μL。

3. 标准曲线的制作

将混合标准系列工作溶液分别注入液相色谱仪中，测定相应的峰面积，以混合标准系列工作溶液的质量浓度为横坐标，以峰面积为纵坐标，绘制标准曲线。

4. 试样溶液的测定

将试样溶液注入液相色谱仪中，得到峰面积，根据标准曲线得到待测液中苯甲酸、山梨酸和糖精钠（以糖精计）的质量浓度。

5. 分析结果

试样中苯甲酸、山梨酸和糖精钠（以糖精计）的含量按下式计算：

$$X=\frac{PV}{M\times 1000}$$

式中 X——试样中待测组分含量，g/kg；

P——由标准曲线得出的试样液中待测物的质量浓度，mg/L；

V——试样定容体积，mL；

M——试样质量，g；

1000——由 mg/kg 转换为 g/kg 的换算因子。

结果保留3位有效数字。

精密度要求：在重复性条件下获得的两次独立测定结果的绝对差值不得超过算术平均值的10%。

习题

1. 简述高效液相色谱法（HPLC）的概念和特点。
2. 何谓化学键合固定相？它有什么突出的优点？

3. 液-液色谱法中,什么叫正相液相色谱法?什么叫反相液相色谱法?
4. 试讨论采用反相 HPLC 法时分离条件的选择。
5. 高效液相色谱法对流动相的要求?
6. 简述反相色谱的分离机理。
7. 高效液相色谱仪由哪几部分组成?它与气相色谱仪有何异同?
8. 欲测定二甲苯的混合试样中的对-二甲苯的含量。称取该试样 110.0mg,加入对-二甲苯的对照品 30.0mg,用反相色谱法测定。加入对照品前后的色谱峰面积值为:对-二甲苯,$A_{对}=40.0\text{mm}^2$,$A'_{对}=104.2\text{mm}^2$;间-二甲苯,$A_{间}=141.8\text{mm}^2$,$A'_{间}=156.2\text{mm}^2$。试计算对-二甲苯的含量。

模块四

质谱分析法

课程思政

质谱法在仪器分析中通常与其他方法联用，仪器联用能够取长补短，克服不同分析方法的缺点和不足，获得更好的检测结果。培养学生之间团结友爱、取长补短、团队协作的精神。

20世纪50年代后期以来，质谱法已成为鉴定有机结构的重要方法。随着气相色谱、高效液相色谱等仪器与质谱联机成功及计算机的飞速发展，质谱法成为分析、鉴定复杂混合物的最有效的工具。质谱是指化合物分子受到电子流冲击后，形成的带正电荷分子离子及碎片离子，按照其质量 m 和电荷 z 的比值 m/z（质荷比）大小依次排列而被记录下来图谱的技术。在高真空系统中测定样品的分子离子及碎片离子质量，以确定样品分子量及分子结构的方法称为质谱法（mass spectrometry，MS）。

相比于核磁共振、红外光谱、紫外光谱，质谱具有其突出的优点：质谱法是唯一可以确定分子式的方法，而分子式对推测结构至关重要，若无分子式，一般至少也需要知道未知物的分子量；灵敏度高，通常只需要微克级甚至更少质量的样品，便可得到质谱图，检出限最低可达到 10^{-14} g；根据各类有机化合物中化学键的断裂规律，质谱图中的碎片离子峰提供了有关有机化合物结构的丰富信息。

目前质谱法已广泛地应用于石油、化工、地质、环境、食品、公安、农业等行业或部门。

一、质谱分析法的基本原理

质谱法是将样品分子置于高真空中（$<10^{-3}$ Pa），并受到高速电子流或强电场等作用，失去外层电子而生成分子离子，或化学键断裂生成各种碎片离子，然后将分子离子和碎片离子引入一个强的电场中，使之加速。加速电位通常用到 6~8kV，此时各种带正电荷的离子都有近似相同的动能，加速后的动能等于粒子的位能即 $zU=1/2mv^2$。式中，z 为离子电荷数；U 为加速电压；m 为离子质量；v 为离子获得的速度。如图 4-1 所示，不同质荷比（m/z）的离子具有不同的速度，利用离子不同质荷比及其速度差异，质量分析器可将其分离。

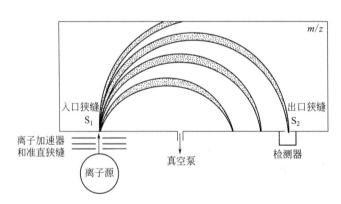

图 4-1 离子流在磁场中的运动示意图

从磁场中分离出来的离子由检测器测量其强度，记录后得到一张以质荷比（m/z）为横坐标，以相对强度为纵坐标的质谱图，如图 4-2 所示。在该质谱图中，每一个线状图位置表示一种质荷比的离子，通常将最强峰定为 100%，此峰称为基峰，其他离子峰强度以其百分数表示，即相对丰度。分子失去一个电子形成的离子称为分子离子（M^+）。分子离子峰一般为质谱图中质荷比（m/z）最大的峰。由于分子离子稳定性不同，质谱图中 m/z 最大的峰不一定是分子离子峰。

质谱分析的基本过程可以分为四个环节：①通过合适的进样装置将样品引入并进行气化；②将汽化后的样品引入离子源进行电离，即离子化过程；③电离后的离子经过适当的加

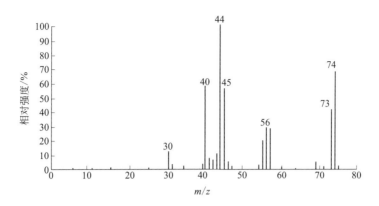

图 4-2 质谱图

速后进入质量分析器,按不同的质荷比(m/z)进行分离;④经检测、记录,获得一张质谱图,根据质谱图提供的信息,可以进行无机物和有机物定性与定量分析、复杂化合物的结构分析、样品中同位素比的测定以及固体表面的结构和组成的分析等。质谱分析的四个环节中的核心是实现样品离子化。不同的离子化过程,降解反应的产物也不同,因而所获得的质谱图也随之不同,而质谱图是质谱分析的依据。

二、质谱仪的结构

质谱仪一般由进样系统、离子源、质量分析器、检测器和记录系统等设备组成,还包括真空系统和自动控制数据处理等辅助设备。

1. 真空系统

质谱仪的离子产生及经过系统必须处于高真空状态,离子源的真空度达到 $10^{-5} \sim 10^{-4}$ Pa,质量分析器的真空度达到 10^{-6} Pa。若真空度过低将造成:①本底增高,干扰质谱图;②引起额外的离子-分子反应,改变裂解模型,使质谱解析复杂化;③系统中大量的氧气会烧坏离子源的灯丝;④干扰离子源中电子束的正常调节;⑤用作加速离子的几千伏高压会引起放电等。

质谱仪的高真空系统一般由机械真空泵(低真空泵)和油扩散泵或分子涡轮泵(高真空泵)组成。前级泵采用机械真空泵,一般抽至 $10^{-2} \sim 10^{-1}$ Pa。高真空要求达到 $10^{-6} \sim 10^{-4}$ Pa,需要用高真空泵抽,扩散泵价格便宜,但工作中如突然停电,可能造成返油现象;分子涡轮泵由于无油,可不用任何阱,就能提供一个极为洁净的真空环境,尽管价格较贵,但多数会选择配置分子涡轮泵。

2. 进样系统

进样系统是将分析样品送入离子源的装置。质谱需在高真空条件下工作,故进样系统需要适当的装置,使其在尽量减小真空损失的前提下将气态、液态或固态样品引入离子源。进样方法有以下几种。

(1) 间歇式进样 将少量固体或液体样品导入贮存器,进样系统的低压强及贮存器的加热装置,使试样保持气态。进样系统的压力比离子源压力高 1~2 个数量级,因此样品离子可以通过分子漏隙(通常是带有一个小针孔的玻璃或金属膜)以分子流的形式渗透进高真空的离子源。该进样系统可用于气体、液体和固体样品,典型设计如图 4-3 所示。

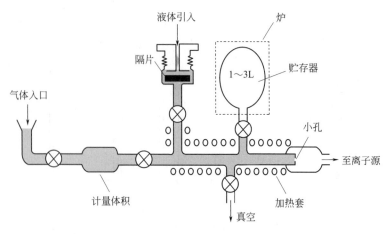

图 4-3 间歇式进样系统

(2) 直接探针进样 如图 4-4 所示,对固体和非挥发的样品,将样品用探针插入电离室,升温,产生达到 10^{-4}Pa 左右的蒸气压分子并进行电离。

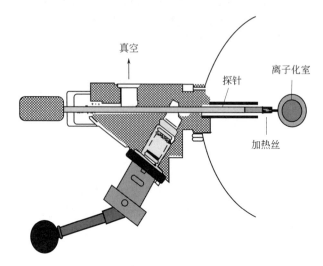

图 4-4 直接探针引入进样系统

(3) 色谱和毛细管电泳进样 将质谱与气相色谱、高效液相色谱或毛细管电泳柱联用,使其兼有色谱法的优良分离功能和质谱法强有力的鉴别能力,是目前分析复杂混合物最有效的工具。

3. 离子源

离子源的作用是将被分析的样品分子电离成带电荷的离子,并使这些离子在离子光学系统的作用下,汇聚成有一定几何形状和一定能量的离子束,然后进入质量分析器被分离。为了研究被测样品分子的组成和结构,就应使该样品的分子在被电离前不分解,这样电离时可以得到该样品的分子离子峰。为了使稳定性不同的样品分子在电离时都能得到分子离子的信息,就需采用不同的电离方法,质谱仪也就有了不同的电离源。所以在使用质谱分析法时,应根据所分析样品分子的热稳定性和电离的难易程度来选择适宜的离子源,以期得到该样品分子的分子离子峰。目前质谱仪常用的离子源有电子轰击电离源和化学电离源,此外还有场致电离源、快原子轰击电离源、场解析电离源、大气压电离源等。

(1) 电子轰击电离源 电子轰击电离源（electron impact ionization source，EI 源）是应用最为广泛的离子源，主要用于挥发性样品的电离。EI 源是采用高速（高能）电子束冲击样品分子，从而产生电子和分子离子 M^+，M^+ 继续受到电子轰击而引起化学键的断裂或分子重排，瞬间产生多种离子。

首先，高能电子轰击样品分子 M，使之电离产生 M^+（分子离子或母体离子）

$$M + e^- \longrightarrow M^+ + 2e^-$$

若产生的分子离子带有较大的内能，将进一步裂解，释放出部分能量，产生质量较小的碎片离子和中性自由基。

$$M^+ \begin{matrix} \nearrow M_1^+ + N_1 \cdot \\ \searrow M_2^+ + N_2 \cdot \end{matrix}$$

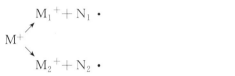

式中，$N_1 \cdot$、$N_2 \cdot$ 为自由基，M_1^+、M_2^+ 为较低能量的离子。如果 M_1^+ 或 M_2^+ 仍然具有较高能量，它们将进一步裂解，直至离子的能量低于化学键的裂解能。

EI 源中使用的灯丝是用钨或铼等金属材料制成的，采用丝或带的形状，在高真空中被电流炽热，发射出电子。如图 4-5 所示，在灯丝与阳极之间加以电压（70eV），这个电压被称为电离电压。电子在电离电压的加速下经过入口狭缝进入电离区。在此过程中与离子化室中的样品分子发生碰撞，使样品分子离子化或碎裂成碎片离子。这些离子在电场的作用下被加速之后进入质量分析器。为了使产生的离子流稳定，电子束的能量一般设为 70eV，这样可以得到稳定的标准质谱图。

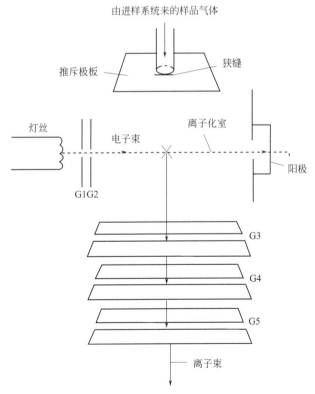

图 4-5 电子轰击离子化示意图

G1～G2—加速电极；G3～G4—加速电极（低电压）；G4～G5—加速电极（高电压）

电子轰击离子化的电离效率高，能量分散小，这保证了质谱仪的高灵敏度和高分辨率。质谱图重现性好，并含有较多的碎片离子信息，对推测未知物结构有重要作用。EI 标准谱库最完整，大多数 EI 质谱图集或数据库收录在 70eV 下获得的质谱图。但是对于不稳定化合物和不气化的化合物，分子离子峰强度较弱或不出现（因电离能量最高）。

（2）化学电离源 质谱分析的基本任务之一是获取样品的分子量。有些化合物稳定性差，用 EI 方式过于激烈而不易得到分子离子，因而也就得不到分子量。为了得到分子量可以采用温和的化学电离源（chemical ionization source，CI 源）电离方式。

样品分子在承受电子轰击前，被一种反应气（甲烷、异丁烷、氨气等）稀释，稀释比例约为 $10^4:1$，因此样品分子与电子的碰撞概率极小，样品分子离子主要通过离子-分子反应生成。用高能量的电子（100eV）轰击反应气体使之电离，电离后的反应分子再与试样分子碰撞发生离子-分子反应形成准分子离子和少数碎片离子，见图 4-6。

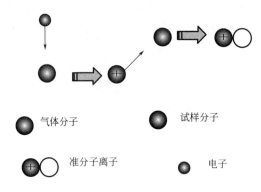

图 4-6 化学电离源离子-分子反应

以 CH_4 作为反应气体为例，在电子轰击下，甲烷首先被电离：

$$CH_4 + e^- \rightarrow CH_4^+ \cdot + 2e^-$$
$$CH_4^+ \cdot \rightarrow CH_3 + H^+ \cdot$$

甲烷离子与分子进行反应，生成加合离子：

$$CH_4^+ \cdot + CH_4 \longrightarrow CH_5^+ + CH_3 \cdot$$
$$CH_3^+ + CH_4 \longrightarrow C_2H_5^+ + H_2$$

加合离子不与中性甲烷反应，而与进入电离室的样品分子（M）碰撞，产生 $(M+1)^+$ 离子，质子发生转移，或发生复合反应生成 $(M+17)^+$、$(M+29)^+$：

$$CH_5^+ + M \longrightarrow MH^+ + CH_4 \qquad (M+1)^+$$
$$C_2H_5^+ + M \longrightarrow MH^+ + C_2H_4 \qquad (M+1)^+$$
$$CH_5^+ + M \longrightarrow (M+CH_5)^+ \qquad (M+17)^+$$
$$C_2H_5^+ + M \longrightarrow (M+C_2H_5)^+ \qquad (M+29)^+$$

这样就形成了一系列准分子离子而出现 $(M+1)^+$、$(M+17)^+$、$(M+29)^+$ 等质谱峰。采用化学电离源，有强的准分子离子峰，便于推测分子量；反映异构体的图谱比 EI 要好。碎片峰较少，谱图较简单，易于解释，使用 CI 源时需将试样气化后进入离子源，因此不适于难挥发、热不稳定或极性较大的有机物分析。EI 源和 CI 源是一种相互的补充。图 4-7 为某化合物化学电离源和电子轰击电离源质谱图的比较。

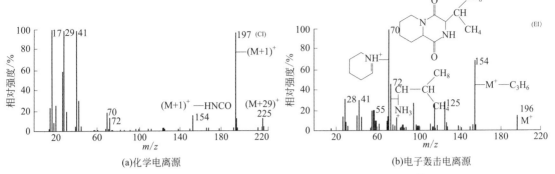

图 4-7 化学电离源 (CI) 和电子轰击电离源 (EI) 的比较

(3) 场致电离源 样品蒸气邻近或接触带高的正电位的阳极尖端时，高曲率半径的尖端处产生很强的电位梯度，使样品分子电离，如图 4-8 所示。场致电离源 (field ionization source, FI 源) 实质就是利用强电场诱发样品电离，电压达到 7~10kV，$d<1$mm。

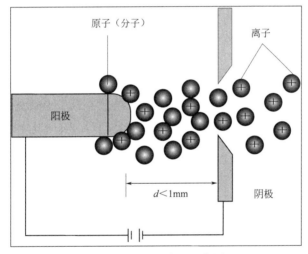

图 4-8 场致电离源示意图

在场致电离源的质谱图上，分子离子峰很清楚，但碎片峰则较弱，主要产生分子离子 M^+ 和 $(M+1)^+$ 峰，因而对于分子量的测定有利，但缺乏分子结构信息。场致电离源是对电子轰击源的必要补充，使用复合离子源，则可同时获得完整分子和官能团信息。如图 4-9 为

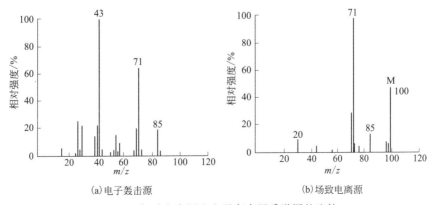

图 4-9 场致电离源和电子轰击源质谱图的比较

场致电离源和电子轰击源质谱图的比较。

(4) 大气压电离源 大气压电离源（atmospheric pressure ionization source，API 源）技术是当今质谱界最为活跃的领域，成功扩展了质谱仪分析化合物的范围，特别是在生物化学、医学、药物代谢等领域获得日益广泛的应用。

API 包括电喷雾电离源（electrospray ionization source，ESI）和大气压化学电离源（atmospheric pressure chemical ionization source，APCI）两种。它们的共同点是样品的离子化在处于大气压下的离子化室中完成，离子化效率高，大大增强了分析的灵敏度、稳定性，是目前最常用的软电离技术。这两种方式都可以获得与分子离子有关的信息而得到化合物的分子量。

4. 质量分析器

质量分析器是质谱仪的核心，利用不同的方式将样品离子按质荷比 m/z 分开排列成谱。不同类型的质量分析器有不同的原理、特点、适用范围、功能，主要类型有单聚焦质量分析器、双聚焦质量分析器、四极杆质量分析器、离子阱质量分析器等。

(1) 单聚焦质量分析器 单聚焦质量分析器能实现相同质荷比、入射方向不同离子的方向聚焦，使用扇形磁场如图 4-10 所示，离子在磁场中的运动半径取决于磁场强度、m/z 和加速电压。若加速电压和磁场强度固定不变，则离子运动的半径仅取决于离子本身的 m/z。这样，m/z 不同的离子，由于运动半径不同，在质量分析器中被分开。但是，在质谱仪中，出射狭缝的位置是固定不变的，故一般采用固定加速电压而连续改变磁场强度的方法，使不同 m/z 离子发生分离并依次通过狭缝，到达收集极。

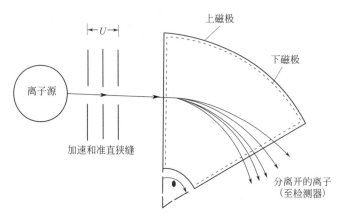

图 4-10　单聚焦质量分析器

在单聚焦质量分析器中，离子源产生的离子在进入加速电场之前，实际初始能量不为零且各不相同。具有相同质荷比的离子，其初始能量不同，通过质量分析器后也不能完全聚焦在一起。这种质量分析器的缺点是：分辨率不高，适用于离子能量分散较小的离子源如 EI 源、CI 源组合使用。

(2) 双聚焦质量分析器 为了消除离子能量分散对分辨率的影响，可以采用双聚焦分析器，它是目前高分辨质谱中最常用的质量分析器。所谓双聚焦（图 4-11），是指同时实现方向聚焦和能量聚焦，离子在方向、能量都聚焦的情况下，质谱可达到高分辨。在扇形磁场前附加一个扇形电场（静电分析器，又称静电场），进入电场的离子受到一个静电力的作用，改做圆周运动。静电分析器由两个扇形圆筒组成，在外电极上加正电压，内电极上加负电压。

在某一恒定的电压条件下，加速的离子束进入静电场，不同动能的离子具有的运动曲率半径不同，只有运动曲率半径适合的离子才能通过β缝，进入质量分析器。更准确地说，静电分析器将具有相同速度（或能量）的离子分成一类；进入质量分析器后，再将具有相同质荷比而能量不同的离子进行再一次分离。双聚焦质量分析器的分辨率可达150000，相对灵敏度可达10^{-10}，能准确地测量原子的质量，广泛应用于有机质谱仪中。双聚焦质量分析器最大优点是高分辨率，缺点是价格太高，体积大，维护困难。图4-12所示为配以双聚焦质量分析器的高分辨磁质谱仪。

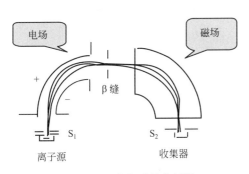

图4-11　双聚焦质量分析器

图4-12　高分辨双聚焦磁质谱仪

（3）四极杆质量分析器　四极杆质量分析器又称四极滤质器，如图4-13所示，由四根平行的棒状电极组成。往两对电极中间施加交变射频场，在一定射频电压与射频频率下，只允许一定质量的离子（共振离子）通过四极分析器而到达接收器。其他离子在运动过程中撞击柱形电极而被"过滤"掉，最后被真空泵抽走。

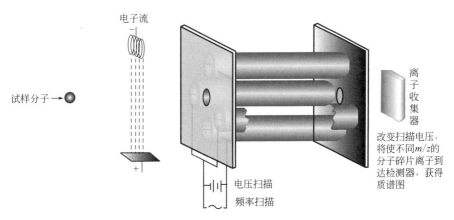

图4-13　四极杆质量分析器

如果使交流电压的频率不变而连续地改变直流和交流电压的大小（但要保持它们的比例不变，电压扫描），或保持电压不变而连续地改变交流电压的频率（频率扫描），就可使不同质荷比的离子依次到达检测器而得到质谱图。

四极滤质器的优点：①利用四极杆代替了笨重的电磁铁，故具有体积小、质量轻等优点；②仅用电场不用磁场，无磁滞现象，扫描速率快，适合与色谱联机；③操作时真空度低，特别适合与液相色谱联机。缺点：分辨率低，对较高质量的离子有质量歧视效应。检测的质量一般在1000m/z以内。

（4）离子阱质量分析器　离子阱质量分析器（图4-14）由中心环形电极再加上下各一

的端罩电极构成。以端罩电极接地，在环电极上施以变化的射频电压，此时处于阱中具有合适的质荷比的离子将在阱中指定的轨道上稳定旋转，若增加该电压，则较重离子转至指定稳定轨道，而轻些的离子将偏出轨道并与环电极发生碰撞。当一组由电离源（CI或EI）产生的离子由上端小孔进入阱中后，射频电压开始扫描，陷入阱中的离子运动轨道则会依次发生变化而从底端离开环电极腔，从而被检测器检测。这种离子阱结构简单，成本低且易于操作，已用于气相色谱-质谱（GC-MS）联用装置进行 m/z 为 200~2000 的分子分析，近年来 GC-MS 越来越多地使用离子阱作质量分析器。

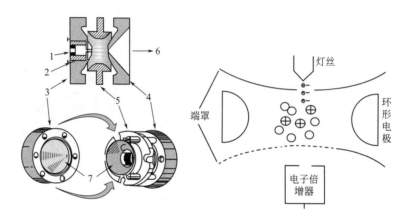

图 4-14　离子阱质量分析器的结构示意图及截面图
1—离子束进入；2—离子闸门；3，4—端电极；5—环形电极；6—电子倍增器；7—双曲线

5. 检测记录系统

质谱仪常用的检测器有电子倍增器、闪烁检测器、法拉第杯和照相底板等。

目前普遍使用电子倍增器进行离子检测（图 4-15）。电子倍增器由一个转换极、倍增极和一个收集极组成。通常电子倍增器的增益为 $10^5 \sim 10^8$。

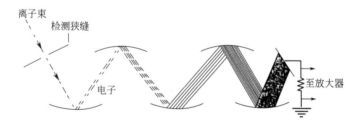

图 4-15　电子倍增器工作原理

转换极是一个与离子束呈适当角度放置的金属凹面，做负离子检测时加上 +10kV 电压，做正离子检测时加上 -10kV 电压。转换极增强信号并减少噪声，在转换极上加上高压可得到高转化效率，增强信号。因为每个离子打击转换极都产生许多二次粒子。倍增极是从涂覆氧化物的电极表面产生一个电子瀑布以达到放大电流效果的器件。从打击转换极产生的二次粒子以足够的能量打击电子倍增器阴极最近的内壁，溅射出电子，这些电子被逐步增加的正电位梯度牵引，向前加速进入阴极。由于阴极的漏斗形结构，溅射电子还未迁移很远便再次碰到阴极表面，导致更多的电子发射。于是形成一个电子瀑布，最终在阴极的末端，电子被阳极收集，得到一个可测量的电流，阳极收集的电流正比于打击阴极的二次粒子的数量。

目前质谱仪的记录主要利用计算机系统，它的功能是对质谱仪进行控制，包括对质谱数据的采集、处理和打印。现有电子轰击源的质谱仪均有 NIST 标准谱库，谱库中有十几万张标准谱图及用于环保、农药、兴奋剂、代谢产物等的专用谱库，可进行谱库检索。高分辨质谱仪的数据系统软件则更丰富，还能给出分子离子和其他碎片离子的元素组成及理论计算值、偏差值（百万分之一）、饱和度等其他有关信息。

三、质谱仪的操作方法和注意事项

在质谱分析法中，比较常用的有液相色谱-质谱联用法（liquid chromatography-mass spectrometry，LC-MS）和气相色谱-质谱联用法（gas chromatography-mass spectrometry，GC-MS），相对应的仪器分别是液相色谱-质谱联用仪和气相色谱-质谱联用仪。在目前的联用技术中，气质联用是发展最完善、分析仪器中最早实现联用的技术，而液质联用在食品、环境、医学等许多分析分离的领域得到了广泛的应用。下面以超高效液相色谱-串联质谱联用仪（UPLC-MS/MS）为例介绍质谱仪的操作方法和注意事项。

1. 质谱仪的操作方法

(1) 开机 打开电脑，打开质谱仪电源和 UPLC 或 GC 各电源，等待质谱仪和计算机的连接，双击质谱图标进入工作站，再进入调谐页面。从调谐页面选择 [Vacuum>pump]，打开真空泵，开始抽真空。机械泵和涡轮分子泵开始工作。在调谐页面单击 [观察真空度]，当真空达到质谱所要求程度就表示真空抽好了，不同质谱仪抽真空所需时间有所不同。设置质谱开启所需的气源（氮气或氩气）压力。

(2) 准备 UPLC 系统 准备流动相；所有样品都要用流动相初始梯度比例的溶剂来溶解，并用 0.22μm 的膜过滤；设置柱温和样品室温度；灌注和平衡流路；灌注进样器和洗针系统；完成后，UPLC 可以正常地工作。

(3) ESI 调谐 目标化合物的质谱参数优化。先进行母离子调谐，等母离子的参数调节好后，源的参数不要改动。在 Analyser 中进行其他的参数调节，进行子离子调谐。保存调谐文件。

(4) 编辑质谱方法 利用调谐的结果建立质谱方法，输入名称并保存。

(5) 编辑 UPLC 方法 编辑泵方法，编辑自动进样器的方法。

(6) 设置样品表 输入信息内容有原始数据的文件名、样品或标样的备注、质谱方法的文件名、UPLC 方法的文件名、运行时的调谐方法、样品瓶位置、选择样品的类型、标准品的浓度等。

(7) 定量 设置处理方法，保存并以此处理样品和化合物。在使用内标法定量时，对于内标物选择 [Fixed]，并输入 1.0 的浓度；对于标准品，选择 [Conc A]，并保证样品表中浓度是正确的；内标物应选择 [External(absolute)]，标准品应选择 [Internal(relative)]。在使用外标法定量时，对于标准品，选择 [Conc A]，并保证样品表中浓度是正确的；标准品应选择 [External(absolute)]。

(8) 打印报告 在报告窗口编辑报告，并打印实验报告。

(9) 关机 停止液相色谱流速，如果还需要冲洗色谱柱，将质谱的 Flow State 状态改为 Waste。单击质谱调谐图标进入调谐窗口。单击 [operate] 让 MS 进入待机状态，这时状态灯会由绿色变成红色。

等脱溶剂气温度（ESI 源）或 APCI 探头温度降到 100℃，点击气体图标关闭氮气。选择 [Vacuum>Vent]，这时质谱开始泄真空，查看调谐窗口/诊断页面，涡轮分子泵流速到

10%以下，这时可以退出［Masslynx］，关闭质谱电源。

2. 注意事项

① 仪器室要保持整洁、干净、无尘；配套设施布局合理。

② 仪器室温度应相对稳定，一般应控制在 20～25℃，保持恒温；相对湿度最好为 50%～70%，室内应备有温度计和湿度计。

③ 仪器室电源要求相对稳定，电压变化要小，最好配备不间断稳压电源，防止意外停电。

④ 溶剂和流动相的要求：所有的流动相都要使用 $0.22\mu m$ 的滤膜过滤，水相要新配，并不得超过 2d。样品必须使用 $0.22\mu m$ 的膜过滤。

⑤ 机械泵的振气：于 ESI 源，至少每星期做一次，对于 APCI 源，每天做一次。振气时需停止样品采集、停止流动相、关闭高压、关闭所有气流、关闭离子源内的真空隔离阀。

⑥ 开高压之前一定要先开氮气，关氮气之前一定要先关高压。在没开氮气和高压之前不要开流动相或使流动相处于 waste 状态。

⑦ ESI 离子化与溶剂密切相关，在使用某些溶剂和添加物需要注意以下几个方面：三氟乙酸（TFA）多用于蛋白质和多肽分析，但对 ESI 离子化有抑制效应；三乙胺（TEA）在 m/z 为 102 处有较强的 $[M+H]^+$ 峰，有可能会抑制某些碱性化合物在正离子 ESI 条件下的离子化，也有可能会增强某些碱性化合物在负离子 ESI 条件下的响应。

⑧ 要避免使用非挥发性的盐（磷酸盐、硼酸盐、柠檬酸盐等）、表面活性剂、清洁剂和去污剂（会抑制离子化）以及无机酸（硫酸、磷酸等）等。

⑨ 连接 UPLC 泵、色谱柱、注射泵以及 ESI 探头时，要将仪器置于［stand by］状态。

⑩ 当改变分辨率的时候，仪器的质量数也会有轻微的偏移，所以在不同分辨率的条件下，应该做质量数校正。

⑪ 样品贮存在塑料离心管中，其中的添加剂很容易混入，尤其是被有机溶剂浸泡时间较长时，会产生干扰信号。

⑫ 工作站计算机不要安装与仪器操作无关的软件，要经常清理计算机磁盘碎片，定期查杀病毒，定期备份实验数据。

⑬ 实验完毕要清洗进样针、进样阀等，用过含酸的流动相后，色谱柱、离子源都要用甲醇/水冲洗，延长仪器寿命。

⑭ 仪器应定期检查，并有专人管理，负责维护保养。

四、质谱仪的应用及联用技术

1. 质谱仪的应用

质谱是鉴定纯物质最有力的工具，主要应用于分子量的测定、化合物分子式的确定及结构鉴定等。

(1) 分子量测定 如前所述，当对化合物分子用离子源进行离子化时，对那些能够产生分子离子或质子化（或去质子化）分子离子的化合物来说，用质谱法测定分子量是目前最好的方法。它不仅分析速率快，而且能够给出精确的分子量。

当测定有机化合物结构时，第一步工作是测定它的分子量和分子式。用质谱法研究过的有机化合物中，约有 75% 可以由谱图上直接读出其分子量。这些化合物所产生的分子离子足够稳定，可正常达到收集器上，只要确定质谱图中分子离子峰或与其相关的离子峰，就可以测得样品的分子量。但是，分子离子峰的强度与分子的结构及类型等因素有关，实际分析时须加以注意。对某些不稳定的化合物来说，当使用某些硬电离源（如EI）后，在质谱图上只能看到其碎片离子峰，看不到分子离子峰。另外，有些化合物的沸点很高，在气化时就被热分解，这样得到的只是该化合物热分解产物的质谱图。

因此，从分子离子峰可以准确地推定该物质的分子量，关键是对分子离子峰的判断，应注意以下几个问题。

① 分子离子峰的稳定性：芳香环（包括芳香杂环）＞脂环＞硫醚、硫酮＞共轭烯＞直链烷烃＞酰胺＞酮＞醛＞胺＞脂＞醚＞羧酸＞支链烃＞腈＞伯醇＞叔醇＞缩醛。胺、醇等化合物质谱图中往往见不到分子离子峰。

② 一般出现在质荷比最高的位置（除同位素峰外），但有例外。分子离子峰的稳定性取决于分子结构，但有些分子会形成质子化分子离子峰 $[M+1]^+$ 或去质子化分子离子峰 $[M-1]^+$。

③ 分子离子峰 m/z 值必须符合氮律。即在含有C、H、N、O等的有机化合物中，若不含氮或含偶数个氮原子，其分子离子峰的 m/z 值一定是偶数；若含奇数个氮原子，其分子离子峰的 m/z 值一定是奇数。这是因为组成有机化合物的主要元素C、H、O、N、S、卤素中，只有氮的化合价为奇数（一般为3）而质量数为偶数，因此出现氮律。

④ 分子离子峰与邻近峰的质量差要合理，如果有不合理的碎片峰，就不是分子离子峰。通常在分子离子峰的左侧3~14个质量单位处，不应有其他碎片离子峰出现，是因为分子离子不可能裂解出两个以上的氢原子和小于一个甲基的基团；若出现质量差为15或18，这是由于裂解出·CH_3 或一分子水，这些质量差是合理的。

⑤ 当化合物中含有氯或溴时，可以利用 $[M]^+$ 与 $[M+2]^+$ 峰强度的比例来确认分子离子峰。通常，若分子中含有一个氯原子，则 $[M]^+$ 和 $[M+2]^+$ 峰强度比为3:1，若分子中含有一个溴原子，则 $[M]^+$ 和 $[M+2]^+$ 峰强度比为1:1。

⑥ 设法提高分子离子峰的强度。通常，降低电子轰击源的电压，碎片峰逐渐减弱甚至消失，而分子离子（和同位素）峰的相对强度增加。对那些非挥发或热不稳定的化合物应采用软电离源解离方法，如化学电离、大气压化学电离、电喷雾电离等，以加大分子离子峰的强度。

(2) 分子式确定 在确定了分子离子峰并知道了化合物的分子量后，就可确定化合物的部分或整个化学式，利用质谱法推定化合物的分子式有两种方法，即高分辨质谱法和同位素峰相对强度法。

(3) 结构鉴定 纯物质的结构鉴定是质谱最成功的应用领域，通过对比图谱中各碎片离子、亚稳离子、分子离子的化学式、相对峰高、质荷比等信息，并根据各类化合物的裂解规律，找出各碎片离子产生的途径，从而确定整个分子结构。许多现代质谱仪都配有计算机质谱图库，如NEST谱库，计算机安装了NEST谱库，利用工作站软件的谱库检索功能，大大方便了对有机分子结构的确定。

质谱仪只能对单一组分提供高灵敏度和特征的质谱图，对复杂化合物的分析无法实现。色谱技术广泛应用于多组分混合物的分离和分析，特别适合有机化合物的定量分析，但定性较困难。将色谱和质谱技术进行联用，对混合物中微量或痕量组分的定性和定量分析具有重要意义。这种将两种或多种方法结合起来的技术称为联用技术，它吸取了各种技术的特长，弥补了彼此间的不足，并及时利用各有关学科及技术的最新成就，是极富生命力的一个分析领域。色谱仪与质谱仪的联用技术，发挥了色谱仪的高分离能力和质谱的准确测定分子量和结构解析的能力，色谱-质谱联用仪可以说是目前将两种分析仪器联用中组合效果最好的仪器，其技术不断进步，在许多行业得到了广泛的应用。

2. 质谱仪的联用技术

质谱联用技术主要有气相色谱质谱（GC-MS）、液相色谱质谱（LC-MS）、串联质谱（MS-MS）及毛细管电泳质谱（CZE-MS）等。联用的关键是解决与质谱的接口及相关信息的高速获取与储存问题。就色谱仪和质谱仪而言，两者除工作气压以外，其他性能十分匹配，可以将色谱仪作为质谱仪的前分离装置，质谱仪作为色谱仪的检测器而实现联用。

(1) 气相色谱-质谱联用 利用气相色谱毛细管柱对混合物样品进行分离，然后用质谱对气相中的离子进行分析。GC-MS 主要由三部分组成：色谱部分、质谱部分和数据处理系统。GC-MS 是两种气相分析方法的结合，对 MS 而言，GC 是它的进样系统，对 GC 而言，MS 是它的检测器。图 4-16 是一台三重四极杆 GC-MS 仪。

质谱对气相中的离子进行分析，因此 GC 与 MS 联机的困难较小，主要是解决压力上的差异。色谱是在常压下操作，而质谱是在高真空下操作，焦点在色谱出口与质谱离子源的连接。由于毛细管柱载气流量小，采用大抽速的真空泵，二者就可直接连接。混合物经过毛细管分离后，在到达质谱前，载气（氦气）被抽走，样品分子到达离子源被电离（图 4-17）。GC-MS 的质谱仪部分可以是磁式质谱仪、四极质谱仪，也可以是飞行时间质谱仪和离子阱。离子源一般用 EI 方式较多。

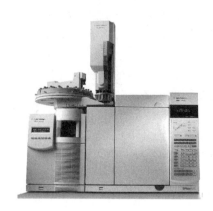

图 4-16 气相色谱质谱联用仪

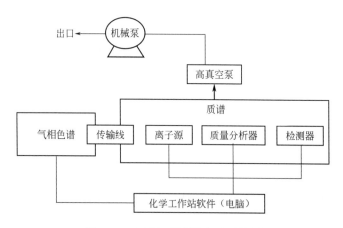

图 4-17 GC-MS 联用仪气路系统图

质谱仪的采样速率应比毛细管柱出色谱峰的速率要快。质谱仪作为气相色谱的检测器，可同时得到质谱图和总离子流图（色谱图），因此既可进行定性分析又可进行定量分析。

GC-MS 可直接用于混合物的分析，可承担如致癌物分析、食品分析、工业污水分析、农药残留量分析、中草药成分分析、塑料中多溴联苯和多溴联苯醚分析、橡胶中多环芳烃分析等许多色谱法难以进行的分析课题。但 GC-MS 只适合于分析能气化并且不分解的物质。

（2）液相色谱-质谱的联用 液相色谱的应用不受沸点的限制，能对热稳定性差的样品进行分离和定量分析，但定性能力较弱。为此，LC-MS 联用仪的发展大大拓展了质谱仪的应用范围，可用于高极性、热不稳定、难挥发的大分子（如蛋白质、核酸、聚糖、金属有机物等）分析。由于 LC 分离要使用大量的流动相，有效地除去流动相中大量的溶剂而不损失样品，同时使 LC 分离出来的物质电离，这是 LC-MS 联用的技术难题。LC 流动相组成复杂且极性较强，因此，液相色谱与质谱的联机较 GC-MS 困难大。液相色谱流动相的流量按分子数目计要比气相色谱的载气高了几个数量级，因而液相色谱与质谱的联机必须通过"接口"完成。LC-MS 联用仪主要由高效液相色谱、接口装置（同时也是电离源）、质谱仪组成。图 4-18 为液相色谱串联质谱仪示意图。

图 4-18　液相色谱串联质谱仪

接口装置的作用有：①将溶剂及样品气化；②去除大量溶剂分子；③完成对样品分子的电离；④能进行碰撞而诱导裂解（CID）。LC-MS 中的接口（具有电离功能）方式主要有电喷雾电离及大气压化学电离。

LC-MS 分析条件选择需要从以下几个方面考虑：①电离源选择，ESI 和 APCI 在实际应用中表现出它们各自的优势和弱点，ESI 适合于中等极性到强极性的化合物分子，APCI 不适合多电荷的大分子分析，它的优势在于非极性或中等极性的小分子的分析；②选择适当的流动相，这对仪器灵敏度影响较大，另外不挥发的缓冲液（含磷、氯等）不能使用，流动相的含水比例不宜过高，否则降低离子化效率；③正负离子模式选择，正离子模式适合于碱性样品，负离子模式适合于酸性样品，有些酸碱性并不明确的化合物，可优先选用 APCI 进行测定。

LC-MS 联用仪是分析分子量大、极性强的生物样品不可缺少的分析仪器，如肽和蛋白质的分子量的测定，并在临床医学、环保、化工、中草药研究等领域得到了广泛的应用。

五、质谱仪的维护及保养

质谱仪作为一种高端精密的检测仪器，如果维护方法不对或者维护程度不够，可能就容易出问题。为了使仪器在一个良好的状态下工作，就需要仪器的使用和管理人员悉心呵护，不仅日常维护很重要，阶段性的仪器维护也很有必要。

质谱仪常规性维护，包括保持室内清洁，以防抽真空时将灰尘带入质谱；每次开机做实验前均需进行自动调谐检查仪器状态，或长时间不用定期开机进行脱气并调谐。

1. 离子导入部分的维护及保养

① 进样前要检查氮气压力、质谱仪的真空度、毛细管温度等，避免直接进样，以免污染离子源。

② 离子源是易受污染的部分，所以在使用的时候要非常注意，不可注射极高浓度的样品；使用阀门，仅将检测样本导入离子源。

③ 定期清洗一级锥孔：根据处理样品数量的多少，及时清洗一级锥孔，一般2周清洗一次，如果进样数量比较大，则1周清洗1次。关闭隔离阀，取下样品锥孔，先用甲醇：水：甲酸（45∶45∶10）的溶液超声清洗10min，然后再分别用超纯水和甲醇溶液超声清洗10min，待晾干后再安装到仪器上。

④ 当灵敏度下降时，需要清洗离子源、二级锥孔、六级杆或四级杆。但这些相对于一级锥孔的清洗来说，程序比较复杂，需要拆解的部件也比较多，如果做好一级锥孔的清洗，就可以避免清洗离子源、预六级杆或四级杆。

值得注意的是，在清洗以上这些零部件的时候，一定要避免用棉花或滤纸擦拭关键部位，以免棉花、滤纸上的毛绒纤维遗留在部件上，会对灵敏度造成极大的干扰。

2. 机械泵的维护及保养

定期（每星期）检查机械泵油的状态（液面和外观），并确认泵机的声音。润滑油最初应该是无色透明的，使用后逐渐变成茶色，进而变成黑色。如果发现浑浊、缺油等状况，或者已经累积运行超过3000h，要及时更换机械泵油。

① 不同公司生产的油不可混合使用，以免损坏机械泵。

② 更换不同公司生产的油时，必须用新油先冲洗一次。

③ 无油涡旋泵虽然无油，但不代表其无须维护。每6个月至1年需要更换叶端密封。每天需要震气。

3. 质量校正的维护

仪器只有在质量正确的条件下才能保证分析结果可靠。

① 满足不同仪器对正、负离子的要求。

② 室内温度保持低于25℃，以免质量数偏离。

③ 每次重新开机时维护；不关机时，每3个月维护1次。

④ 特别要注意短时间内急剧的温度变化，温度变化会引起的质量轴偏离。要定期做质量轴的校准工作，一般每6个月1次。

4. 数据操作系统的维护

硬盘可能会突然崩溃，因此必须定期备份重要的数据，进行碎片整理，检查剩余空间。此外，定期重新启动，通过将内存区域导入闪存，实现数据系统的稳定。

此外，GC-MS系统中，需要定期检查或更换电子倍增器或放气口密封O形环（仅HP5973）；定期检查或更换灯丝，应用溶剂延长其寿命。

技能训练一　蔬菜水果中甲拌磷的测定

【训练目标】

1. 掌握气质联用仪的操作及分析技术。
2. 掌握内标单离子定量分析的原理和方法。

【原理】

试样用乙腈匀浆提取，盐析离心后，取上清液，经固相萃取柱净化，用乙腈-甲苯溶液

（3+1）洗脱农药及相关化学品，溶剂交换后用气相色谱-质谱仪检测。

【仪器和试剂】

1. 仪器

气相色谱-质谱仪：配有电子轰击源。

分析天平：感量0.01g和0.0001g。

均质器：转速不低于20000r/min。

鸡心瓶：200mL。

移液器：1mL。

氮气吹干仪。

2. 试剂

乙腈（CH_3CN）：色谱纯。

氯化钠（NaCl）：优级纯。

无水硫酸钠（Na_2SO_4）：分析纯。用前在650℃灼烧4h，贮于干燥器中，冷却后备用。

甲苯（C_7H_8）：优级纯。

丙酮（CH_3COCH_3）：分析纯，重蒸馏。

二氯甲烷（CH_2Cl_2）：色谱纯。

正己烷（C_6H_{14}）：分析纯，重蒸馏。

标准品：甲拌磷标准物质，纯度≥95%。

3. 标准溶液配制

标准储备溶液：分别称取适量（精确至0.1mg）甲拌磷及相关化学品标准物于10mL容量瓶中，根据标准物的溶解性选用甲苯溶剂溶解并定容至刻度，标准溶液避光4℃保存，保存期为一年。

制备2.5mg/L标准工作溶液：移取一定量的标准储备溶液于100mL容量瓶中，用甲苯定容至刻度。标准工作溶液避光4℃保存，保存期为一个月。

内标溶液：准确称取3.5mg环氧七氯于100mL容量瓶中，用甲苯定容至刻度。

基质混合标准工作溶液：将40μL内标溶液和50μL的甲拌磷标准溶液分别加到1.0mL的样品空白基质提取液中，混匀，配成基质混合标准工作溶液。基质混合标准工作溶液应现用现配。

4. 试样

Envi-18柱：12mL，2.0g或相当者。

Envi-Carb活性炭柱：6mL，0.5g或相当者。

Sep-Pak2 NH_2固相萃取柱：3mL，0.5g或相当者。

【训练步骤】

1. 提取

称取20g试样（精确至0.01g）于80mL离心管中，加入40mL乙腈，用均质器在15000r/min匀浆提取1min，加入5g氯化钠，再匀浆提取1min，将离心管放入离心机，在3000r/min下离心5min，取上清液20mL（相当于10g试样量），待净化。

2. 净化

（1）将Envi-18柱放在固定架上，加样前先用10mL乙腈预洗柱，下接鸡心瓶，移入上述20mL提取液，并用15mL乙腈洗涤柱，将收集的提取液和洗涤液在40℃水浴中旋转浓缩至约 1mL，备用。

（2）在 Envi-Carb 柱中加入约 2cm 高无水硫酸钠，将该柱连接在 Sep-Pak 2NH₂ 柱顶部，将串联柱下接鸡心瓶放在固定架上。加样前先用 4mL 乙腈-甲苯溶液（3+1）预洗柱，当液面到达硫酸钠的顶部时，迅速将样品浓缩液转移至净化柱上，再用乙腈-甲苯溶液（3+1）洗涤 3 次样液瓶，每次用 2mL，并将洗涤液移入柱中。在串联柱上加上 50mL 贮液器，用 25mL 乙腈-甲苯溶液（3+1）洗涤串联柱，收集所有流出物于鸡心瓶中，并在 40℃ 水浴中旋转浓缩至约 0.5mL。

旋转蒸发，进行二次溶剂交换，最后使样液体积约为 1mL，加入 40μL 内标溶液，混匀，用于气相色谱-质谱测定。

3. 气相色谱-质谱测定参考条件

① 色谱柱：DB-1701（30m×0.25mm×0.25μm）石英毛细管柱或相当者。

② 色谱柱温度程序：40℃ 保持 1min，然后以 30℃/min 程序升温至 130℃，再以 5℃/min 升温至 250℃，再以 10℃/min 升温至 300℃，保持 5min。

③ 载气：氦气，纯度≥99.999%，流速，1.2mL/min。

④ 进样口温度：290℃。

⑤ 进样量：2～5μL。

⑥ 进样方式：无分流进样，1.5min 后打开分流阀和隔垫吹扫阀。

⑦ 电子轰击源：70eV。

⑧ 离子源温度：230℃。

⑨ GC-MS 接口温度：280℃。

⑩ 选择离子监测：每种化合物分别选择一个定量离子，2～3 个定性离子。每种化合物的保留时间、定量离子、定性离子及定量离子与定性离子的丰度比值，参见下表。

化合物保留时间、定量离子、定性离子及定量离子与定性离子的比值

中文名称	英文名称	保留时间/min	定量离子	定性离子1	定性离子2	定性离子3
环氧七氯	heptachlor-expoxide	22.10	353(100)	355(79)	351(52)	
甲拌磷	phorate	15.46	260(100)	121(160)	231(56)	153(3)

注：括号中的数据表示离子丰度。

4. 结果计算和表述

气相色谱-质谱测定结果可由计算机按内标法自动计算，也可按下式计算：

$$X = c_s \times \frac{A}{A_s} \times \frac{c_i}{c_{si}} \times \frac{A_{si}}{A_i} \times \frac{V}{m} \times \frac{1000}{1000}$$

式中　c_s——基质标准工作溶液中被测物的浓度，μg/mL；

　　　A——试样溶液中被测物的色谱峰面积；

　　　A_s——基质标准工作溶液中被测物的色谱峰面积；

　　　c_i——试样溶液中内标物的浓度，μg/mL；

　　　c_{si}——基质标准工作溶液中内标物的浓度，μg/mL；

　　　A_{si}——基质标准工作溶液中内标物的色谱峰面积；

　　　A_i——试样溶液中内标物的色谱峰面积；

　　　V——样液最终定容体积，mL；

　　　m——试样溶液所代表试样的质量，g。

计算结果应扣除空白值,测定结果用平行测定的算术平均值表示,保留两位有效数字。甲拌磷在该方法中定量限为0.0126mg/kg。

技能训练二　畜禽肉中瘦肉精的检测

【训练目标】

1. 掌握液相色谱-串联质谱仪的操作及分析技术。
2. 掌握酶解的关键要点及内标的使用方法。

【原理】

试样中的残留物经酶解,用高氯酸调节pH,沉淀蛋白质后离心,上清液用异丙醇-乙酸乙酯提取,再用阳离子交换柱净化,液相色谱-串联质谱法测定,内标法定量。

【仪器和试剂】

1. 仪器

高效液相色谱-串联质谱联用仪(配有电喷雾离子源),均质器,涡旋混合器,离心机(5000r/min和15000r/min),氮吹仪,水平振荡器,真空过柱装置,pH计,超声波发生器。

2. 试剂

甲醇:液相色谱纯。

乙酸钠($CH_3COONa \cdot 3H_2O$)。

0.2mol/L乙酸钠缓冲液:称取136g乙酸钠,溶解于500mL水中,用适量乙酸调节pH至5.2。

高氯酸:70%~72%。

0.1mol/L高氯酸:移取87mL高氯酸,用水稀释至1000mL。

氢氧化钠。

10mol/L氢氧化钠溶液:称取40g氢氧化钠,用适量水溶解冷却后,用水稀释至100mL。

饱和氯化钠溶液。

异丙醇-乙酸乙酯:6+4,体积比。

甲酸水溶液:2%。

氨水甲醇溶液:5%。

0.1%甲酸水溶液-甲醇溶液:95+5,体积比。

β-葡萄糖醛苷酶/芳基硫酸酯酶:10000U/mg。

Oasis MCX阳离子交换柱:60mg/3mL,使用前依次用3mL甲醇和3mL水活化。

沙丁胺醇、莱克多巴胺、克伦特罗标准品:纯度大于98%。

同位素内标物:克伦特罗-D9,沙丁胺醇-D3,纯度大于98%。

3. 标准溶液配制

标准储备溶液:准确称取适量的沙丁胺醇、莱克多巴胺、克伦特罗标准品,用甲醇分别配制成100μg/mL的标准储备液,于-18℃冰箱内可保存1年。

混合标准储备溶液(1μg/mL):分别准确吸取1.00mL沙丁胺醇、莱克多巴胺、克伦特罗至 100mL 容量瓶中，用甲醇稀释至刻度，−18℃避光保存。

同位素内标储备溶液：准确称取适量的克伦特罗-D9、沙丁胺醇-D3，用甲醇配制成 100μg/mL 的标准储备液，保存于 −18℃ 冰箱中，可使用 1 年。

同位素内标工作溶液（10ng/mL）：将上述同位素内标储备溶液用甲醇进行适当稀释。

【训练步骤】

1. 提取

称取 2g（精确到 0.01g）经捣碎的样品于 50mL 离心管中，加入 8mL 乙酸钠缓冲液，充分混匀，再加 50μL β-葡萄糖醛苷酶/芳基硫酸酯酶，混匀后，37℃ 水浴水解 12h。

添加 100μL 10ng/mL 的内标工作液于待测样品中。加盖置于水平振荡器振荡 15min，离心 10min(5000r/min)，取 4mL 上清液加入 5mL 0.1mol/L 高氯酸溶液，混合均匀，用高氯酸调节 pH 到 1±0.3。5000r/min 离心 10min 后，将全部上清液（约 10mL）转移到 50mL 离心管中，用 10mol/L 的氢氧化钠溶液调节 pH 到 11。加入 10mL 饱和氯化钠溶液和 10mL 异丙醇-乙酸乙酯（6+4）混合溶液，充分提取，在 5000r/min 下离心 10min。

转移全部有机相，在 40℃ 水浴下用氮气将其吹干。加入 5mL 乙酸钠缓冲液，超声混匀，使残渣充分溶解后备用。

2. 净化

将阳离子交换小柱连接到真空过柱装置。将上述残渣溶液上柱，依次用 2mL 水、2mL 2%甲酸水溶液和 2mL 甲醇洗涤柱子并彻底抽干，最后用 2mL 的 5%氨水甲醇溶液洗脱柱子上的待测成分。流速控制在 0.5mL/min。洗脱液在 40℃ 水浴下氮气吹干。

准确加入 200μL 0.1%甲酸/水-甲醇溶液（95+5），超声混匀。将溶液转移到 1.5mL 离心管中，15000r/min 离心 10min。上清液通过液相色谱串联质谱测定。

3. 液相串联质谱测定

① 色谱柱：Waters ATLANTICS C_{18} 柱，150mm×2.1mm（内径），粒度 5μm。

② 流动相：A，0.1%甲酸/水，B，0.1%甲酸/乙腈，梯度淋洗见下表。

梯度淋洗表

时间/min	A/%	B/%
0	96	4
2	96	4
8	20	80
21	77	23
22	5	95
25	5	95
25.5	96	4

③ 流速：0.2mL/min。

④ 柱温：30℃。

⑤ 进样量：20μL。

⑥ 离子源：电喷雾离子源（ESI），正离子模式。

⑦ 扫描方式：多反应监测（MRM）。

⑧ 脱溶剂气、锥孔气、碰撞气均为高纯氮气或其他合适的高纯气体，使用前应调节各气体流量以使质谱灵敏度达到检测要求。

⑨ 毛细管电压、锥孔电压、碰撞能量等电压值应优化至最优灵敏度。

⑩ 监测离子：监测离子见下表。

被测物的母离子和子离子参数表

被测物	母离子/(m/z)	子离子/(m/z)	定量子离子/(m/z)
沙丁胺醇	240	148、222	148
莱克多巴胺	302	164、284	164
克伦特罗	277	203、259	203
沙丁胺醇-D3	243	151	151
克伦特罗-D9	286	204	204

4. 结果分析

按本模块训练一中公式计算样品中沙丁胺醇、莱克多巴胺、克伦特罗残留量。计算结果需扣除空白值。

沙丁胺醇-D3 作为沙丁胺醇和莱克多巴胺的内标物质，克伦特罗-D9 作为其余 β-受体激动剂的内标物质。

$$X = \frac{c \times c_i \times A \times A_{si} \times V}{c_{si} \times A_i \times A_s \times m}$$

式中，X 为样品中被测物残留量，$\mu g/kg$；c 为沙丁胺醇、莱克多巴胺、克伦特罗标准工作溶液的浓度，$\mu g/L$；c_{si} 为标准工作溶液中内标物的浓度，$\mu g/L$；c_i 为样液中内标物的浓度，$\mu g/L$；A_s 为沙丁胺醇、莱克多巴胺、克伦特罗标准工作溶液的峰面积；A 为样液中沙丁胺醇、莱克多巴胺、克伦特罗的峰面积；A_{si} 为标准工作溶液中内标物的峰面积；A_i 为样液中内标物的峰面积；V 为样品定容体积，mL；m 为样品称样量，g。

计算结果小于本标准检出限 $0.5\mu g/kg$ 时，视为未检出。

习题

1. 某化合物的质谱图上出现 m/z 为 31 的强峰，则该化合物不可能为（　　）。
   A. 醚　　　　B. 醇　　　　C. 胺　　　　D. 醚或醇

2. 在 C_2H_5Br 中，Br 原子对下述同位素离子峰有贡献的是（　　）。
   A. M　　　　B. M+1　　　C. M+2　　　D. M 和 M+2

3. 分子离子峰强的化合物是（　　）。
   A. 共轭烯烃及硝基化合物　　B. 硝基化合物及芳香族
   C. 芳香族及共轭烯烃　　　　D. 脂肪族及环状化合物

4. 质谱仪的分辨本领是指_____的能力。

5. 在有机化合物的质谱图上，常见离子有_____出现，其中只有_____是在飞行过程中断裂产生的。

6. 除同位素离子峰外，分子离子峰位于质谱图的_____区，它是由分子失去_____生成的，故其质荷比值是该化合物的_____。

7. 因亚稳态离子峰是亚稳离子在离开_____后碎裂产生的，故在质谱图上_____于其真实质荷比的位置出现。它的出现可以为分子的断裂提供断裂途径的信息和相应的____离子和____离子。

8. 列举质谱仪的主要组件，并说明各部分的作用。

9. 简述四级杆滤质器与磁质谱仪的主要区别。

10. 论述质谱仪的应用。

参考文献

[1] 刘志广. 仪器分析［M］. 北京：高等教育出版社，2015.
[2] 魏培海，曹国庆. 仪器分析［M］. 3版. 北京：高等教育出版社，2016.
[3] 方惠群，于俊生，史坚. 仪器分析［M］. 北京：科学出版社，2018.
[4] 董慧茹. 仪器分析［M］. 3版. 北京：化学工业出版社，2018.
[5] 朱明华，胡坪. 仪器分析［M］. 4版. 北京：高等教育出版社，2011.
[6] 赵晓华，鲁梅. 仪器分析［M］. 北京：中国轻工业出版社，2015.